高等职业教育『十三五』精品规划教材

国家示范性高职院校重点建设专业精品规划教材（土建大类）

国家高职高专土建大类高技能应用型人才培养解决方案

建筑结构构造及计算

（修订版）

JIANZHU JIEGOU
GOUZAO JI JISUAN

主　编／游普元
副主编／覃　娅

U0218416

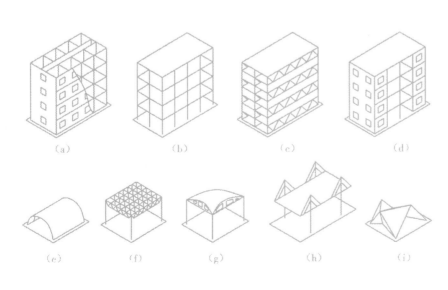

(a)　　　(b)　　　(c)　　　(d)

(e)　　(f)　　(g)　　(h)　　(i)

天津大学出版社
TIANJIN UNIVERSITY PRESS

内容提要

建筑专业毕业生就业岗位群需完成的典型工作任务之一是校核建筑结构和施工支撑系统等临时结构，其行动领域归纳为"校核建筑结构及施工临时结构计算"，转换为学习领域后为"建筑结构构造及计算"，为专业必修课和专业核心课。本书选用"类型"为载体，将砌体结构、钢筋混凝土结构、临时结构等结构类型相组合，以"必需、够用"为原则，根据最新的《建筑结构荷载规范》(GB 50009—2012)、《混凝土结构设计规范》(GB 50010—2010)、《建筑抗震设计规范》(GB 50011—2010)、《建筑地基基础设计规范》(GB 50007—2011)、《砌体结构设计规范》(GB 50003—2011)编写而成。

本书共分为4章，分别为结构设计的一般原则和方法、砌体结构构造及计算、钢筋混凝土结构构造及计算、临时结构构造及计算等内容。

本书可作为高职高专院校建筑工程技术、建筑工程设计技术、工程监理等专业相关课程的教材，还可作为培训教材和有关工程技术人员的参考资料。

图书在版编目(CIP)数据

建筑结构构造及计算/游普元主编. —天津:天津大学出版社,2016.1(2021.8重印)

高等职业教育"十三五"精品规划教材

ISBN 978-7-5618-5521-8

Ⅰ.①建… Ⅱ.①游… Ⅲ.①建筑构造–高等职业教育–教材 ②建筑工程–工程造价–高等职业教育–教材 Ⅳ.①TU22 ②TU723.3

中国版本图书馆 CIP 数据核字(2016)第 023103 号

出版发行	天津大学出版社
地　　址	天津市卫津路 92 号天津大学内(邮编:300072)
电　　话	发行部:022-27403647
网　　址	publish. tju. edu. cn
印　　刷	廊坊市海涛印刷有限公司
经　　销	全国各地新华书店
开　　本	185mm×260mm
印　　张	20.5
字　　数	512 千
版　　次	2021 年 8 月第 3 版
印　　次	2021 年 8 月第 4 次
定　　价	55.00 元

编审委员会

总　序

　　"国家示范性高职院校重点建设专业精品规划教材(土建大类)"是根据教育部、财政部《关于实施国家示范性高等职业院校建设计划　加快高等职业教育改革与发展的意见》(教高〔2006〕14号)与《关于全面提高高等职业教育教学质量的若干意见》(教高〔2006〕16号)文件精神,为了适应我国当前高职高专教育发展形势以及社会对高技能应用型人才培养的需求,配合国家示范性高职院校的建设计划,在重构能力本位课程体系的基础上,以重庆工程职业技术学院为载体,开发了与专业人才培养方案捆绑、体现"工学结合"思想的系列教材。

　　本套教材由重庆工程职业技术学院建筑工程学院组织编写,该学院联合重庆建工集团、重庆建设教育协会和兄弟院校的一些行业专家组成教材编审委员会,共同研讨并参与教材大纲的编写和编写内容的审定工作,因此本套教材是集体智慧的结晶。该系列教材的特点是:与企业密切合作,制定了突出专业职业能力培养的课程标准;反映了行业新规范、新技术和新工艺;打破了传统学科体系教材编写模式,以工作过程为导向,系统设计课程内容,融"教、学、做"为一体,体现了高职教育"工学结合"的特点。

　　在充分考虑高技能应用型人才培养需求和发挥示范院校建设作用的基础上,编审委员会基于能力递进工作过程系统化理念构建了建筑工程技术专业课程体系。其具体内容如下。

　　1.调研、论证、确定岗位及岗位群

　　通过毕业生岗位统计、企业需求调研、毕业生跟踪调查等方式,确定建筑工程技术专业的岗位和岗位群为施工员、安全员、质检员、档案员、监理员。其后续提升岗位为技术负责人、项目经理。

　　2.典型工作任务分析

　　根据建筑工程技术专业岗位及岗位群的工作过程,分析工作过程中各岗位应完成的工作任务,采用"资讯、计划、决策、实施、检查、评价"六步骤工作法提炼出"识读建筑工程施工图(综合识图)"等43项典型工作任务。

　　3.将典型工作任务归纳为行动领域

　　根据提炼出的43项典型工作任务,按照是否具有现实、未来以及基础性和范例性意义的原则,将43项典型工作任务直接或改造后归纳为"建筑工程施工图及安装工程图识读、绘制"等18个行动领域。

　　4.将行动领域转换配置为学习领域课程

　　根据"将职业工作作为一个整体化的行动过程进行分析"和"资讯、计划、决策、实施、检查、评价"六步骤工作法的原则,构建"工作过程完整"的学习过程,将行动领域或改造后的行动领域转换配置为"建筑工程图识读与绘制"等18门学习领域课程。

5. 构建专业框架教学计划

具体参见电子资源。

6. 设计基础学习领域课程的教学情境

由课程建设小组与基础课程教师共同完成基础学习领域课程教学情境的设计。基于专业学习领域课程所需的理论知识和学生后续提升岗位所需知识来系统地设计教学情境,以满足学生可持续发展的需求。

7. 设计专业学习领域课程的教学情境

根据专业学习领域课程的性质和培养目标,校企合作共同选择,以图纸类型、材料、对象、分部工程、现象、问题、项目、任务、产品、设备、构件、场地等为载体,并考虑载体具有可替代性、范例性及实用性的特点,对每个学习领域课程的教学内容进行解构和重构,设计出专业学习领域课程的教学情境。

8. 校企合作共同编写学习领域课程标准

重庆建工集团、重庆建设教育协会及一些企业和行业专家参与了课程体系的建设和学习领域课程标准的开发及审核工作。

在本套教材的编写过程中,编审委员会采用基于工作过程的理念,加强实践环节安排,强调教材用图统一,强调理论知识应满足可持续发展的需要。采用了创建学习情境和编排任务的方式,充分满足学生"边学、边做、边互动"的教学需求,达到所学即所用的目的和效果。本套教材体系结构合理、编排新颖,而且满足了职业资格考核的要求,实现了理论实践一体化,实用性强,能满足学生完成典型工作任务所需的知识、能力和素质的要求。

追求卓越是本套教材的奋斗目标,为我国高等职业教育发展而勇于实践和大胆创新是编审委员会和作者团队共同努力的方向。在国家教育方针、政策引导下,在编审委员会和作者团队的共同努力下,在天津大学出版社的大力支持下,我们力求向社会奉献一套具有创新性和示范性的教材。我们衷心希望这套教材的出版能够推动高职院校的课程改革,为我国职业教育的发展贡献自己微薄的力量。

编审委员会

于重庆

再版前言

根据高职高专建筑工程技术专业（以下简称"建筑专业"）的人才培养方案（含培养目标、专业教学计划等）、《建筑结构构造及计算》课程标准，参照由教育部职业教育与成人教育司编写的《高等职业学校专业教学标准》，选择"类型"为载体，全书共分为4章，分别为结构设计的一般原则和方法、砌体结构构造及计算、钢筋混凝土结构构造及计算、临时结构构造及计算。在教材编写过程中，严格执行《建筑结构荷载规范》（GB 50009—2012）、《混凝土结构设计规范》（GB 50010—2010）、《砌体结构设计规范》（GB 50003—2011）、《建筑地基基础设计规范》（GB 50007—2011）、《高层建筑混凝土结构技术规程》（JGJ 3—2010）、《工程结构设计基本术语标准》（GB/T 50083—2014）等我国最新的规范或标准，并结合专业特点和西南地区的区域特性，注重理论联系实际，力求使建筑专业学生尽可能全面地了解建筑结构构造及计算的基本知识，为后续课程的学习打下良好的基础；力求做到选材恰当，内容精练，重点突出，图文并茂，文字通俗易懂。

由于高职学生在实际工作中较少接触偏心受压、剪切、扭转及高层建筑结构构造及计算等内容，故本书未介绍这部分内容。随着装配式建筑的发展，轻钢结构型钢砼越来越多，故本次修订将钢结构构造及计算内容删除，今后该部分独立成书。为便于组织教学和学生自学，本书各章均设有知识目标、技能目标和思考题，部分章节还设有习题。书后还附有建筑结构构造及计算中常用的一些表，以备需要时查用。

本书由重庆工程职业技术学院建筑工程学院的相关老师编写，其分工如下。

章节	内容	建议学时	姓名
	课程导入	2	游普元
第1章	结构设计的一般原则和方法	4~6	游普元
第2章	砌体结构构造及计算	10~14	彭军
第3章	钢筋混凝土结构构造及计算	56~64	覃娅
第4章	临时结构构造及计算	12~18	徐安平

全书由游普元汇总和统稿，由重庆龙脊集团有限公司王坤禄先生（高工、一级注册结构工程师）担任主审，并承蒙建筑工程学院张冬秀、尤小明、郭晓凤、刘燕、李华等同仁，针对本书讲

义在使用过程中发现的问题提出了不少宝贵意见,在此表示衷心感谢。

在知识目标中所涉及的程度用语主要有"熟练""正确""基本"。"熟练"指能在规定的较短时间内无错误地完成任务;"正确"指在规定的时间内没有任何错误地完成任务;"基本"指在没有时间要求的情况下,不经过旁人提示,能无错误地完成任务。

由于编写时间仓促,加之编者水平有限,书中难免有欠妥之处,欢迎使用本书的广大师生指正。

编者

2020 年 1 月

目　录

课程导入

【知识目标】

1. 能熟练陈述建筑结构的概念和各类建筑结构的优缺点。

2. 能基本陈述建筑结构的分类。

3. 能正确陈述建筑结构的发展概况。

【技能目标】

1. 在工程结构中能正确运用建筑结构的概念和各类建筑结构的优缺点。

2. 能正确获取建筑结构构件的构造要求。

3. 了解建筑结构的发展现状。

【建议学时】

2 学时

0.1　建筑结构的基本概念

0.1.1　建筑结构的定义

建筑是建筑物和构筑物的总称。凡是供人们在其内进行生产、生活或其他活动的房屋（或场所）都称为建筑物，习惯上也称之为建筑，如住宅、学校、办公楼、写字楼、商场、厂房等。而人们不直接在其内生产、生活，只为满足某一特定功能建造的建筑，称为构筑物，如水坝、烟囱、水塔、电视塔等。其中，建筑物是人类在自然空间里建造的人工空间，有稳固的人工空间才能保证人类的正常活动。为使建筑物在各种自然与人为作用下，保持其自身的工作状态，形成具有足够抵抗能力的空间骨架，建筑必须具有相应的受力、传力体系，这个体系构成建筑物的承重骨架，称为建筑结构，在不致混淆时可简称为结构。

因此，建筑结构是建筑物的基本组成部分，是用一定的材料建造而成的具有足够抵抗能力的空间骨架，用于抵御自然界可能发生的各种作用力。

建筑结构定义的内涵：第一，建筑结构是指建筑物的承重骨架部分，它不等同于建筑物，诸如门、窗等建筑配件以及框架填充墙、隔墙、屋面、楼（地）面、装饰面层等都不属于建筑结构的范畴；第二，除特殊情况下为单个构件（如独立柱）外，建筑结构是由若干构件通过一定方式连接而成的有机整体，这个有机整体能够承受作用在建筑物上的各种作用，并可靠地将其传给地基。这里所说的"作用"，是使结构产生内力和变形的各种原因的统称，其中包括各种形式的荷载和地基变形、温度变化、地震作用等。

0.1.2 建筑结构的组成

1.由构件组成

由上述内容可知,建筑结构是由若干构件通过一定方式连接而成的。由于建筑功能要求的不同,建筑结构的组成形式有很多种。相应地,组成建筑结构的构件类型和形式也不一样,一般情况下可分为以下三类。

①水平构件,有板、梁、桁架、网架等,主要作用是承受竖向荷载。

②竖向构件,有柱、墙、框架等,主要作用是支承水平构件或承受水平荷载。

③基础,是位于建筑物最下部与地基土层相接的承重构件,其作用是承受建筑物的全部荷载,并将这些荷载传递给地基。

2.由上部结构和下部结构组成

天然地坪或 ±0.000 以上的部分称为上部结构,其中包括水平结构体系和竖向结构体系两部分;天然地坪或 ±0.000 以下的部分称为下部结构。

在学习、计算和设计中,可以将组成结构的各种构件按照受力特点的不同,归结为几类不同的受力构件,这些构件称为建筑结构基本构件(简称基本构件)。基本构件主要有以下五种。

①受弯构件:指截面有弯矩作用的构件。一般情况下,受弯构件的截面同时还承受剪力作用。梁、板是工程结构中典型的受弯构件。

②受压构件:指截面有压力作用的构件。一般情况下,受压构件有时还承受剪力作用。柱、承重墙、屋架中的压杆是典型的受压构件。

③受拉构件:指截面有拉力作用的构件。一般情况下,受拉构件有时也承受剪力作用。屋架中的拉杆是典型的受拉构件。

④受扭构件:指截面有扭矩作用的构件。一般情况下,单纯承受扭矩作用的构件(称为纯扭构件)很少,多数受扭构件同时承受弯矩和剪力作用。雨篷梁、框架结构中的边梁是典型的受扭构件。

⑤受剪构件:指截面以承受剪力作用为主的构件。无拉杆的拱支座是典型的受剪构件。在实际工程中,受剪构件的应用较少。

0.1.3 建筑结构的类型、特点及应用

1.建筑结构的类型

（1）按建筑材料划分

按建筑材料划分,建筑结构可分为钢筋混凝土结构、钢结构、砌体(含砖、砌块、石材等)结构、木结构、塑料结构、充气结构。

（2）按结构形式划分

按结构形式划分,建筑结构可分为墙体结构、框架结构、深梁结构、筒体结构、拱结构、网架结构、空间薄壁(包括折板)结构、钢索结构、舱体结构。

（3）按体型划分

按体型划分，建筑结构可分为单层结构（多用于单层工业厂房、食堂等）、多层结构（一般为 2~7 层）、高层结构（一般为 8 层以上）、大跨结构（跨度在 40 m 以上）。

各种结构如图 0.1 所示。

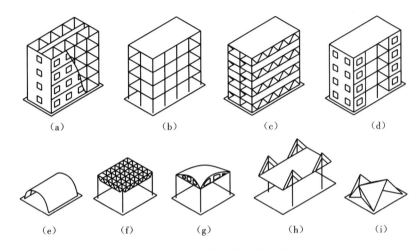

图 0.1　建筑结构的各种形式

（a）墙体结构　（b）框架结构　（c）深梁结构　（d）筒体结构
（e）拱结构　（f）网架结构　（g）空间薄壁结构　（h）钢索结构　（i）折板结构

建筑结构需要解决以下几个问题。

①使骨架形成的空间能够良好地满足人类生产、生活以及对美观的需求，前者是物质的，后者是精神的，这是结构存在的根本目的。

②结构要抵御自然界的各种作用力（地心引力、风力、地震力等），因而结构需要有抵抗力，这是结构存在的根本原因。

③充分发挥所采用材料的作用。这是结构的另一个重要功能，材料是结构存在的根本条件。

④结构所要解决的问题还有很多，如连接构造问题、经济问题等。

2.建筑结构的特点

各类建筑结构的优缺点如表 0.1 所示。

表 0.1　各类建筑结构的优缺点

种类	优点	缺点
钢筋混凝土结构	强度高、耐久性好、抗震性好，并具可塑性	自重大、抗裂能力差、费工、费模板
砌体结构	造价低廉、耐火性好、施工方便、工艺简单、就地取材	自重大、强度低、抗震性能差、砌筑工作繁重、黏土用量大

种类	优点	缺点
钢结构	强度高、质量轻、质地均匀、运输方便	易腐蚀、耐火性差
木结构	取材加工方便、材质轻且强度较大	各向异性、易燃、易裂、易翘曲、易腐蚀

3. 建筑结构的应用

（1）混凝土结构

以混凝土为主制作的结构称为混凝土结构，包括素混凝土结构、钢筋混凝土结构、预应力混凝土结构。

①素混凝土结构：多用于基础垫层、室外地坪等部位。

②钢筋混凝土结构：多用于房屋建筑工程、桥梁工程、特种结构与高耸结构、水利及其他工程。

③预应力混凝土结构：多用于大跨度或承受动力荷载以及不允许开裂的结构中。在房屋建筑工程中，预应力混凝土不仅用于屋架、屋面板、楼板、檩条、吊车梁、柱、墙板、基础等构配件，而且在大跨度、高层房屋的现浇结构中也得到应用。此外，预应力混凝土结构还广泛应用于公路、铁路、桥梁、立交桥、塔桅结构、飞机跑道、蓄液池、压力管道、预应力混凝土船体结构以及原子能反应堆容器和海洋工程结构等方面。

（2）砌体结构

由块体（砖、砌块、石材）和砂浆砌筑的墙、柱作为建筑物主要受力构件的结构称为砌体结构，它是砖砌体结构、石砌体结构和砌块砌体结构的统称。砌体结构多用于以下几方面。

①一般民用建筑中的基础、内外墙、柱、过梁、屋盖和地沟等构件。

②工业厂房中的围护墙、烟囱、料斗、地沟、管道支架、对渗水性要求不高的水池等特殊结构。

③农村建筑，如猪圈、粮仓等。

④在交通运输方面，除可用于桥梁、隧道外，还可用于各式地下渠道、涵洞、挡土墙等。

⑤在水利建设方面，可以用石料砌筑坝、堰和渡槽等。

在实际工程中，砌体结构主要用于房屋结构中以受压为主的竖向承重构件（如墙、柱等），而水平承重构件（如梁、板等）则采用钢筋混凝土结构、钢结构或木结构等。这种由两种及两种以上材料构件组成的结构称为混合结构。

（3）钢结构

钢结构是指以钢材为主制作的结构，多用于重型工业厂房、大跨度结构、高耸结构和高层建筑、受动力荷载作用的结构、可拆卸和移动结构、轻型结构、容器、管道及其他建筑物。

（4）木结构

木结构是指全部或大部分用木材制作的结构。因木结构的应用受国家严格控制，目前，在大中城市基本停用，在古建筑修复、装饰装修、园林古建等工程中仍有所应用。

0.2 建筑结构的发展概况

建筑是人们用石材、木材等建筑材料搭建的一种供人类居住和使用的物体,如住宅、桥梁、体育馆等。从广义上来讲,园林也是建筑的一部分。

1. 中国传统建筑

中国的传统建筑以木结构为主,西方的传统建筑以砖石结构为主。现代的建筑则是以钢筋混凝土结构为主。

中国古代建筑具有朴素淡雅的风格,主要以茅草、木材为建筑材料,以木架构(柱、梁、枋、檩、椽等构件)为主,按照结构需要的实际大小、形状和间距组合在一起。这种建筑结构方式反映了古代宗法社会结构的清晰、有序和稳定。由于木材制作的梁、柱不易形成巨大的内部空间,古代建筑便巧妙地利用外部自然空间组成庭院。庭院是建筑的基本单位,它既是封闭的,又是开放的;既是人工的,又是自然的,可以俯植花草树木,仰观风云日月,是古人"天人合一"观念的表现,体现了中国人既含蓄内向,又开拓进取的民族性格。中国古代稍大一些的建筑都是由若干个庭院组成的建筑群,单个建筑物和庭院沿一定走向布置,有主有次,有高潮有过渡,成为有层次、有深度的空间,体现出中国人所追求的一种整体美和深邃美。其中,宫殿、寺庙一类比较庄严的建筑,往往沿着中轴线一个接一个地纵向布置主要建筑物,两侧对称地布置次要建筑物,布局平衡舒展,引人入胜。

古代建筑品类繁盛,包括宫殿、陵园、寺院、宫观、园林、桥梁、塔刹等。

在人类文明发展史上,最初的建筑主要是为遮风避雨、防寒祛暑而营造的,是人类为抵抗残酷无情的自然力而自觉建造起来的第一道屏障,只具有实用的目的。随着技术的发展和社会的进步,建筑才逐渐具有审美的性质,直至发展成为以作为权势象征为主要目的的宫殿建筑和以供人观赏为主要目的的园林建筑。

在通常情况下,人们较多地根据使用目的的不同将建筑分为住宅建筑、生产建筑、公共建筑、文化建筑、园林建筑、纪念性建筑、陵寝建筑、宗教建筑等。

2. 中国现代建筑

中国现代建筑泛指 19 世纪中叶以来的中国建筑。

从 1840 年第一次鸦片战争爆发到 1949 年新中国成立,中国建筑呈现出中西融汇、风格多样的特点。这一时期,传统的中国旧建筑体系仍然占据数量上的优势,但戏园、酒楼、客栈等娱乐业、服务业建筑和百货商场、菜市场等商业建筑,普遍突破了传统的建筑格局,扩大了人际活动空间,树立起中西合璧的洋式店面;西方建筑风格也呈现在中国的建筑中,在上海、天津、青岛、哈尔滨等城市的租界,出现了外国领事馆、洋行、银行、饭店、俱乐部等外来建筑。这一时期也出现了近代民族建筑,这类建筑较好地实现了新功能、新技术、新造型与民族风格的统一。

1949 年中华人民共和国成立后,中国建筑进入新的历史时期,大规模、有计划的国民经济建设推动了建筑业的蓬勃发展。中国现代建筑在数量、规模、类型、地区分布及现代化水平上都突破了近代的局限,呈现出崭新的姿态。这一时期的中国建筑经历了以局部应用大屋顶为主要特征的复古风格时期、以国庆工程十大建筑为代表的社会主义建筑新风格时期、集现代设计方法和民族意蕴于一体的广州风格时期,自 20 世纪 80 年代以来,中国建筑逐步趋向开放、兼容,中国现代建筑开始向多元化发展。

0.3　课程内容及教学中应注意的问题

建筑专业毕业生的主要就业岗位是施工员、质量员、安全员等,这些岗位的主要职责是照图施工并控制质量、进度和安全,在建筑结构方面需要完成结构构件的校核计算、临时结构的设计计算等主要工作,这是建筑专业学生基本能力的体现;能正确、合理地施工,是建筑专业学生水平的体现,需要学生知晓设计人员的设计意图和理念。因此,本教材以"结构类型"为载体,由砌体结构构造及计算、钢筋混凝土结构构造及计算、钢结构构造及计算、临时结构构造及计算四部分组成,通过学习使学生熟悉这四种结构的基本概念、基本理论和设计计算方法,为从事土建工程设计、施工及管理工作打下基础。

在教学中应注意以下几个问题。

①混凝土结构和砌体结构的基本构件是由混凝土、钢筋、块体、砂浆等两种或两种以上材料组成的;钢结构和临时结构的基本构件是型钢、扣件等。其中,混凝土和砌体是非均质、非弹性材料,因此材料力学公式一般不能直接应用于混凝土结构与砌体结构的基本构件设计计算,但解决问题的理论分析方法同样适用。

②这四种结构的基本理论和计算公式需要通过大量的科学试验研究才能建立;同时,为保证结构的可靠性,还必须经过工程验证方可应用。因此,在学习中,要注意试验研究,重视受力性能分析,熟悉计算公式的适用范围和限制条件,以便正确地应用公式解决实际工程问题。

③结构设计不仅要考虑结构体系受力的合理性,而且要考虑使用功能、材料供给、地形地貌、施工技术、施工工艺和经济合理等方面的因素,因而是一个综合性很强的问题。同时,在实际设计工作中,同一工程问题有多种解决方案,其结果不是唯一的。所以,在教学时,应注意培养分析问题、解决问题的综合能力。

④这四种结构具有较多的工程构造措施,这些都是通过长期的科学试验与大量的工程实践积累起来的,是保证结构安全可靠必不可少的条件,必须给予足够的重视。

⑤本门课程是实践性较强的课程。在教学中,应加强工学结合,结合现场实际,注意实训教学,突出职业能力培养。

⑥为了在土木工程建设中贯彻国家的技术经济政策,做到安全适用、技术先进、经济合理、确保质量,国家颁布了一系列设计规范和标准。这些规范和标准具有约束性和立法性,必须认真执行。在学习时,要注意熟悉规范,并能正确地应用规范。

思　考　题

1. 建筑结构包括哪些结构类型?

2. 建筑结构能解决哪些问题?

3. 建筑结构的组成有哪些?

4. 在学习本课程的过程中,应注意哪些问题?

第1章　结构设计的一般原则和方法

【知识目标】

1. 能熟练陈述结构设计的一般原则。
2. 能基本陈述结构专业需要提供和接收的各专业的资料。
3. 能正确陈述建筑结构的荷载种类和取值方法。
4. 能基本陈述建筑结构的概率极限状态设计方法。

【技能目标】

1. 在各个设计阶段,能正确提供和接收各专业的资料。
2. 能正确获取建筑结构的荷载参数。
3. 能正确选取建筑结构的概率极限状态设计方法。

【建议学时】

4~6学时

1.1　结构设计的一般原则

1.1.1　建筑结构的组成和类型

1. 建筑结构的概念

建筑结构是指在建筑物(包括构筑物)中,由建筑材料做成的用来承受各种荷载或者作用、起骨架作用的空间受力体系。

2. 建筑结构的组成

建筑结构是指建筑物中由若干个基本构件按照一定组成规则、通过正确的方式连接所组成的能够承受并传递各种作用的空间受力体系(又称骨架)。

房屋结构的基本构件主要有板、梁、墙、柱、基础等。

3. 建筑结构的类型

根据分类条件的不同,建筑结构可以有不同的类型。目前多按以下三种条件进行分类。

(1)按所用材料分类

按所用材料分类,建筑结构可分为混凝土结构、砌体结构、钢结构、轻型钢结构、木结构和组合结构等。

（2）按施工方法分类

按施工方法分类，建筑结构可分为现浇结构、装配式结构、装配整体式结构、预应力混凝土结构等。

（3）按承重体系分类

按承重体系分类，建筑结构可分为框架结构、剪力墙结构、框架—剪力墙结构、筒体结构、排架结构、网架结构、悬索结构、壳体结构、膜结构等。

4. 建筑结构中常见结构受力体系类型及施工方法

①混合结构：砖混或砖木结构，块材砌筑墙体（或用大型预制墙材安装）、（木、预制或现浇混凝土）楼板。

②框架结构：梁柱刚接而成的受力体系，（钢筋混凝土或者钢材）预制柱、梁、板装配；现浇混凝土柱、梁，预制板；全现浇钢筋混凝土。

③框架—剪力墙结构：现浇混凝土墙；现浇混凝土柱、梁；现浇板。

④剪力墙结构：全装配大板；内浇外挂；全现浇（大模板、滑模）；配筋砌块墙体，现浇构造柱、芯柱和圈梁。

⑤框筒结构：全现浇（大模板、滑模）。

⑥筒中筒结构：内外各做成筒，一般内筒为全现浇，外筒（现浇混凝土、钢）做成密柱深梁形成筒体。

⑦钢网架：钢杆件组成平面网格，再组成立体结构网，两个网格上下错位叠放，形成四棱锥立体结构，多用螺栓、丝扣连接。

⑧悬索结构：由钢丝束、钢丝绳、钢绞线、链条、圆钢等柔性受拉索及其边缘构件组成，多用锚连接。

⑨膜结构：由多种高强薄膜材料及加强构件（钢架、钢柱或钢索）通过一定方式使其内部产生一定的预张应力以形成某种空间形状。

1.1.2　建筑结构设计的阶段和内容

建筑结构设计一般分为方案设计、初步设计和施工图设计三个阶段。对于技术要求简单的民用建筑工程，经有关主管部门同意，并且合同中有不做初步设计的约定，可在方案设计审批后直接进入施工图设计。

1. 方案设计

方案设计阶段主要是确定建筑结构安全等级、设计使用年限和建筑抗震设防类别等，并根据建筑功能要求，经多方案比较后确定结构选型。方案设计文件将用于办理工程建设的报批等有关手续。

在方案设计阶段，一般结构专业没有图纸，结构体系、柱网和墙体布置在建筑专业有关图纸中表达，而结构设计方案要有说明。

（1）方案准备工作

①现场踏勘：了解地形、地貌及新老建筑的关系，水、暖、电的入口方向、位置，地下管线走

向及现状,当地建材情况(如钢材等级、最高混凝土使用等级、商品混凝土情况、填充砌体材料),当地相关法规及设计标准,当地的地基处理能力及方法,当地施工技术水平。

②根据初期地质报告,了解工程建设场地有无不良地质情况(如液化、湿陷、断裂带、软弱土、软硬不均、滑坡等),标准冻深,是否冻胀,地下水情况(特别注意地下水有无腐蚀性),场地类别。无地质报告时,参照相邻建筑的地质报告。

③了解当地工程的特殊做法、甲方的特殊要求。

④熟悉工程可能用到的结构形式及相关规范规定、技术措施。

(2)结构专业接收各专业提供的资料

结构专业首先接收建筑专业提供的设计依据、简要设计说明、设计图纸等(表1.1),设计人员对建筑概况及设计范围等进行确认,提出调整意见并反馈给建筑专业。

表 1.1　结构专业接收建筑专业提供的资料

提出专业	内容	深度要求	表达方式			备注
			图	表	文字	
建筑	设计依据	工程设计有关的依据性文件			√	主要由建设单位提供资料,由项目设计总负责人汇总,提供给各专业
		建设单位设计任务书			√	
		政府有关主管部门对项目设计提出的要求,如根据城市规划对建筑高度的限制,建筑物、构筑物的控制高度,人防备战设置要求、防护等级等			√	
		城市规划限定的用地红线、建筑红线及地形测量图	√			
		设计基础资料:气象、地形地貌、地质初(勘)察报告等			√	
		工程规模(如总建筑面积、总投资、容纳人数等)			√	
	简要设计说明	列出主要技术经济指标以及主要建筑或核心建筑的层数、层高和总高度等指标,给出功能布局	√		√	
		设计标准(如工程等级、建筑使用年限、耐火等级、装修标准等)	√		√	
		总平面布置说明	√			

提出专业	内容		深度要求	表达方式			备注
				图	表	文字	
建筑	设计图纸	总平面图	场地的区域位置、场地的范围	√			
			标注场地与原有建筑及规划的城市道路和建筑物的距离,并注明需保留的建筑物、古树名木、历史文化遗存	√			
			场地内拟建道路、停车场、广场、绿地及建筑物的布置,表示出主要建筑物与用地界线(或道路红线、建筑红线)的距离及相邻建筑物之间的距离,场地竖向控制	√			
			标注建筑物名称、出入口位置、层数	√			
		各层平面图	尺寸:总尺寸,开间、进深尺寸和柱网尺寸	√			方案设计中也可将手绘图提交给各专业
			各房间使用名称、主要房间面积	√			
			各楼层地面标高、屋面标高	√			
			室内停车库的停车位和行车路线	√			
			划分防火分区	√			
		立面图	选择一两个有代表性的立面	√			
			标出各立面主要部位和最高点或主体建筑的总高度	√			
			平、剖面图未能表示的屋顶标高或高度	√			
			标注外墙面所采用的饰面材料	√			
		剖面图	标出各层标高及室外地面标高、特殊指明的房间名称	√			选择典型剖面
			标出各层竖向尺寸及总的竖向尺寸	√			
			如遇有高度控制,还应标明最高的标高	√			

如果工程较大、较复杂,结构专业应根据工程需要接收给排水、暖通、电气专业提供的资料(表 1.2)。

表1.2 结构专业接收给排水、暖通、电气专业提供的资料

提出专业	内容	深度要求					表达方式		
		位置	尺寸	标高	荷载	其他	图	表	文字
给排水	楼板、承重墙上要开的大洞（如设备运输、维修洞）	√							√
	屋顶板或楼板上要放置的较重设备（如中转层水箱、水泵房等）	√				估算荷载（kg/m²）			√
	有特殊要求的空间（如需拔柱、去楼板的用房）	√		√					√
暖通	各专业机房（如制冷机房、锅炉房、热交换站、空调机房等）					面积及净高要求、设置区域、荷载			√
电气	楼板、承重墙上要开的大洞（如设备运输、维修洞）	√							√
	屋顶板或楼板上要放置的较重设备（如卫星天线、中转层变配电所）	√				估算荷载（kg/m²）			√
	有特殊要求的空间（如需拔柱、去楼板的用房）	√		√					√

（3）结构专业提供资料

方案设计阶段结构专业首先接收建筑专业的资料，之后与其他各专业相互配合，研究结构的可行性并确定结构方案，对各专业提供的资料予以确认或提出修改意见，在接收给排水、暖通、电气专业资料的同时，向各专业反馈资料。表1.3为结构专业提供的资料。

表1.3　结构专业提供的资料

接收专业	内容	深度要求	表达方式		
			图	表	文字
各专业	结构布置原则	开间、进深和柱网建议尺寸,剪力墙布置间距及数量,确认建筑的平面长宽比、高宽比、结构收进和突出的尺寸及高度等	√		√
	上部结构选型	采用砌体结构、框架结构、框架—剪力墙结构、剪力墙结构、筒体结构、混合结构、钢结构等			√
	基础	初估基础埋深、地基基础设计等级、可能的基础形式			√
	大跨度、大空间结构	结构可能的形式,如网架结构、预应力混凝土结构等			√
	结构单元划分	结构伸缩缝、沉降缝、抗震缝的预计位置和预计宽度			√
	结构设计标准参数	结构抗震设防烈度、安全等级、设计使用年限			√

2.初步设计

初步设计阶段要确定结构设计原则,确认结构体系,提出基本构件的控制尺寸,提供编制概算所需的结构简图及附加的文字说明。此阶段结构设计人员需进行建模试算。

（1）结构专业接收各专业提供的资料

第一时段:初步设计阶段结构专业首先接收建筑专业提供的方案审批意见、修改和补充内容(表1.4)。

表1.4　建筑专业提供的资料(第一时段)

提出专业	内容	表达方式			备注
		图	表	文字	
建筑	经主管部门批准的方案设计审批意见			√	审批意见由建设单位提供
	依据主管部门、建设单位审查意见,适当调整方案设计图纸(总平面布置,平、立、剖面图)	√			
	在初步设计过程中需要补充和调整的内容			√	

第二时段:建筑专业提供的资料应有设计依据、简要设计说明、设计说明书及设计图纸(表1.5)。

表1.5　建筑专业提供的资料(第二时段)

提出专业	内容		深度要求	表达方式			备注
				图	表	文字	
建筑	设计依据		补充设计任务书			√	设计依据由项目设计总负责人向建设单位索取
			规划委员会审定后的设计方案通知书			√	
			建设单位对方案的修改意见和有关会议纪要等文件			√	
			建设单位提供的地形图、红线图、市政道路(现状、规划)图、管线(规划或现状)图及地质勘测资料	√		√	
	简要设计说明		概述经过调整的方案设计(包括层数、层高、总高度,结构造型和墙体材料,建筑内部的交通组织、防火设计以及无障碍、节能、智能化、人防等设计情况)和采取的特殊技术措施		√	√	交通组织中的电梯、电动扶梯的功能、数量及吨位、速度等参数用表格表示
			多子项工程的单子项可用建筑项目主要特征表进行综合说明		√	√	
			有特殊要求和其他需要另行委托设计、加工的工程内容			√	
	设计说明书		建筑说明部分			√	设计说明书为初步设计文件的一部分
			消防设计专篇(建筑部分)			√	
			人防设计专篇(建筑部分)			√	
			环保设计专篇(建筑部分)			√	
	设计图纸	总平面图	测量坐标网、坐标值,场地范围的测量坐标(或定位尺寸),道路红线、建筑红线或用地界线	√			简单的单项工程,竖向布置与总平面图合并
			场地四周原有及规划道路的位置,道路和相邻场地的控制标高,主要建筑物和构筑物的位置、名称、层数、建筑距离	√			
			场地道路、广场的停车场及停车位、消防车道	√			
			绿化、景观(水景、喷泉等)及休闲设施的布置示意图	√			
			主要道路广场的起点、变坡点、转折点和终点的设计标高,场地的控制标高	√			
			用箭头或等高线表示地面坡向,并表示出护坡、挡土墙、排水沟等	√			
			注明建筑单体相对定位,±0.000与绝对标高的关系,室外地坪(四角标高、出入口标高)	√			

提出专业	内容		深度要求	表达方式			备注
				图	表	文字	
建筑	设计图纸	各层平面图	注明房间名称	√			方案设计中也可将手绘图提交给各专业
			注明承重结构的轴线及编号、柱网尺寸和总尺寸	√			
			主要结构和建筑构配件,如非承重墙、壁柱、门窗、楼梯、电梯、自动扶梯、中庭(及其上空)、平台、阳台、雨篷、台阶、坡道等	√			
			主要建筑设备的固定位置,如水池、卫生器具,与设备专业有关的设备的位置	√			
			建筑平面的防火分区和防火分区的分隔位置、面积及防火门、防火卷帘的位置和等级,同时应表示疏散方向等	√			若紧临原有建筑,应绘出局部平面图
			变形缝位置	√			
			室内、室外地面设计标高及地上、地下各层楼地面标高	√			
			室内停车库的停车位和行车线路及机械停车范围	√			
			人防分区图、人防布置图,防护门、防护密闭门、通风竖井等	√			
			管道井及其他专业需要的竖井位置,楼屋面及承重墙上较大洞口的位置	√			
			当围护结构采用特殊材料时,应注明与主体结构的定位关系;有特殊要求的房间应放大平面布置	√			
		立面图	立面图两端的轴线号	√			
			立面外轮廓,主要结构和建筑部件的可见部分	√			
			平、剖面图未能表示的屋顶标高或高度	√			
			外墙面上的装饰材料	√			
		剖面图	剖面图两端的轴线号	√			必须标注所剖切的轴线号,转折剖切时应标注转折处的轴线号
			主要结构和建筑构造配件,如地面、檐口、女儿墙、梁、柱、内外门窗、阳台、挑廊、共享空间、电梯机房、楼板、屋顶等,其他特殊空间	√			
			各层楼地面和室外标高,室外地面至建筑檐口或女儿墙顶的总高度,各楼层之间的距离	√			
			楼地面、屋面、吊顶、隔墙、外保温层、地下室防水处理示意图	√			

结构专业与给排水、暖通、电气专业的配合,主要是接收三个专业提供的净高、开洞、设备尺寸和重量等资料,具体如表1.6所示。

表1.6 给排水、暖通、电气专业提供的资料(第二时段)

提出专业	内容	深度要求					表达方式		
		位置	尺寸	标高	荷载	其他	图	表	文字
给排水	消防水池、生活水池、屋顶水箱(池)、集水井(坑)等构筑物	√	√	√		贮水容积、水有无腐蚀性	√		
	给排水设备(水泵、热交换器、冷却塔、水处理设备等)	√			√		√		
	位于承重结构上的大型设备吊装孔(洞)	√	√				√		
	穿基础的给排水管道	√		√		套管管径	√		
	管沟	√	√				√		
暖通	制冷机房(电制冷机房或吸收式制冷机房)设备平面图	√	√	√	√		√	√	
	燃油燃气锅炉房设备平面布置	√	√	√	√		√	√	
	空调机房设备荷载要求	√	√	√	√		√	√	
	换热站设备平面布置	√	√	√	√		√	√	
	管道平面布置	√		√	√	核心筒、剪力墙等部位较大开洞	√		
	设备吊装孔及运输通道	√					√		
电气	变配电室(站)、柴油发电机房、各弱电机房等	√		√			√	√	
	各类电气用房电缆沟、夹层	√	√				√		
	安装在屋顶板或楼板上的设备	√			√		√	√	
	电气(强电、弱电)竖井	√		√			√		
	配电箱、设备箱、进出管线需在剪力墙上留洞	√	√	√			√		
	设备基础、吊装及运输通道的荷载要求	√			√		√		
	有特殊要求的功能用房	√		√		面积	√	√	

15

（2）结构专业提供资料

结构专业在接收给排水、暖通、电气专业资料的同时，应研究资料并进行结构初步设计工作，向各专业提出修改和估算的结构构件基本尺寸，提供新技术的应用等资料，如表1.7所示。

表1.7　结构专业提供的资料

接收专业	内容	深度要求	表达方式		
			图	表	文字
各专业	上部结构选型	对方案设计阶段的结构选型进行确认和补充			√
	基础平面图	独立基础、条形基础、交叉梁基础、筏形基础、箱形基础、桩基等	√		√
	楼层、屋顶结构平面布置草图	梁、板、柱、墙等结构布置及主要构件初步估计截面尺寸	√		
	结构区段（单元）的划分及后浇带	结构缝的位置及宽度、后浇带的位置和宽度（注明收缩后浇带或沉降后浇带）			√
	大跨度、大空间结构的布置	大跨度、大空间结构，采用平面结构、空间结构、预应力结构或其他新型结构。针对不同的结构体系提出相应的设计参数，如结构的高跨比等；提供主要节点构造草图，如大跨度屋盖的钢结构内部节点和支座节点构造草图	√		√
	地基处理	地基处理范围、方法和技术要求			√
	设计说明书	结构设计说明（包括人防设计说明）			√

初步设计完成后，墙、柱、楼梯间的平面位置不宜再做调整。

3. 施工图设计

在施工图设计阶段，结构专业应完成图纸目录、设计说明、设计图纸、计算书（计算书应一式两份，一份单位内部存档）。

（1）各专业互相提供资料

在施工图设计阶段，各专业分三个时段互相提供资料，作为各专业在施工图设计过程中的依据。

第一时段：施工图设计阶段，结构专业首先接收建筑专业提供的主管部门批准的初步设计审批意见、修改补充内容等，如表1.8所示。

表1.8 建筑专业提供的资料(第一时段)

提出专业	内容	表达方式			备注
		图	表	文字	
建筑	经主管部门批准的初步设计审批意见			√	审批意见由建设单位提供
	依据主管部门、建设单位审查意见,适当调整初步设计图纸(总平面布置,平、立、剖面图)	√			
	在初步设计过程中需要补充和调整的内容			√	

第二时段:建筑专业提供的资料有设计依据和根据各专业反馈意见修改过的设计图纸,如表1.9所示。

表1.9 建筑专业提供的资料(第二时段)

提出专业	内容			深度要求	表达方式		
					图	表	文字
建筑	设计依据			经过确认的地形图、红线图、市政管线图及经过审查的地质勘测资料	√		√
				经过各专业确认的第一时段设计图纸	√		
	设计图纸	总平面图	平面图	建筑物、构筑物(人防工程、地下车库、油库、贮水池等隐蔽工程用虚线表示)的名称或编号、层数、定位、标高	√		
				广场、停车场、运动场地、道路、无障碍设施、排水沟、挡土墙、护坡的定位尺寸	√		
			竖向图	场地四周的道路、水面、地面的关键性标高	√		
				广场、停车场、运动场地的设计标高	√		
			其他	挡土墙、护坡或土坎顶部和底部的主要设计标高及护坡坡道	√		
				管道(综合):需要注明各管线与建筑物、构筑物的距离和管线间距	√		
				注明影响其他专业的景观,如喷水池、假山等的位置	√		
		简要设计说明		墙体、墙身防潮层、地下室防水层、屋面、外墙面等的材料和做法	√	√	√
				室内装修部分:明确楼面构造做法和厚度,顶棚吊顶高度等	√		√
				对采用新技术、新材料的做法说明,对特殊建筑造型和必要的建筑构造的说明	√	√	√
				门窗表及门窗性能(防火、隔音、防护、抗风压、保温、气密性、雨水渗透等)	√	√	√
				电梯、自动扶梯的选择及性能(功能、载重量、速度、提升高度、停站数)	√		√
				墙体及楼板预留孔洞需封堵时的封堵方式	√		√

提出专业	内容		深度要求	表达方式		
				图	表	文字
建筑	设计图纸	各层平面图	承重墙、柱及其定位轴线和轴线编号,内外门窗位置、编号及定位尺寸,门的开启方向,房间名称或编号	√		
			轴线总尺寸(或外包总尺寸)、轴线间尺寸(柱距、跨度)、门窗洞口尺寸、分段尺寸	√		
			墙体(包括承重墙和非承重墙)厚度及其与轴线的关系、尺寸	√		
			变形缝位置、尺寸	√		
			主要建筑设备和固定家具的位置,如卫生器具、雨水管、水池、台、橱、柜、隔断等	√		
			电梯、自动扶梯、步道、楼梯(爬梯)位置和楼梯上下方向示意	√		
			主要结构和建筑构造部件的位置、尺寸和做法索引,如中庭、天窗、地沟、地坑、重要设备或设备机座、各种平台、夹层、人孔、阳台、雨篷、台阶、坡道、散水、明沟等	√		
			室外地面标高、底层地面标高、各楼层标高、地下室各层标高	√		
			各专业设备用房面积、位置及有关技术要求等	√		
			屋顶平面图应有女儿墙、檐口、屋脊(分水线)、出屋面楼梯间、水箱间、电梯间、屋面上人孔及排水方式,如雨水口、天沟、坡度、坡向等	√		
			停车库的停车位和通行路线	√		
			特殊工艺要求土建提供放大图部分,特殊部位要求土建提供平面节点大样图	√		
			室内装修构造材料表,如天棚、地面、内墙面、屋面保温等			
		立面图	两端轴线编号,立面转折较复杂时可用展开立面表示,但应准确注明转角处的轴线编号	√		
			立面外轮廓及主要结构和建筑构造部件的位置	√	√	
			平、剖面图未能表示出来的屋顶、檐口、女儿墙、窗台等	√		
			在平面图上表达不清的窗编号	√		
			立面饰面材料	√		

提出专业	内容		深度要求	表达方式		
				图	表	文字
建筑	设计图纸	其他	在平、立、剖面图或文字说明中交代不清的建筑构配件和构造	√		
			人防口部设计、人防专业门型号、扩散室和风井处理,出地面风井、人防地面部分做法	√		
			特殊装饰物的构造尺寸,如旗杆、构(花)架等	√		
		剖面图	墙、柱轴线和轴线编号	√		
			剖切到或可见的主要结构,如室外地面、底层地(楼)面、各层楼板、夹层、平台、屋架、屋顶、出屋面烟囱、檐口、女儿墙、门、窗、楼梯、台阶、坡道、阳台、雨篷等	√		
			高度尺寸(外部):门、窗、洞口高度,层间高度,室内外高差,女儿墙高度,总高度	√		
			构筑物及其他屋面特殊构件等的标高、室外地面标高	√		
			标高:主要结构和建筑构造部件的标高,如地面、楼面(含地下室)、屋面板、屋面檐口、女儿墙顶、高出屋面的建筑物	√		

结构专业在接到建筑专业的资料后,开始进行结构的施工图设计,并把细化后的本专业资料提供给其他各专业,如表1.10所示。

表1.10　结构专业提供的资料(第二时段)

接收专业	内容	深度要求	表达方式		
			图	表	文字
各专业	楼层的结构平面图	主要构件如梁、板、柱、剪力墙的截面尺寸,特别是影响建筑平面布置、剖面图、层高的构件尺寸,注明结构楼板面标高,给出边缘构件位置和尺寸	√		
	基础平面图	基础的埋置深度,基础平面尺寸及轴线关系,箱基、筏基或一般地下室的底板厚度,地下室墙及人防工程各部分墙体(临空墙、门框墙、扩散室、滤毒室、风机房等)的厚度	√		
	大跨度、大空间结构	布置方案,主要杆件截面尺寸,如预应力梁截面尺寸、网架结构的矢高及网格尺寸	√		
	砌体结构墙	构造柱的平面位置和尺寸	√		
	楼梯、坡道	结构形式,如梁式、板式等			√
	室外人防通道、防倒塌棚架等结构的有关资料	结构形式及主要构件尺寸	√	√	
	室外管沟、管架	结构形式及构件尺寸	√		
	室外挡土墙	挡土墙的形式和尺寸	√		

结构专业在提供资料给各专业的同时,要与给排水、暖通、电气专业就设备位置、重量及需要开洞大小、位置等进行交流,并接收给排水、暖通、电气专业提供的资料,如表1.11所示。

表1.11　给排水、暖通、电气专业提供的资料(第二时段)

提出专业	内容	深度要求					表达方式		
		位置	尺寸	标高	荷载	其他	图	表	文字
给排水	消防水池、生活水池、屋顶水箱(池)、集水井(坑)等水专业构筑物	√	√	√	√		√		
	给排水设备(水泵、热交换器、冷却塔、水处理设备)等的基础	√	√		√		√		
	位于承重结构上的大型设备吊装孔(洞)	√	√				√		
	机房设备检修安装预留吊钩(轨)	√	√	√	√		√	√	
	暗设于承重墙内的消火栓箱	√		√	√		√		
	管道穿板时直径大于300 mm的预留洞	√				留洞尺寸	√		
	管沟	√	√				√		
	较大管径管道固定支架	√	√				√		
	穿梁、剪力墙、基础的管道预留孔洞或预埋套管	√	√	√			√		
	穿人防围护结构的管道	√	√	√			√		
	穿水池池壁防水套管	√	√	√			√		
	穿地下室外墙防水套管	√	√	√			√		
暖通	制冷机房(电制冷机房或吸收式制冷机房)设备平面布置、排水沟平面布置	√			√		√	√	
	燃油燃气锅炉房设备平面布置、排水沟平面布置	√	√				√		
	换热站设备平面布置、排水沟平面布置	√			√		√	√	
	空调机房	√			√		√	√	
	通风机	√	√	√			√		
	设备吊装孔及运输通道	√			√		√	√	
	机房设备检修安装吊钩	√	√	√	√	运行方式	√		
	管道吊装荷载	√					√	√	
	管道固定支架推力	√					√	√	
	混凝土墙体、梁、柱预埋件及预留洞	√	√	√	√		√		
	人防工程墙体、楼板预埋件及预留洞	√	√	√			√		

续表

提出专业	内容	深度要求					表达方式		
		位置	尺寸	标高	荷载	其他	图	表	文字
电气	变配电室（站）、柴油发电机房、各弱电机房等	√	√		√	必要时提供动荷载	√		
	各类电气用房电缆沟、夹层	√	√				√		
	安装在屋顶板或楼板上的设备	√	√		√		√		
	电气（强电、弱电）竖井	√	√		√	留洞尺寸	√	√	
	配电箱、设备箱进出管线需在剪力墙上留洞	√	√	√			√	√	
	配线暗管的最大交叉高度要求			√		管径	√	√	√
	设备基础、吊装及运输通道	√	√		√		√		
	缆线进出建筑物、主要敷设通道预埋件及预留洞	√	√		√		√		
	灯具、母线吊挂、开关柜固定、变压器吊装、变压器牵引地锚等预埋件	√	√	√	√		√		
	设备基础、设备吊装及检修所需吊轨、吊钩等	√	√	√	√		√	√	√
	有特殊要求的功能房	√	√	√	√		√	√	√
	卫星天线	√	√	√	√		√		
	利用基础钢筋、框架柱内钢筋、屋顶结构做防雷、接地、等电位连接装置					施工要求	√		√
	防侧击雷	√	√		√	钢门窗圈梁与柱筋连接要求			√
	防雷接地装置预埋件	√	√	√			√		√

第三时段:结构专业接收建筑专业提供的资料,有楼、电梯大样图和墙身节点图等,如表1.12所示。

表 1.12　建筑专业提供的资料(第三时段)

提出专业	内容	表达方式			备注
		图	表	文字	
建筑	楼、电梯大样图	√			
	装饰柱、墙节点大样图	√			
	墙身节点大样图	√			

在接到建筑专业的资料后,结构专业再分别向建筑、给排水、暖通、电气专业提出结构第二次修改的开洞和基本构件尺寸,如无修改可反向提供资料,如表 1.13 所示。

表 1.13　结构专业提供的资料(第三时段)

接收专业	内容	深度要求	表达方式		
			图	表	文字
建筑	各种设备、电气用房结构平面图及设备基础平面图	梁、板、柱、剪力墙的截面尺寸及其轴线定位关系	√		
给排水	各种给排水设备用房(水泵、中水站、热交换器)结构平面图及设备、水池基础平面图	梁、板、柱、剪力墙的截面尺寸及其轴线定位关系,楼板、梁、剪力墙需要留置的洞的位置尺寸	√		
暖通	制冷机房、空调机房、锅炉房等的结构平面图,结构开洞位置图	梁、板、柱、剪力墙的截面尺寸及其轴线定位关系,楼板、梁、剪力墙需要留置的洞的位置尺寸	√		
电气	变配电室(站)、发电机房(包括电缆沟)等的结构平面图	梁、板、柱、剪力墙的截面尺寸及其轴线定位关系,楼板、梁、剪力墙需要留置的洞的位置尺寸	√		

施工图绘制顺序:一是绘制墙、柱配筋施工图,并根据计算结果调整配筋及部分构件尺寸;二是绘制梁、板配筋施工图,并根据计算结果调整配筋及部分构件尺寸;三是根据基础计算结果,绘制基础施工图;四是绘制楼梯配筋图、节点配筋图。以上工作完成后,整理打印结构计算书。

(2)施工图自检、审核、校对

将整理好的全部施工图打印成白纸图交给结构审核人员进行审核。同时,设计人员进行自检,根据审核意见修改施工图。修改完成后,打印施工图,请校对人员按照审核意见及个人意见进行校对,设计人员应旁站修改。

(3)结构施工图设计内容的具体要求

结构施工图包括图纸目录、结构设计总说明、基础平面图、基础详图、结构平面图、钢筋混凝土构件详图、节点构造详图及其他图纸。具体内容详见天津大学出版社出版的教材《建筑工程图识读与绘制》。

4. 结构设计后期服务

结构设计后期服务主要是施工图技术交底、基础验槽、结构验收、现场配合。

5. 设计资料归档

建筑工程施工过程中产生的设计变更应一式五份签字盖章,一份单位内部存档用,其余交给建设单位分配。在建筑工程竣工验收后,将所有设计变更、结构计算书、施工图 CAD 文件及 PKPM 建模计算文件整理好交付工程负责人存档。

1.2 建筑结构荷载

1.2.1 结构上的作用与荷载

1. 作用与荷载的概念

(1)作用的概念

作用是指使结构产生内力或变形的原因。

(2)作用的分类

1)按作用性质分类

直接作用:施加在结构或构件上的集中力或分布力,如人群、设备、风雪、构件自重等。作用也称荷载,荷载指物体承受的重量或压力,属直接作用。

间接作用:引起结构或构件外加变形或约束变形的原因。混凝土的收缩、温度变化、基础的差异沉降、地震等引起结构外加变形或约束变形的原因称为间接作用。间接作用不仅与外界因素有关,还与结构本身的特性有关。例如,地震对结构的作用,不仅与地震加速度有关,还与结构自身的动力特性有关,所以不能把地震作用称为"地震荷载"。

2)按时间变异分类

永久作用:在结构使用期间,其值不随时间变化,或其变化与平均值相比可以忽略不计,如结构自重、土压力、预应力等。

技术提示:永久作用不随时间变化,长期作用在结构上,在结构上的作用位置也不变。

可变作用:在结构使用期间,其值随时间变化,且其变化与平均值相比不可忽略不计,如楼面活荷载、屋面活荷载和积灰荷载、吊车荷载、风荷载、雪荷载等。

技术提示:可变荷载的大小随时间而变,作用位置也可变。

偶然荷载:在结构设计基准期内不一定出现,而一旦出现,其值很大且持续时间较短,如爆炸力、撞击力等。

3）按空间位置变异分类

固定作用：作用在结构空间位置上，具有固定的分布（固定荷载）。

可动作用：作用在结构空间位置上的一定范围内，可以任意分布（活荷载、移动荷载）。

4）按结构反应分类

静态作用：对结构或结构构件的作用，使结构不产生加速度或加速度可以忽略不计。

动态作用：对结构或结构构件的作用，使结构产生不可忽略的加速度，如地震、风、冲击和爆炸等。

2. 与荷载相关的术语

（1）永久荷载（permanent load）

永久荷载是指在结构使用期间，其值不随时间变化，或其变化与平均值相比可以忽略不计，或其变化是单调的并能趋于限值的荷载。

（2）可变荷载（variable load）

可变荷载是指在结构使用期间，其值随时间变化，且其变化与平均值相比不可以忽略不计的荷载。

（3）偶然荷载（accidental load）

偶然荷载是指在结构使用期间不一定出现，而一旦出现，其值很大且持续时间很短的荷载。

（4）荷载代表值（representative value of a load）

荷载代表值是指设计中验算极限状态所采用的荷载量值，例如标准值、组合值、频遇值和准永久值。

（5）设计基准期（design reference period）

设计基准期是指为确定可变荷载代表值而选用的时间参数。

（6）标准值（characteristic/nominal value）

标准值是指荷载的基本代表值，是设计基准期内最大荷载统计分布的特征值（例如均值、众值、中值或某个分位值）。

（7）组合值（combination value）

对于可变荷载，组合值是指使组合后的荷载效应在设计基准期内的超越概率，能与该荷载单独出现时的相应概率趋于一致的荷载值；或使组合后的结构具有统一规定的可靠指标的荷载值。

（8）频遇值（frequent value）

对于可变荷载，频遇值是指在设计基准期内，其超越的总时间为规定的较小比率或超越频率为规定频率的荷载值。

（9）准永久值（quasi-permanent value）

对于可变荷载，准永久值是指在设计基准期内，其超越的总时间约为设计基准期一半的荷载值。

（10）荷载设计值（design value of a load）

荷载设计值是荷载代表值与荷载分项系数的乘积。

（11）荷载效应（load effect）

荷载效应是指由荷载引起结构或结构构件的反应，例如内力、变形和裂缝等。

（12）荷载组合（load combination）

荷载组合是指按极限状态设计时，为保证结构的可靠性而对同时出现的各种荷载设计值的规定。

（13）基本组合（fundamental combination）

基本组合是指承载能力极限状态计算时，永久作用和可变作用的组合。

（14）偶然组合（accidental combination）

偶然组合是指承载能力极限状态计算时，永久作用、可变作用和一个偶然作用的组合。

（15）标准组合（characteristic/nominal combination）

标准组合是指正常使用极限状态计算时，采用标准值或组合值为荷载代表值的组合。

（16）频遇组合（frequent combination）

频遇组合是指正常使用极限状态计算时，对可变荷载采用频遇值或准永久值为荷载代表值的组合。

（17）准永久组合（quasi-permanent combination）

准永久组合是指正常使用极限状态计算时，对可变荷载采用准永久值为荷载代表值的组合。

（18）基本雪压（reference snow pressure）

基本雪压是指雪荷载的基准压力，一般按当地空旷平坦地面上积雪自重的观测数据，经概率统计得出的 50 年一遇最大值确定。

（19）基本风压（reference wind pressure）

基本风压是指风荷载的基准压力，一般按当地空旷平坦地面上 10 m 高度处 10 min 平均风速观测数据，经概率统计得出的 50 年一遇最大值确定，应考虑相应的空气密度。

（20）地面粗糙度（terrain roughness）

风在到达结构物以前吹越过 2 km 范围内的地面时，描述该地面上不规则障碍物分布状况的等级。

1.2.2　结构上的荷载

1. 荷载的类型

《建筑结构荷载规范》（GB 50009—2012）规定，结构上的荷载分类如表 1.14 所示。

表 1.14　结构上的荷载分类

序号	种类名称	示　例	结构设计时采用的代表值
1	永久荷载	结构自重、土压力、预应力	采用标准值
2	可变荷载	楼面活荷载、屋面活荷载和积灰荷载、吊车荷载、风荷载、雨荷载、雪荷载	采用标准值、组合值、频遇值或准永久值
3	偶然荷载	爆炸力、撞击力	按建筑结构使用的特点确定

（1）重力荷载

地球上一定高度范围内的物体均会受到地球引力的作用而产生重力，该重力导致的荷载称为重力荷载，主要包括结构自重力、土的自重力、雪荷载、车辆重力、屋面和楼面活荷载等。

结构自重力是由地球引力产生的组合结构的材料重力。一般而言，可以根据结构的材料种类、材料体积和材料重度计算结构自重力（式（1.1））。结构自重力一般按照均匀分布的原则计算。在施工阶段，构件在吊装运输或悬臂施工时引起的结构内力，有可能大于正常设计荷载产生的内力，因此在施工阶段验算构件的强度和稳定性时，构件自重力应乘以适当的动力系数。

$$G_k = \gamma V \tag{1.1}$$

式中　G_k——构件的自重力（kN）；

　　　γ——构件材料的重度（kN/m^3）；

　　　V——构件的体积，一般按照设计尺寸确定（m^3）。

常见材料和构件的重度见《建筑结构荷载规范》附录 A。

式（1.1）适用于一般建筑结构、桥梁结构及地下结构等各构件自重力的计算，但要注意土木工程中结构各构件的材料重度可能不同，计算结构自重力时可将结构人为地划分为许多基本构件，然后叠加即得到结构总自重力，可按下式计算：

$$G = \sum_{i=1}^{n} \gamma_i V_i \tag{1.2}$$

式中　G——结构总自重力（kN）；

　　　n——组成结构的基本构件数；

　　　γ_i——第 i 个基本构件的重度（kN/m^3）；

　　　V_i——第 i 个基本构件的体积（m^3）。

（2）风荷载

垂直于建筑物表面的风荷载标准值，按下述公式计算。

①当计算主要承重结构时，按下式计算：

$$\omega_k = \beta_z \mu_s \mu_z \omega_0 \tag{1.3}$$

式中　ω_k——风荷载标准值（kN/m^2）；

　　　β_z——高度 z 处的风振系数；

　　　μ_s——风荷载体型系数；

　　　μ_z——风压高度变化系数；

　　　ω_0——基本风压（kN/m^2）。

②当计算围护结构时，按下式计算：

$$\omega_k = \beta_{gz} \mu_s \mu_z \omega_0 \tag{1.4}$$

式中　β_{gz}——高度 z 处的阵风系数。

基本风压按《建筑结构荷载规范》给出的 50 年一遇的风压采用，但不得小于 0.3 kN/m^2。

全国基本风压分布图见图 1.1。

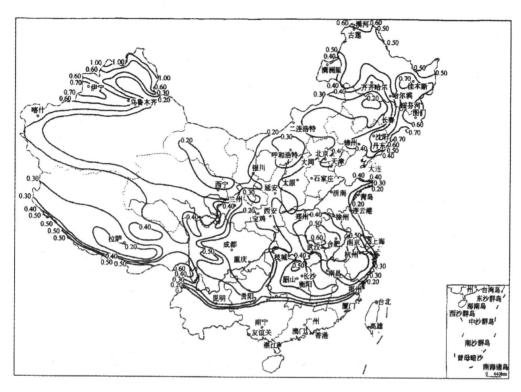

图1.1　全国基本风压分布图

【**例1.1**】位于重庆市郊区的某高层建筑,采用框架结构,扣件式双排钢管脚手架施工,钢管规格为 $\phi 48 \times 3.5$,脚手架搭设高度 50 m,搭设尺寸为立杆纵距 $L_a = 1.5$ m,立杆横距 $L_b = 1.2$ m,步距 $h = 1.8$ m,连墙杆设置为二步三跨。脚手架采用密目安全立网(网目密度不低于 2 000 目/100 cm²)。

试分别计算全封闭脚手架和敞开式脚手架两种情况,在离地面 5 m 及 50 m 高度处风荷载标准值。

解:①全封闭脚手架。

查"全国基本风压分布图"可知,重庆地区基本风压 $\omega_0 = 0.30$ kN/m²。

查《建筑结构荷载规范》表7.2.1,大城市郊区地面粗糙度为 B 类,离地面 5 m 高度处 $\mu_z = 1.0$,50 m 高度处 $\mu_z = 1.67$。

背靠建筑物为框架结构,偏于安全计算,取风荷载体型系数 $\mu_s = 1.3$。

β_z 根据《建筑施工扣件式钢管脚手架安全技术规范》(JGJ 130—2011)取 0.7。

离地面 5 m 高度处

$$\omega_k = 0.7 \times 1.3 \times 1.0 \times 0.30 = 0.273 \text{ kN/m}^2$$

离地面 50 m 高度处

$$\omega_k = 0.7 \times 1.3 \times 1.67 \times 0.30 = 0.456 \text{ kN/m}^2$$

②敞开式脚手架。

基本风压及风压高度变化系数同全封闭脚手架。

由《建筑施工扣件式钢管脚手架安全技术规范》附录 A 表 A.3,查得挡风系数 $\varphi = 0.089$。

根据《建筑结构荷载规范》表 7.3.1 第 32 项,由 $n = 2$(双排),$L_b/h = 1.2/1.8 < 1$,$\varphi < 0.1$,查得 $\eta = 1$。

查《建筑结构荷载规范》表 7.3.1 第 36 项,$\omega_0 d_2 = 0.30 \times 0.048 = 0.0144 > 0.002$,桁架杆件的风荷载体型系数 $\mu_s = 1.2$。换算为敞开式脚手架的风荷载体型系数为

$$\mu_s = 0.089 \times 1.2 \times (1+1) = 0.2136$$

离地面 5 m 高度处,$\omega_k = 0.7 \times 0.2136 \times 1.0 \times 0.30 = 0.0449 \text{ kN/m}^2$;

离地面 50 m 高度处,$\omega_k = 0.7 \times 0.2136 \times 1.67 \times 0.30 = 0.0749 \text{ kN/m}^2$。

2. 荷载的代表值

在结构设计中,通常考虑荷载的统计特征,赋予其一个指定的量值,称为荷载代表值。

不同的荷载在不同的极限状态情况下,要求采用不同的荷载代表值进行计算。《建筑结构可靠度设计统一标准》(GB 50068—2001)等给出了荷载的四种代表值,分别为标准值、组合值、频遇值或准永久值。

①荷载标准值。荷载标准值是结构设计时采用的荷载基本代表值,荷载的其他代表值是以其为基础乘以适当的系数后得到的。荷载的标准值为设计基准期内最大荷载统计分布的特征值(例如众值、均值、中值或某个分位值)。

②永久荷载标准值。永久荷载变异性不大,一般以平均值作为荷载标准值,即可按结构设计规定的尺寸和材料的平均密度确定。

③可变荷载标准值。可变荷载的标准值采用数理统计方法确定,通常要求有 95%的保证率。由于已有资料的不足,目前有些可变荷载的标准值主要根据历史工程经验确定。《建筑结构荷载规范》规定了民用建筑楼面均布活荷载标准值及其组合值、频遇值和准永久值系数(表 1.15),屋面均布活荷载标准值及其组合值、频遇值和准永久值系数(表 1.16)。

④可变荷载频遇值。对于可变荷载,取在设计基准期内,其超越的总时间为规定的较小比率或超越频率为规定频率的荷载值为频遇值。其大小等于可变荷载标准值 Q_k 乘以频遇值系数 ψ_f。

⑤可变荷载准永久值。对于可变荷载,取在设计基准期内,其超越的总时间约为设计基准期一半的荷载值为准永久值。其大小等于可变荷载标准值 Q_k 乘以准永久值系数 ψ_q。

⑥可变荷载组合值。当考虑两种或两种以上的可变荷载在结构上同时作用时,由于所有可变荷载同时达到其单独出现的最大值的可能性极小,故除主导可变荷载仍以标准值为代表值外,其他伴随可变荷载应取其标准值乘以小于 1 的组合值系数 ψ_c,得到可变荷载的组合值。

1.2.3 常见的结构荷载

《建筑结构荷载规范》中对常见的结构荷载规定如表 1.15 和表 1.16 所示。

表 1.15　民用建筑楼面均布活荷载标准值及其组合值、频遇值和准永久值系数

项次	类别			标准值（kN/m²）	组合值系数 ψ_c	频遇值系数 ψ_f	准永久值系数 ψ_q
1	（1）住宅、宿舍、旅馆、办公楼、医院病房、托儿所、幼儿园			2.0	0.7	0.5	0.4
	（2）试验室、阅览室、会议室、医院门诊室			2.0	0.7	0.6	0.5
2	教室、食堂、餐厅、资料档案室			2.5	0.7	0.6	0.5
3	（1）礼堂、剧场、影院、有固定座位的看台			3.0	0.7	0.5	0.3
	（2）公共洗衣房			3.0	0.7	0.6	0.5
4	（1）商店、展览厅、车站、港口、机场大厅及其旅客等候室			3.5	0.7	0.6	0.5
	（2）无固定座位的看台			3.5	0.7	0.5	0.3
5	（1）健身房、演出舞台			4.0	0.7	0.6	0.5
	（2）运动场、舞厅			4.0	0.7	0.6	0.3
6	（1）书库、档案室、贮藏室			5.0	0.9	0.9	0.8
	（2）密集柜书库			12.0	0.9	0.9	0.8
7	通风机房、电梯机房			7.0	0.9	0.9	0.8
8	汽车通道及客车停车库	（1）单向板楼盖（板跨不小于 2 m）和双向板楼盖（板跨不小于 3 m×3 m）	客车	4.0	0.7	0.7	0.6
			消防车	35.0	0.7	0.5	0.0
		（2）双向板楼盖（板跨不小于 6 m×6 m）和无梁楼盖（柱网不小于 6 m×6 m）	客车	2.5	0.7	0.7	0.6
			消防车	20.0	0.7	0.5	0.0
9	厨房	（1）餐厅		4.0	0.7	0.7	0.7
		（2）其他		2.0	0.7	0.6	0.5
10	浴室、卫生间、盥洗室			2.5	0.7	0.6	0.5
11	走廊、门厅	（1）宿舍、旅馆、医院病房、托儿所、幼儿园、住宅		2.0	0.7	0.5	0.4
		（2）办公楼、餐厅、医院门诊部		2.5	0.7	0.6	0.5
		（3）教学楼及其他可能出现人员密集的情况		3.5	0.7	0.5	0.3
12	楼梯	（1）多层住宅		2.0	0.7	0.5	0.4
		（2）其他		3.5	0.7	0.5	0.3

项次	类别		标准值 （kN/m²）	组合值 系数 ψ_c	频遇值 系数 ψ_f	准永久值 系数 ψ_q
13	阳台	（1）可能出现人员密集的情况	3.5	0.7	0.6	0.5
		（2）其他	2.5	0.7	0.6	0.5

注：①本表所给各项活荷载适用于一般使用条件，当使用荷载较大、情况特殊或有专门要求时，应按实际情况采用。

②第6项书库活荷载，当书架高度大于2m时，尚应按每米书架高度荷载值不小于2.5 kN/m²确定。

③第8项中的客车活荷载仅适用于停放载人少于9人的客车；消防车活荷载适用于满载总重为300 kN的大型车辆；当不符合本表的要求时，应将车轮的局部荷载按结构效应的等效原则换算为等效均布荷载。

④第8项消防车活荷载，当双向板楼盖板跨介于3 m×3 m～6 m×6 m之间时，应按跨度线性插值确定。

⑤第12项楼梯活荷载，对预制楼梯踏步平板，尚应按1.5 kN集中荷载验算。

⑥本表各项荷载不包括隔墙自重和二次装修荷载。对固定隔墙的自重应按永久荷载考虑，当隔墙位置可灵活自由布置时，非固定隔墙的自重应取不小于1/3的每延米长墙重（kN/m）作为楼面活荷载的附加值（kN/m²）计入，且附加值不应小于1.0 kN/m²。

表1.16　屋面均布活荷载标准值及其组合值、频遇值和准永久值系数

项次	类别	标准值（kN/m²）	组合值系数 ψ_c	频遇值系数 ψ_f	准永久值系数 ψ_q
1	不上人屋面	0.5	0.7	0.5	0.0
2	上人屋面	2.0	0.7	0.5	0.4
3	屋顶花园	3.0	0.7	0.7	0.6
4	屋顶运动场	3.0	0.7	0.6	0.4

注：①不上人的屋面，当施工或维修荷载较大时，应按实际情况采用；对不同类型的结构应按有关设计规范的规定采用，但不得低于0.3 kN/m²。

②当上人的屋面兼作其他用途时，应按相应楼面活荷载采用。

③对于因屋面排水不畅、堵塞等引起的积水荷载，应采取构造措施加以防止；必要时，应按积水的可能深度确定屋面活荷载。

④屋顶花园活荷载不包括花圃土石等材料自重。

1.3　建筑结构的概率极限状态设计法

1.3.1　建筑结构的功能

建筑结构设计的基本要求：以最经济的手段使结构在正常施工和使用条件下，在预定的设计基准期（一般为50年）内满足下列预定的功能。

①安全性:指建筑结构在正常施工和使用条件下能承受可能出现的各种作用(如荷载、温度改变、支座不均匀沉陷等引起的内力和变形),且在强震、爆炸、台风和偶然事件发生时和发生后,结构仍然能保持必要的整体稳定性,不致倒塌。

②适用性:指建筑结构在正常使用期间具有良好的工作性能,不产生影响使用的过大变形、振幅和裂缝宽度。

③耐久性:指建筑结构在正常维护条件下具有足够的耐久性能。如在设计基准期内钢筋不会因保护层厚度不够或混凝土裂缝过宽而锈蚀,混凝土不得脱落、风化、腐蚀。

安全性、适用性、耐久性统称为结构的可靠性。结构能够满足功能要求,称为结构可靠;反之,称为结构不可靠。其分界点称为极限状态。

根据建筑结构破坏后果的严重程度,将建筑结构划分为三个安全等级,设计时应根据具体情况,按照表 1.17 的规定选用相应的安全等级。

表 1.17　建筑结构的安全等级及结构重要性系数 γ_0

安全等级	破坏后果	建筑物类型	设计使用年限	结构重要性系数 γ_0
一级	很严重	重要的建筑物	100 年	1.1
二级	严重	一般的建筑物	50 年	1.0
三级	不严重	次要的建筑物	5 年	0.9
对地震设计状况不应小于				1.0

注:①对于特殊建筑物,安全等级可根据具体情况另行确定。

②当设计使用年限不为表中数值时,结构重要性系数 γ_0 可按线性插值法确定。

③对于荷载标准值可控制的活荷载,结构重要性系数 γ_0 取 1.0。

活荷载按楼层的折减系数如表 1.18 所示。

表 1.18　活荷载按楼层的折减系数

墙、柱、基础计算截面以上的层数	1	2～3	4～5	6～8	9～20	>20
计算截面以上各楼层活荷载总的折减系数	1.00(0.90)	0.85	0.70	0.65	0.60	0.55

注:当楼面梁的从属面积超过 25 m^2 时,应采用括号内的系数。

1.3.2　结构功能的极限状态要求

整个结构或结构的一部分超过某一特定状态就不能满足设计规定的某一功能要求,此特定状态称为该功能的极限状态。极限状态有两种:承载能力极限状态和正常使用极限状态。

1. 承载能力极限状态(主要考虑结构的安全性)

结构或构件达到最大承载力、出现疲劳破坏或不适于继续承载的变形状态,称为承载能力极限状态。当结构或构件出现下列情况之一时,即认为超过了承载能力极限状态。

①结构、构件或它们之间的连接因材料超过其强度而破坏(含疲劳破坏),或因产生过度塑性变形而不能继续承载。

②结构变机构,即由几何不变体系变成几何可变体系。

③结构或构件丧失稳定,如细长压杆失稳退出工作导致结构破坏。

④结构或构件发生滑移或倾覆而丧失平衡位置。

结构或构件一旦超过承载能力极限状态,就不能满足安全性的功能要求,会产生重大经济损失和人员伤亡。因此,应把这种情况的发生概率控制得非常小。

2. 正常使用极限状态(主要考虑结构的适用性和耐久性)

结构或构件达到正常使用和耐久性能的某项规定限值的状态,称为正常使用极限状态。

当结构或构件出现下列状态之一时,即认为超过了正常使用极限状态。

①发生影响正常使用或外观的过大变形,如吊车梁挠度过大以致吊车不能正常行走。

②发生影响正常使用或耐久性的局部损坏,包括裂缝宽度达到限值。

③发生影响正常使用的振动。

④发生影响正常使用的其他特定状态。

结构或构件超过正常使用极限状态时,一般不会造成人员伤亡和重大经济损失。因此,可把这种情况发生的概率控制得略宽一些。

3. 楼板竖向自振频率的验算

《混凝土结构设计规范》(GB 50010—2010)第3.4.6条规定,对混凝土楼盖结构应根据使用功能的要求进行竖向自振频率验算,并宜符合下列要求:住宅和公寓不宜低于5 Hz;办公楼和旅馆不宜低于4 Hz;大跨度公共建筑不宜低于3 Hz。

根据振动力学原理,假设楼板四周与串梁墙壁之间有约束,则

$$K = P/\delta \qquad (1.5)$$

式中 K——楼板的上下静刚度;

P——竖向荷载;

δ——在 P 作用下的上下变形量。

$$f = \frac{1}{2\pi}\sqrt{\frac{K}{M}} \qquad (1.6)$$

式中 f——楼板自振频率;

M——楼板的自重。

设计建筑结构时,为保证结构的安全可靠,对所有结构和构件均应进行承载能力极限状态的验算,而正常使用极限状态的验算则视具体使用要求进行。

1.3.3 实用设计表达式

①建筑结构设计应根据使用过程中在结构上可能同时出现的荷载,按承载能力极限状态和正常使用极限状态分别进行荷载组合,并应取各自的最不利组合进行设计。

②对于承载能力极限状态,应按荷载的基本组合或偶然组合计算荷载组合的效应设计值,并应采用下列设计表达式进行设计:

$$\gamma_0 S_d \leqslant R_d \tag{1.7}$$

式中 γ_0——结构重要性系数,见表1.17;

S_d——荷载组合的效应设计值;

R_d——结构构件抗力的设计值,应按各有关建筑结构设计规范的规定确定。

③荷载基本组合的效应设计值 S_d,应从下列荷载组合值中取最不利的效应设计值确定。

a. 由可变荷载控制的效应设计值,应按下式进行计算:

$$S_d = \sum_{j=1}^m \gamma_{G_j} S_{G_{jk}} + \gamma_{Q_1} \gamma_{L_1} S_{Q_{1k}} + \sum_{i=2}^n \gamma_{Q_i} \gamma_{L_i} \psi_{ci} S_{Q_{ik}} \tag{1.8}$$

式中 γ_{G_j}——第 j 个永久荷载的分项系数,见表1.19;

γ_{Q_i}——第 i 个可变荷载的分项系数,其中 γ_{Q_1} 为主导可变荷载 Q_1 的分项系数,见表1.19;

γ_{L_i}——第 i 个可变荷载考虑设计使用年限的调整系数,其中 γ_{L_1} 为主导可变荷载 Q_1 考虑设计使用年限的调整系数;

$S_{G_{jk}}$——按第 j 个永久荷载标准值 G_{jk} 计算的荷载效应值;

$S_{Q_{ik}}$——按第 i 个可变荷载标准值 Q_{ik} 计算的荷载效应值,其中 $S_{Q_{1k}}$ 为诸可变荷载效应中起控制作用者;

ψ_{ci}——第 i 个可变荷载 Q_i 的组合值系数;

m——参与组合的永久荷载数;

n——参与组合的可变荷载数。

b. 由永久荷载控制的效应设计值,应按下式进行计算:

$$S_d = \sum_{j=1}^m \gamma_{G_j} S_{G_{jk}} + \sum_{i=1}^n \gamma_{Q_i} \gamma_{L_i} \psi_{ci} S_{Q_{ik}} \tag{1.9}$$

注:基本组合中的效应设计值仅适用于荷载与荷载效应为线性的情况;当对 $S_{Q_{1k}}$ 无法明显判断时,应轮次以各可变荷载效应作为 $S_{Q_{1k}}$,选其中最不利的荷载组合的效应设计值。

④基本组合的荷载分项系数,应按表1.19采用。

表1.19 基本组合的荷载分项系数

项 目			取值
永久荷载分项系数	当永久荷载效应对结构不利时	由可变荷载效应控制的组合值	1.2
		由永久荷载效应控制的组合值	1.35
	当永久荷载效应对结构有利时		≯1.0
可变荷载分项系数	对标准值大于 4 kN/m² 的工业房屋楼面结构的活荷载		1.3
	其他情况		1.4
对结构的倾覆、滑移或漂浮验算,荷载的分项系数应满足有关的建筑结构设计规范的规定			

⑤可变荷载考虑设计使用年限的结构重要性系数 γ_0 应按下列规定采用。

a. 楼面和屋面活荷载考虑设计使用年限的结构重要性系数 γ_0 应按表 1.17 采用。

b. 对雪荷载和风荷载,应取重现期为设计使用年限,按《建筑结构荷载规范》第 E.3.3 条的规定确定基本雪压和基本风压,或按有关规范的规定采用。

⑥荷载偶然组合的效应设计值 S_d 可按下列规定采用。

a. 用于承载能力极限状态计算的效应设计值,应按下式进行计算:

$$S_d = \sum_{j=1}^m S_{G_{jk}} + S_{A_d} + \psi_{f1} S_{Q_{1k}} + \sum_{i=2}^n \psi_{q_i} S_{Q_{ik}} \tag{1.10}$$

式中　S_{A_d}——按偶然荷载标准值 A_d 计算的荷载效应值;

　　　ψ_{f1}——第 1 个可变荷载的频遇值系数;

　　　ψ_{q_i}——第 i 个可变荷载的准永久值系数。

b. 用于偶然事件发生后受损结构整体稳固性验算的效应设计值,应按下式进行计算:

$$S_d = \sum_{j=1}^m S_{G_{jk}} + \psi_{f1} S_{Q_{1k}} + \sum_{i=2}^n \psi_{q_i} S_{Q_{ik}} \tag{1.11}$$

注:组合中的设计值仅适用于荷载与荷载效应为线性的情况。

⑦对于正常使用极限状态,应根据不同的设计要求,采用荷载的标准组合、频遇组合或准永久组合,并应按下列设计表达式进行设计:

$$S_d \leq C \tag{1.12}$$

式中　C——结构或构件达到正常使用要求的规定限值,例如变形、裂缝、振幅、加速度、应力等的限值,应按有关建筑结构设计规范的规定采用。

⑧其他组合的效应设计值如表 1.20 所示。

表 1.20　其他组合的效应设计值

项　　目	公　　式	备　　注
荷载标准组合的效应设计值 S_d	$S_d = \sum_{j=1}^m S_{G_{jk}} + S_{Q_{1k}} + \sum_{i=2}^n \psi_{ci} S_{Q_{ik}}$	组合中的设计值仅适用于荷载与荷载效应为线性的情况
荷载频遇组合的效应设计值 S_d	$S_d = \sum_{j=1}^m S_{G_{jk}} + \psi_{f1} S_{Q_{1k}} + \sum_{i=2}^n \psi_{q_i} S_{Q_{ik}}$	
荷载准永久组合的效应设计值 S_d	$S_d = \sum_{j=1}^m S_{G_{jk}} + \sum_{i=1}^n \psi_{q_i} S_{Q_{ik}}$	

【例1.2】某办公楼钢筋混凝土矩形截面简支梁,安全等级为二级,设计使用年限为 50 年,截面尺寸 $b \times h = 200 \text{ mm} \times 400 \text{ mm}$,计算跨度 $l_0 = 5 \text{ m}$,净跨度 $l_n = 4.86 \text{ m}$。承受均布线荷载:活荷载标准值 7 kN/m,恒荷载标准值 10 kN/m(不包括自重)。试计算按承载能力极限状态设计时的跨中弯矩设计值和支座边缘截面剪力设计值。($\psi_c = 0.7$,$\gamma_0 = 1.0$)

解:钢筋混凝土的自重标准值为 25 kN/m³,故梁自重标准值为 $25 \times 0.2 \times 0.4 = 2 \text{ kN/m}$。总恒荷载标准值 $g_k = 10 + 2 = 12 \text{ kN/m}$。恒荷载产生的跨中弯矩标准值和支座边缘截面剪力

标准值分别为

$$M_{g_k} = \frac{1}{8} g_k l_0^2 = \frac{1}{8} \times 12 \times 5^2 = 37.5 \text{ kN} \cdot \text{m}$$

$$V_{g_k} = \frac{1}{2} g_k l_n = \frac{1}{2} \times 12 \times 4.86 = 29.16 \text{ kN}$$

活荷载产生的跨中弯矩标准值和支座边缘截面剪力标准值分别为

$$M_{q_k} = \frac{1}{8} q_k l_0^2 = \frac{1}{8} \times 7 \times 5^2 = 21.875 \text{ kN} \cdot \text{m}$$

$$V_{q_k} = \frac{1}{2} q_k l_n = \frac{1}{2} \times 7 \times 4.86 = 17.01 \text{ kN}$$

本例只有一个活荷载,即为第一可变荷载,故计算由活荷载弯矩控制的跨中弯矩设计值时,$\gamma_G = 1.2$,$\gamma_Q = 1.4$。所以,由活荷载弯矩控制的跨中弯矩设计值和支座边缘截面剪力设计值分别为

$$M = \gamma_0 (\gamma_G M_{g_k} + \gamma_Q M_{q_k}) = 1 \times (1.2 \times 37.5 + 1.4 \times 21.875) = 75.625 \text{ kN} \cdot \text{m}$$
$$V = \gamma_0 (\gamma_G V_{g_k} + \gamma_Q V_{q_k}) = 1 \times (1.2 \times 29.16 + 1.4 \times 17.01) = 58.806 \text{ kN}$$

计算由恒荷载弯矩控制的跨中弯矩设计值时,$\gamma_G = 1.35$,$\gamma_Q = 1.4$。所以,由恒荷载弯矩控制的跨中弯矩设计值和支座边缘截面剪力标准值分别为

$$M = \gamma_0 (\gamma_G M_{g_k} + \psi_c \gamma_Q M_{q_k}) = 1 \times (1.35 \times 37.5 + 0.7 \times 1.4 \times 21.875) = 72.06 \text{ kN} \cdot \text{m}$$
$$V = \gamma_0 (\gamma_G V_{g_k} + \psi_c \gamma_Q V_{q_k}) = 1 \times (1.35 \times 29.16 + 0.7 \times 1.4 \times 17.01) = 56.04 \text{ kN} \cdot \text{m}$$

取较大的跨中弯矩设计值 $M = 75.625 \text{ kN} \cdot \text{m}$ 和支座边缘截面剪力设计值 $V = 58.806 \text{ kN}$。

1.4 耐久性设计

1.4.1 耐久性设计的内容

混凝土结构应根据设计使用年限和环境类别进行耐久性设计,耐久性设计包括下列内容:
①确定结构所处的环境类别;
②提出对混凝土材料的耐久性基本要求;
③确定构件中钢筋的混凝土保护层厚度;
④确定不同环境条件下的耐久性技术措施;
⑤提出结构使用阶段的检测与维护要求。

技术提示:对临时性的混凝土建筑物,可不考虑混凝土的耐久性要求。

1.4.2 混凝土结构的环境类别

混凝土结构暴露的环境(是指混凝土结构表面所处的环境)类别应按表1.21的要求进行划分。

表 1.21　混凝土结构暴露的环境类别

环境类别	环境条件
一	室内干燥环境： 无侵蚀性静水浸没环境
二 a	室内潮湿环境： 非严寒和非寒冷地区的露天环境； 非严寒和非寒冷地区与无侵蚀性的水或土壤直接接触的环境； 严寒和寒冷地区的冰冻线以下与无侵蚀性的水或土壤直接接触的环境
二 b	干湿交替环境： 水位频繁变动的环境； 严寒和寒冷地区的露天环境； 严寒和寒冷地区的冰冻线以上与无侵蚀性的水或土壤直接接触的环境
三 a	严寒和寒冷地区的冬季水位变动区环境： 受除冰盐影响环境； 海风环境
三 b	盐渍土环境： 受除冰盐作用环境； 海岸环境
四	海水环境
五	受人为或自然的侵蚀性物质影响的环境

注：①室内潮湿环境是指构件表面经常处于结露或湿润状态的环境。

②严寒和寒冷地区的划分应符合国家现行标准《民用建筑热工设计规范》（GB 50176—1993）的有关规定。

③海岸环境和海风环境宜根据当地情况，考虑主导风向及结构所处迎风、背风部位等因素的影响，由调查研究和工程经验确定。

④受除冰盐影响环境是指受到除冰盐盐雾影响的环境，受除冰盐作用环境是指被除冰盐溶液溅射的环境以及使用除冰盐地区的洗车房、停车楼等建筑。

1.4.3　混凝土结构对混凝土材料的要求

设计使用年限为 50 年的混凝土结构，其混凝土材料宜符合表 1.22 的规定。

表 1.22　结构混凝土材料的耐久性基本要求

环境类别	最大水胶比	最低强度等级	最大氯离子含量（%）	最大碱含量（kg/m^3）
一	0.60	C20	0.30	不限制
二 a	0.55	C25	0.20	
二 b	0.50(0.55)	C30(C25)	0.15	3.0
三 a	0.45(0.50)	C35(C30)	0.15	
三 b	0.40	C40	0.10	

注：①氯离子含量是指其占胶凝材料总量的百分比。

②预应力构件混凝土中的最大氯离子含量为 0.06%，最低混凝土强度等级应按表中的规定提高两个等级。

③素混凝土构件的水胶比及最低强度等级的要求可适当放松。

④有可靠的工程经验时，二类环境中的混凝土最低强度等级可降低一个等级。

⑤处于严寒和寒冷地区二 b、三 a 类环境中的混凝土应使用引气剂，并可采用括号中的有关参数。

⑥当使用非碱活性骨料时，对混凝土中的碱含量可不作限制。

1.4.4　耐久性技术措施

混凝土结构及构件应采取的耐久性技术措施主要有如下几个。

①预应力混凝土结构中的预应力筋应根据具体情况采取表面防护、孔道灌浆、加大混凝土保护层厚度等措施，外露的锚固端应采取封锚和混凝土表面处理等有效措施。

②有抗渗要求的混凝土结构，混凝土的抗渗等级应符合有关标准的要求。

③严寒及寒冷地区的潮湿环境中，结构混凝土应满足抗冻要求，混凝土抗冻等级应符合有关标准的要求。

④处于二、三类环境中的悬臂构件宜采用悬臂梁—板的结构形式，或在其上表面增设防护层。

⑤处于二、三类环境中的结构构件，其表面的预埋件、吊钩、连接件等金属部件应采取可靠的防锈措施，对于后张预应力混凝土外露金属锚具，其防护要求见《混凝土结构设计规范》相关要求。

⑥处在三类环境中的混凝土结构构件，可采用阻锈剂、环氧树脂涂层钢筋或其他具有耐腐蚀性能的钢筋，采取阴极保护措施或采用可更换的构件等。

思　考　题

1.结构上的作用与荷载是否相同？为什么？恒载和活载有什么区别？

2.结构的功能要求有哪些？什么是极限状态？结构的极限状态有哪几类？主要内容是什么？

3.什么是结构的可靠性？

4.结构的设计基准期是多少年？超过这个年限的结构是否还能继续使用？

5.结构的安全等级是如何划分的？其在承载能力极限状态设计表达式中是如何体现的？

6.什么是恒载的标准值？什么是恒载的设计值？标准值和设计值之间有什么关系？

第2章　砌体结构构造及计算

【知识目标】

　　1. 能熟练陈述砌体材料的种类。

　　2. 能熟练陈述砌体的种类及其力学性能。

　　3. 能正确陈述砌体结构的承重体系与静力计算方案。

　　4. 能熟练陈述墙、柱的高厚比验算和构造要求。

　　5. 能熟练陈述过梁和圈梁的形式、位置及设置要求。

【技能目标】

　　1. 能正确利用砌体材料的性能和强度等级。

　　2. 能正确进行墙、柱的高厚比验算，并选择合适的构造要求。

　　3. 能正确设置过梁和圈梁的形式及位置。

【建议学时】

　　10～14 学时

2.1　砌体与砂浆的种类和强度等级

2.1.1　砌体结构的特点

　　由块体和砂浆砌筑而成的墙、柱作为建筑物主要受力构件的结构，称为砌体结构。砌体结构分为三类：砖砌体结构、砌块砌体结构和石砌体结构。

　　砌体结构的优点：砌体材料抗压性能好，耐火、耐久性能好，保温、隔热、隔音性好，材料经济，就地取材，施工简便，管理、维护方便。

　　砌体结构的缺点：砌体的抗压强度相对于块材的强度来说很低，抗弯、抗拉强度更低；自重大，整体性差；抗震性能差；手工操作；黏土砖所需土源要占用大片良田（目前国家已经取消了烧结黏土砖的使用）。

　　砖、石砌体结构的应用已有几千年的历史，但砌块砌体结构的历史只有近百年。在工程中，砌体结构主要用于受压构件，特别是建筑物中的墙、柱等构件。在中小跨径的拱桥、隧道工程、坝、水池、烟囱等结构中也采用砌体结构。

2.1.2 块材

1. 砖

砖有烧结砖、蒸压砖和混凝土砖三类。

烧结砖有烧结普通砖和烧结多孔砖两种。烧结普通砖是指以黏土、页岩、煤矸石或粉煤灰为主要原料,经过焙烧而成的实心或孔洞率不大于规定值且外形符合规定的砖,其又可分为烧结黏土砖、烧结页岩砖、烧结煤矸石砖、烧结粉煤灰砖等。全国标准砖统一规格为 240 mm × 115 mm × 53 mm。烧结多孔砖是以黏土、页岩、煤矸石或粉煤灰为主要原料,经焙烧而成、孔洞率不小于 25%,孔的尺寸小而数量多,主要用于承重部位的砖,简称多孔砖。目前,多孔砖分为 P 型砖和 M 型砖。采用烧结多孔砖可减轻建筑物自重、减少砂浆用量、提高砌筑效率、节省能源、改善隔音隔热效能及降低造价等。

块体的强度等级是根据受压试件测得的抗压强度来划分的,烧结砖的强度等级按《砌体结构设计规范》(GB 50003—2011)的规定,有 MU30、MU25、MU20、MU15、MU10 五个等级,其中 MU 后的数字表示块体的抗压强度值,单位为 N/mm^2(MPa)。

蒸压砖有蒸压灰砂普通砖和蒸压粉煤灰普通砖两种。蒸压灰砂普通砖是以石灰和砂为主要原料,经坯料制备、压制成型、蒸压养护而成的实心砖;蒸压粉煤灰普通砖是以粉煤灰和石灰为主要原料,掺加适量石膏和集料,经坯料制备、压制成型、高压蒸汽养护而成的实心砖。蒸压砖的强度等级有 MU25、MU20、MU15 三个等级。

混凝土砖是以水泥为胶结材料,以砂、石等为主要集料,经加水搅拌、成型、养护制成的一种多孔的混凝土盲孔砖或实心砖。混凝土砖的强度等级有 MU30、MU25、MU20、MU15 四个等级。

2. 砌块

砌块一般用混凝土或水泥炉渣浇制而成,也可用粉煤灰蒸养而成,主要有混凝土空心砌块、加气混凝土砌块、水泥炉渣空心砌块、粉煤灰硅酸盐砌块。混凝土小型空心砌块的主规格尺寸为 390 mm × 190 mm × 190 mm,如图 2.1 所示。混凝土小型空心砌块的强度等级有 MU20、MU15、MU10、MU7.5 和 MU5 五个等级。

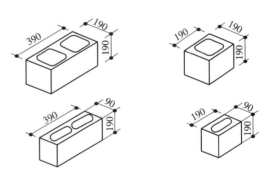

图 2.1 几种砌块的规格和孔洞形式

3. 石材

石材是指天然石材经过加工后所形成的砌筑块材,按其加工后外形规则程度的不同,可分为料石和毛石,其中料石又包括细料石、半细料石、粗料石和毛料石。

石材的抗压强度高、耐久性好,但自重大、砌筑麻烦,多用于房屋的基础和勒脚部位、围墙和装饰墙等,如图 2.2 所示。石材的强度等级有 MU100、MU80、MU60、MU50、MU40、MU30、MU20 等七个等级。

图 2.2　石材的应用

2.1.3　砌筑砂浆

砂浆是由胶凝材料(石灰、水泥)和细骨料(砂)加水搅拌而成的混合材料。砂浆的作用是将砌体中的单个块体连成整体,并抹平块体表面,从而促使其表面均匀受力,同时填满块体间的缝隙,降低砌体的透气性,提高砌体的保温性能和抗冻性能。

1.砂浆的分类

砂浆有水泥砂浆、混合砂浆和非水泥砂浆三种类型。

①水泥砂浆是由水泥、砂子和水搅拌而成的,其强度高、耐久性好,但和易性差,一般用于对强度有较高要求的砌体中。

②混合砂浆是在水泥砂浆中掺入适量塑化剂的砂浆,如水泥石灰砂浆、水泥黏土砂浆等。这种砂浆具有一定的强度和耐久性,且和易性和保水性较好,是一般墙体中常用的砂浆类型。

③非水泥砂浆有石灰砂浆、黏土砂浆和石膏砂浆等。这类砂浆强度不高,耐久性不够好,故只能用在受力小的砌体或简易、临时建筑中。

为满足工程质量和施工要求,砂浆除应具有足够的强度外,还应有较好的和易性和保水性。和易性好,则便于砌筑,以保证砌筑质量和提高施工工效;保水性好,则不致在存放、运输过程中出现明显的泌水、分层和离析,以保证砌筑质量。水泥砂浆的和易性和保水性不如混合砂浆好,在砌筑墙体、柱时,除有防水要求外,一般采用混合砂浆。

2.砂浆的强度等级及选用

砂浆的强度等级根据其试块的抗压强度确定,试验时采用边长为 70.7 mm 的立方体标准试块,在温度为 15～25 ℃ 的环境下硬化,按龄期为 28 d 的抗压强度来确定。普通砂浆的强度等级用符号 M 表示,专用砌筑砂浆的强度等级用 Ms、Mb 表示,单位均为 MPa。确定砂浆强度等级时,应采用同类块体为砂浆强度试块底模。砂浆的强度等级应按下列规定选用。

①烧结普通砖、烧结多孔砖、蒸压灰砂普通砖和蒸压粉煤灰普通砖砌体采用的普通砂浆强度等级为 M15、M10、M7.5、M5 和 M2.5。

②蒸压灰砂普通砖和蒸压粉煤灰普通砖砌体采用的专用砌筑砂浆强度等级为 Ms15、Ms10、Ms7.5 和 Ms5。

③混凝土普通砖、混凝土多孔砖、单排孔混凝土砌块和煤矸石混凝土砌块砌体采用的砂浆强度等级为 Mb20、Mb15、Mb10、Mb7.5 和 Mb5。

④双排孔或多排孔轻集料混凝土砌块砌体采用的砂浆强度等级为 Mb10、Mb7.5 和 Mb5。

⑤毛料石、毛石砌体采用的砂浆强度等级为 M7.5、M5 和 M2.5。

当验算施工阶段尚未硬化的新砌体时,可按砂浆强度为零确定其砌体强度。

2.1.4　砌体的种类

砌体按照所用材料不同可分为砖砌体、砌块砌体及石砌体;按砌体中有无配筋可分为无筋砌体与配筋砌体;按实心与否可分为实心砌体与空心砌体;按在结构中所起的作用不同可分为承重砌体与自承重砌体等。

1. 砖砌体

砖砌体由砖和砂浆砌筑而成,砖砌体包括烧结普通砖砌体、烧结多孔砖砌体和蒸压硅酸盐砖砌体。在房屋建筑中,砖砌体常用作一般单层和多层工业与民用建筑的内外墙、柱、基础等承重结构以及多高层建筑的围护墙与隔墙等自承重结构。

实心砖砌体墙常用的砌筑方法有一顺一丁(砖长面与墙长度方向平行的为顺砖,砖短面与墙长度方向平行的为丁砖)、三顺一丁或梅花丁等。

试验表明,采用同强度等级的材料,按照上述几种方法砌筑的砌体,其抗压强度相差不大。但应注意,上下两皮顶砖间的顺砖数量愈多,则意味着宽为 240 mm 的两片半砖墙之间的联系愈弱,很容易产生“两片皮”的效果,从而急剧降低砌体的承载能力。

标准砌筑的实心墙体厚度常为 240 mm(一砖)、370 mm(一砖半)、490 mm(二砖)、620 mm(二砖半)、740 mm(三砖)等。有时为节省材料,墙厚可不按半砖长而按 1/4 砖长的倍数设计,即砌筑成所需的 180 mm、300 mm、420 mm 等厚度的墙体。试验表明,这些厚度的墙体强度符合要求。

砖砌体使用面广,确保砌体的质量尤为重要。如在砌筑作为承重结构的墙体或砖柱时,应严格按照施工规程操作,防止强度等级不同的砖混用,特别是应防止大量混入低于要求强度等级的砖,并应使配制的砂浆强度符合设计强度的要求。一般,达不到施工验收标准的砌体墙、柱,其中混入低于设计强度等级的砖或使用不符合设计强度要求的砂浆,其结构强度都会降低。此外,严禁用包心砌法砌筑砖柱。这种柱仅四边搭接,整体性极差,承受荷载后柱的变形大,强度不足,极易引起严重的工程事故。

2. 砌块砌体

砌块砌体由砌块和砂浆砌筑而成,目前国内外常用的砌块砌体以混凝土空心砌块砌体为主,其中包括以普通混凝土为块体材料的普通混凝土空心砌块砌体和以轻骨料混凝土为块体材料的轻骨料混凝土空心砌块砌体。

砌块按尺寸大小的不同分为小型、中型和大型三种。小型砌块尺寸较小,型号多,尺寸灵活,一般高度为 180～350 mm,施工时可不借助吊装设备进行手工砌筑,适用面广,但劳动量大。中型砌块尺寸较大,高度为 350～900 mm,适于机械化施工,便于提高劳动生产率,但其型号少,使用不够灵活。大型砌块尺寸大,高度大于 900 mm,有利于生产工厂化、施工机械化,可大幅提高劳动生产率、加快施工进度,但需要有充足的生产设备和施工能力。

砌块砌体主要用作住宅、办公楼及学校等建筑以及一般工业建筑的承重墙或围护墙。砌块大小的选择主要取决于房屋墙体的分块情况及吊装能力。砌块排列设计是砌块砌体砌筑施工前的一项重要工作,设计时应充分利用其规律性,尽量减少砌块类型,使其排列整齐,避免通缝,并砌筑牢固,以取得较好的经济技术效果。

3. 石砌体

石砌体由天然石材和砂浆(或混凝土)砌筑而成。用作石砌体块材的石材分为毛石和料石两种。毛石又称片石,是采石场由爆破直接获得的形状不规则的石块。根据平整程度又将其分为乱毛石和平毛石两类,其中乱毛石指形状完全不规则的石块,平毛石指形状不规则但有两个平面大致平行的石块。料石是由人工或机械开采出的较规则的六面体石块,再略经凿琢而成。根据表面加工的平整程度其又分为毛料石、粗料石、半细料石和细料石四种。根据石材的分类,石砌体又可分为料石砌体、毛石砌体和毛石混凝土砌体等。毛石混凝土砌体是在模板内交替铺置混凝土层及形状不规则的毛石构成。

石材是最古老的土木工程材料之一,用石材建造的砌体结构具有很高的抗压强度,良好的耐磨性和耐久性,石砌体表面经加工后美观且富于装饰性。利用石砌体具有永久保存的可能性,人们用它来建造重要的建筑物和纪念性的结构物。石砌体给人以威严雄浑、庄重高贵的感觉,欧洲许多皇家建筑均采用石砌体,例如欧洲最大的皇宫——法国凡尔赛宫(1661—1689 年建造),宫殿建筑物的墙体全部使用石砌体建成。另外,石砌体所用的石材资源分布广,蕴藏量丰富,便于就地取材,生产成本低,故古今中外在修建城垣、桥梁、房屋、道路和水利等工程时多有应用。例如用料石砌体砌筑房屋建筑上部结构、石拱桥、储液池等建筑物,用毛石砌体砌筑基础、堤坝、城墙、挡土墙等。

4. 配筋砌体

为提高砌体强度、减小其截面尺寸、增加砌体结构(或构件)的整体性,可在砌体中配置钢筋或钢筋混凝土,即采用配筋砌体。配筋砌体可分为配筋砖砌体和配筋砌块砌体,其中配筋砖砌体又可分为网状配筋砖砌体和组合砖砌体。

网状配筋砖砌体又称为横向配筋砖砌体,是在砖柱或砖墙中每隔几皮砖的水平灰缝中设置直径 3~4 mm 的方格网式钢筋网片或直径 6~8 mm 的连弯式钢筋网片砌筑而成的砌体结构,如图 2.3(a)所示。在砌体受压时,钢筋网片可约束和限制砌体的横向变形以及竖向裂缝的开展和延伸,从而提高砌体的抗压强度。网状配筋砖砌体可用作承受较大轴心压力或偏心距较小的较大偏心压力的墙、柱。

组合砖砌体是由砖砌体和钢筋混凝土面层或钢筋砂浆面层构成的。工程应用中有两种形式,一种是采用钢筋混凝土或钢筋砂浆做面层的砌体,这种砌体可以用于偏心距较大的承受偏心压力的墙、柱,如图 2.3(b)所示;另一种是在砖砌体的转角、交接处以及每隔一定距离设置钢筋混凝土构造柱,并在各层楼盖处设置钢筋混凝土圈梁,使砖砌体墙与钢筋混凝土构造柱、圈梁组成一个共同受力的整体结构,如图 2.3(c)所示。组合砖砌体建造的多层砖混结构房屋

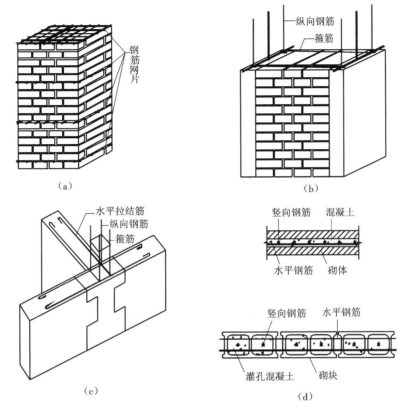

图2.3　配筋砌体截面

(a)网状配筋砖砌体　(b)组合砖砌体
(c)转角砖砌体　(d)空心砖或空心砌块砌体

的抗震性能较无筋砌体建造的砖混结构房屋的抗震性能有显著改善,同时它的抗压和抗剪强度亦有一定程度的提高。

国外的配筋砌体类型较多,大致可概括为两类:一类是在空心砖或空心砌块的水平灰缝或凹槽内设置水平直钢筋或桁架状钢筋,在孔洞内设置竖向钢筋,并浇筑混凝土;另一类是在内外两片砌体的中间空腔内设置竖向和横向钢筋,并浇筑混凝土,其配筋形式如图2.3(d)所示。国外已采用配筋砌体建造了许多高层建筑,积累了丰富的经验。如美国拉斯维加斯的Excali-bur Hotel 五星级酒店,其4幢28层的大楼采用的即是配筋混凝土砌块砌体剪力墙承重结构。

2.2　砌体的力学性能

2.2.1　砌体的受压性能

试验研究表明,砌体轴心受压从加载直到破坏,按照裂缝的出现、发展和最终破坏,大致经历三个阶段。

第一阶段:从砌体受压开始,当压力增大至50% ~ 70%的破坏荷载时,砌体内出现第一(批)裂缝。对于砖砌体,在此阶段,单块砖内产生细小裂缝,但一般均不穿过砂浆层,如果不再增加压力,单块砖内的裂缝也不继续发展,如图2.4(a)所示。对于混凝土小型空心砌块,在此阶段,砌体内通常只产生一条细小的裂缝,但裂缝往往在单个块体的高度内贯通。

第二阶段:随着荷载的增加,当压力增大至80% ~ 90%的破坏荷载时,单个块体内的裂缝将不断发展,裂缝沿着竖向灰缝通过若干皮砖或砌块,并逐渐在砌体内连接成一段段连续的裂缝。此时荷载即使不再增加,裂缝仍会继续发展,砌体已临近破坏,在工程实践中可视为处于十分危险状态,如图2.4(b)所示。

第三阶段:随着荷载继续增加,砌体中的裂缝迅速延伸、宽度扩展,连续的竖向贯通裂缝把砌体分割形成小柱体,砌体的个别块体材料可能被压碎或小柱体失稳,从而导致整个砌体的破坏,如图2.4(c)所示。

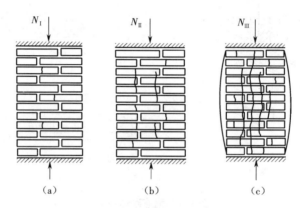

图2.4 砌体的受压性能

(a)第一阶段 (b)第二阶段 (c)第三阶段

2.2.2 影响砌体抗压强度的因素

砌体是一种复合材料,其抗压性能不仅与块体和砂浆材料的物理、力学性能有关,还受施工质量以及试验方法等多种因素的影响。各种砌体在轴心受压时的受力分析及试验结果表明,影响砌体抗压强度的主要因素有以下几个。

1.块体与砂浆的强度等级

块体与砂浆的强度等级是影响砌体强度最主要的因素。一般来说,砌体强度将随块体和砂浆强度的提高而提高,且单个块体的抗压强度在某种程度上决定了砌体的抗压强度,块体的抗压强度高,则砌体的抗压强度也较高,但砌体的抗压强度并不会与块体和砂浆强度等级的提高同比例增加。例如,对于一般砖砌体,当砖的抗压强度提高1倍时,砌体的抗压强度大约提高60%。此外,砌体的破坏主要由单个块体受弯、剪应力作用引起,故对单个块体材料除了要求要有一定的抗压强度外,还必须有一定的抗弯或抗折强度。对于砌体结构中所用砂浆,其强度等级越高,砂浆的横向变形越小,砌体的抗压强度也将有所提高。

对于灌孔的混凝土小型空心砌块砌体,块体强度和灌孔混凝土强度是影响其砌体强度的主要因素,而砌筑砂浆强度的影响则不明显,为了充分发挥材料的强度,应使砌块混凝土的强度和灌孔混凝土的强度接近。

2.块体的尺寸与形状

块体的尺寸、几何形状及表面的平整程度对砌体的抗压强度也有较大的影响。高度大的块体,其抗弯、抗剪及抗拉强度增大;块体长度较大时,块体在砌体中引起的弯、剪应力也较大。因此,砌体强度随块体高度的增大而加大,随块体长度的增大而降低;而块体的形状越规则,表面越平整,则块体的受弯、受剪作用越小,可推迟单块块体内竖向裂缝的出现,因而能提高砌体的抗压强度。

3.砂浆的流动性、保水性及弹性模量

砂浆的流动性大、保水性好时,容易铺成厚度和密实性较均匀的灰缝,因而可减少单块砖内的弯、剪应力而提高砌体强度。纯水泥砂浆的流动性较差,同一强度等级的混合砂浆砌筑的砌体的强度要比相应纯水泥砂浆砌筑的砌体高;砂浆弹性模量的大小对砌体强度亦具有决定性的作用,砂浆的弹性模量越大,相应砌体的抗压强度越高。

4.砌筑质量和水平灰缝厚度

砌筑质量的影响因素是多方面的,砌体砌筑时水平灰缝的饱满度、水平灰缝的厚度、块体材料的含水率以及组砌方法等都影响砌体质量。

砂浆铺砌饱满、均匀,可改善块体在砌体中的受力性能,使之较均匀地受压而提高砌体抗压强度;反之,则降低砌体抗压强度。因此,《砌体结构工程施工质量验收规范》(GB 50203—2011)规定,砌体水平灰缝的砂浆饱满程度不得低于80%,砖柱和宽度小于1 m的窗间墙竖向灰缝的砂浆饱满程度不得低于60%。在保证质量的前提下,采用快速砌筑法能使砌体在砂浆硬化前即受压,可增加水平灰缝的密实性而提高砌体的抗压强度。

在砌筑砌体前,应先将块体材料充分湿润。例如,在砌筑砖砌体时,砖应在砌筑前1~2 d浇水湿透。砌体的抗压强度将随块体材料砌筑时的含水率的增大而提高,而采用干燥的块体砌筑的砌体的抗压强度比采用饱和含水率块体砌筑的砌体下降约15%。

砌体的组砌方法对砌体的强度和整体性的影响也很明显。工程中常采用的一顺一丁、梅花丁和三顺一丁法砌筑的砖砌体,整体性好,砌体抗压强度可得到保证。但如采用包心砌法,由于砌体的整体性差,其抗压强度大大降低,容易酿成严重的工程事故。

砌体工程除与上述砌筑质量有关外,还应考虑施工现场的技术水平和管理水平等因素的影响。《砌体结构工程施工质量验收规范》依据施工现场的质量管理、砂浆和混凝土强度、砌筑工人技术等级等,从宏观上将砌体工程施工质量控制等级分为A、B、C三级,这将直接影响到砌体强度的取值,具体见表2.1。

表 2.1　砌体工程施工质量控制等级

项目	施工质量控制等级		
	A	B	C
现场质量管理	制度健全,并严格执行;非施工方质量监督人员经常到现场,或现场设有常驻代表;施工方有在岗专业技术管理人员,且人员齐全,并持证上岗	制度基本健全,并能执行;非施工方质量监督人员间断地到现场进行质量控制;施工方有在岗专业技术管理人员,并持证上岗	有制度;非施工方质量监督人员很少进行现场质量控制;施工方有在岗专业技术管理人员
砂浆、混凝土强度	试块按规定制作,强度满足验收规定,离散性小	试块按规定制作,强度满足验收规定,离散性较小	试块强度满足验收规定,离散性大
砂浆拌和方式	机械拌和,配合比计量控制严格	机械拌和,配合比计量控制一般	机械或人工拌和,配合比计量控制较差
砌筑工人	中级工以上,其中高级工不少于20%	高、中级工不少于70%	初级工以上

2.2.3　砌体的抗压强度设计值

砌体的抗压强度设计值是在承载能力极限状态设计时采用的强度值。施工质量控制等级为 B 级,龄期为 28 d,以毛截面计算的各类砌体的抗压强度设计值可按表 2.2 至表 2.8 采用。当进行施工阶段承载力的验算时,设计强度可按表中砂浆强度为零的情况确定。

①烧结普通砖和烧结多孔砖砌体的抗压强度设计值,应按表 2.2 采用。

表 2.2　烧结普通砖和烧结多孔砖砌体的抗压强度设计值 f　　　　（MPa）

砖强度等级	砂浆强度等级					砂浆强度
	M15	M10	M7.5	M5	M2.5	0
MU30	3.94	3.27	2.93	2.59	2.26	1.15
MU25	3.60	2.98	2.68	2.37	2.06	1.05
MU20	3.22	2.67	2.39	2.12	1.84	0.94
MU15	2.79	2.31	2.07	1.83	1.60	0.82
MU10	—	1.89	1.69	1.50	1.30	0.67

注:当烧结多孔砖的孔洞率大于 30% 时,表中数值应乘以 0.9。

②混凝土普通砖和混凝土多孔砖砌体的抗压强度设计值,应按表 2.3 采用。

表2.3 混凝土普通砖和混凝土多孔砖砌体的抗压强度设计值 f （MPa）

砌块强度等级	砂浆强度等级					砂浆强度
	Mb20	Mb15	Mb10	Mb7.5	Mb5	0
MU30	4.61	3.94	3.27	2.93	2.59	1.15
MU25	4.21	3.60	2.98	2.68	2.37	1.05
MU20	3.77	3.22	2.67	2.39	2.12	0.94
MU15	—	2.79	2.31	2.07	1.83	0.82

③蒸压灰砂普通砖和蒸压粉煤灰普通砖砌体的抗压强度设计值,应按表2.4采用。

表2.4 蒸压灰砂普通砖和蒸压粉煤灰普通砖砌体的抗压强度设计值 f （MPa）

砖强度等级	砂浆强度等级				砂浆强度
	Ms15	Ms10	Ms7.5	Ms5	0
MU25	3.60	2.98	2.68	2.37	1.05
MU20	3.22	2.67	2.39	2.12	0.94
MU15	2.79	2.31	2.07	1.83	0.82

注:当采用专用砂浆砌筑时,其抗压强度设计值按表中数值采用。

④单排孔混凝土和轻集料混凝土砌块对孔砌筑砌体的抗压强度设计值,应按表2.5采用。单排孔混凝土砌块对孔砌筑时,灌孔混凝土强度等级不应低于 Cb20,且不应低于1.5倍的块体强度等级,灌孔混凝土砌块砌体的抗压强度设计值 f_g,应按下列公式计算:

$$f_g = f + 0.6\alpha f_c \qquad (2.1)$$
$$\alpha = \delta\rho \qquad (2.2)$$

式中 f_g——灌孔混凝土砌块砌体的抗压强度设计值,该值不应大于未灌孔砌体抗压强度设计值的2倍;

f——未灌孔混凝土砌块砌体的抗压强度设计值,按表2.5采用;

f_c——灌孔混凝土的轴心抗压强度设计值;

α——混凝土砌块砌体中灌孔混凝土面积与砌体毛面积的比值;

δ——混凝土砌块的孔洞率;

ρ——混凝土砌块砌体的灌孔率,是截面灌孔混凝土面积与截面孔洞面积的比值,灌孔率应根据受力和施工条件确定,且不应小于33%。

表2.5 单排孔混凝土和轻集料混凝土砌块对孔砌筑砌体的抗压强度设计值 f （MPa）

砌块强度等级	砂浆强度等级					砂浆强度
	Mb20	Mb15	Mb10	Mb7.5	Mb5	0
MU20	6.30	5.68	4.95	4.44	3.94	2.33

砌块	砂浆强度等级					砂浆强度
强度等级	Mb20	Mb15	Mb10	Mb7.5	Mb5	0
MU15	—	4.61	4.02	3.61	3.20	1.89
MU10	—	—	2.79	2.50	2.22	1.31
MU7.5	—	—	—	1.93	1.71	1.01
MU5	—	—	—	—	1.19	0.70

注：①对独立柱或双排组砌的砌块砌体,应按表中数值乘以 0.7。

②对 T 形截面的墙体、柱,应按表中数值乘以 0.85。

⑤双排孔或多排孔轻集料混凝土砌块砌体的抗压强度设计值,应按表 2.6 采用。

表 2.6　　双排孔或多排孔轻集料混凝土砌块砌体的抗压强度设计值 f　　　　（MPa）

砌块	砂浆强度等级			砂浆强度
强度等级	Mb10	Mb7.5	Mb5	0
MU10	3.08	2.76	2.45	1.44
MU7.5	—	2.13	1.88	1.12
MU5	—	—	1.31	0.78
MU3.5	—	—	0.95	0.56

注：①表内砌块为火山渣、浮石和陶粒轻集料混凝土砌块。

②对厚度方向为双排组砌的轻集料混凝土砌块砌体的抗压强度设计值,应按表中数值乘以 0.8。

⑥块体高度为 180～350 mm 的毛料石砌体的抗压强度设计值,应按表 2.7 采用。

表 2.7　　毛料石砌体的抗压强度设计值 f　　　　（MPa）

毛料石	砂浆强度等级			砂浆强度
强度等级	M7.5	M5	M2.5	0
MU100	5.42	4.80	4.18	2.13
MU80	4.85	4.29	3.73	1.91
MU60	4.20	3.71	3.23	1.65
MU50	3.83	3.39	2.95	1.51
MU40	3.43	3.04	2.64	1.35
MU30	2.97	2.63	2.29	1.17
MU20	2.42	2.15	1.87	0.95

注：对下列各类料石砌体,应按表中数值分别乘以相应系数,细料石砌体 1.4,粗料石砌体 1.2,干砌勾缝石砌体 0.8。

⑦毛石砌体的抗压强度设计值,应按表 2.8 采用。

表2.8　毛石砌体的抗压强度设计值 f （MPa）

毛石 强度等级	砂浆强度等级			砂浆强度
	M7.5	M5	M2.5	0
MU100	1.27	1.12	0.98	0.34
MU80	1.13	1.00	0.87	0.30
MU60	0.98	0.87	0.76	0.26
MU50	0.90	0.80	0.69	0.23
MU40	0.80	0.71	0.62	0.21
MU30	0.69	0.61	0.53	0.18
MU20	0.56	0.51	0.44	0.15

在设计过程中,砌体强度设计值包括抗压强度设计值、抗剪强度设计值、抗弯强度设计值、抗拉强度设计值等,当符合表2.9所列情况时,尚应乘以调整系数 γ_α。

表2.9　砌体强度设计值调整系数 γ_α

使用情况		γ_α
无筋砌体构件,截面面积 A 小于 0.3 m²		$0.7 + A$
配筋砌体构件,截面面积 A 小于 0.2 m²		$0.8 + A$
用强度等级小于 M5 的水泥砂浆砌筑的各类砌体	抗压强度	0.9
	一般砌体的抗拉、抗弯、抗剪强度	0.8
施工质量控制等级为 C 级		0.89
验算施工中房屋的构件		1.1

2.2.4　砌体的受拉、受弯和受剪性能

在实际工程中,因砌体具有良好的抗压性能,故多将砌体用作承受压力的墙、柱等构件。与砌体的抗压强度相比,砌体的轴心抗拉、弯曲抗拉以及抗剪强度都低很多。但有时也用它来承受轴心拉力、弯矩和剪力,如砖砌的圆形水池、承受土壤侧压力的挡土墙以及拱或砖过梁支座处承受水平推力的砌体等。

1. 砌体的受拉性能

砌体轴心受拉时,依据拉力作用于砌体的方向,有三种破坏形状。当轴心拉力与砌体水平灰缝平行时,砌体可能沿灰缝Ⅰ—Ⅰ齿状截面(或阶梯形截面)破坏,即砌体沿齿状灰缝截面轴心受拉破坏,如图2.5(a)所示。在同样的拉力作用下,砌体也可能沿块体和竖向灰缝Ⅱ—Ⅱ较为整齐的截面破坏,即砌体沿块体(及灰缝)截面的轴心受拉破坏,如图2.5(a)所示。当轴心拉力与砌体的水平灰缝垂直时,砌体可能沿Ⅲ—Ⅲ通缝截面破坏,即为砌体沿水平通缝截面的轴心受拉破坏,如图2.5(b)所示。

砌体的抗拉强度主要取决于块材与砂浆连接面的黏结强度。由于块材和砂浆的黏结强度

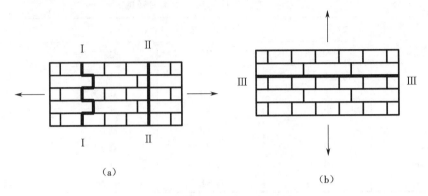

图 2.5　砌体轴心受拉破坏形态

(a)齿状截面　(b)通缝截面

主要取决于砂浆强度等级,所以砌体的轴心抗拉强度可由砂浆的强度等级来确定,详见表 2.10。

2.砌体的受弯性能

砌体结构弯曲受拉时,依据其弯曲拉应力使砌体截面破坏的特征,同样存在三种破坏形态:沿齿状截面受弯破坏、沿块体与竖向灰缝截面受弯破坏以及沿通缝截面受弯破坏。沿齿状和通缝截面的受弯破坏与砂浆的强度有关,具体情况查表 2.10。

3.砌体的受剪性能

砌体在剪力作用下的破坏均为沿灰缝的破坏,故单纯受剪时砌体的抗剪强度主要取决于水平灰缝中砂浆的强度及砂浆与块体的黏结强度,详见表 2.10。

表 2.10　沿砌体灰缝截面破坏时砌体的轴心抗拉强度设计值、

弯曲抗拉强度设计值和抗剪强度设计值 （MPa）

序号	强度类别	砌体种类及破坏特征		砂浆强度等级			
				≥M10	M7.5	M5	M2.5
1	轴心抗拉	沿齿缝	烧结普通砖、烧结多孔砖	0.19	0.16	0.13	0.09
			混凝土普通砖、混凝土多孔砖	0.19	0.16	0.13	—
			蒸压灰砂普通砖、蒸压粉煤灰普通砖	0.12	0.10	0.08	—
			混凝土和轻集料混凝土砌块	0.09	0.08	0.07	—
			毛石	—	0.07	0.06	0.04

序号	强度类别	砌体种类及破坏特征		≥M10	M7.5	M5	M2.5
				砂浆强度等级			
2	弯曲抗拉	沿齿缝	烧结普通砖、烧结多孔砖	0.33	0.29	0.23	0.17
			混凝土普通砖、混凝土多孔砖	0.33	0.29	0.23	
			蒸压灰砂普通砖、蒸压粉煤灰普通砖	0.24	0.20	0.16	—
			混凝土和轻集料混凝土砌块	0.11	0.09	0.08	—
			毛石	—	0.11	0.09	0.07
		沿通缝	烧结普通砖、烧结多孔砖	0.17	0.14	0.11	0.08
			混凝土普通砖、混凝土多孔砖	0.17	0.14	0.11	
			蒸压灰砂普通砖、蒸压粉煤灰普通砖	0.12	0.10	0.08	
			混凝土和轻集料混凝土砌块	0.08	0.06	0.05	
3	抗剪	烧结普通砖、烧结多孔砖		0.17	0.14	0.11	0.08
		混凝土普通砖、混凝土多孔砖		0.17	0.14	0.11	
		蒸压灰砂普通砖、蒸压粉煤灰普通砖		0.12	0.10	0.08	
		混凝土和轻集料混凝土砌块		0.09	0.08	0.06	
		毛石		—	0.19	0.16	0.11

注:①对于用形状规则的块体砌筑的砌体,当搭接长度与块体高度的比值小于 1 时,其轴心抗拉强度设计值 f_t 和弯曲抗拉强度设计值 f_{tm} 应按表中数值乘以搭接长度与块体高度比值后采用。

②表中数值是依据普通砂浆砌筑的砌体确定的,采用经研究性试验且通过技术鉴定的专用砂浆砌筑的蒸压灰砂普通砖、蒸压粉煤灰普通砖砌体,其抗剪强度设计值按相应普通砂浆强度等级砌筑的烧结普通砖砌体采用。

③对混凝土普通砖、混凝土多孔砖、混凝土和轻集料混凝土砌块砌体,表中的砂浆强度等级分别为 ≥Mb10、Mb7.5 及 Mb5。

2.2.5 砌体的弹性模量

砌体的弹性模量随砌体的抗压强度而变化。各类砌体的弹性模量 E 按表 2.11 采用。

表 2.11 各类砌体的弹性模量 E　　　　　　　（MPa）

砌体种类	砂浆强度等级			
	≥M10	M7.5	M5	M2.5
烧结普通砖、烧结多孔砖砌体	1 600f	1 600f	1 600f	1 390f
混凝土普通砖、混凝土多孔砖砌体	1 600f	1 600f	1 600f	—
蒸压灰砂普通砖、蒸压粉煤灰普通砖砌体	1 060f	1 060f	1 060f	—

砌体种类	砂浆强度等级			
	≥M10	M7.5	M5	M2.5
非灌孔混凝土砌块砌体	1 700f	1 600f	1 500f	—
粗料石、毛料石、毛石砌体	—	5 650	4 000	2 250
细料石砌体	—	17 000	12 000	6 750

注:①轻集料混凝土砌块砌体的弹性模量,可按表中混凝土砌块砌体的弹性模量采用。

②单排孔对孔砌筑的混凝土砌块,灌孔砌体的弹性模量应按公式 $E = 2\ 000 f_g$ 计算,其中 f_g 为灌孔砌体的抗压强度设计值。

③表中 f 为砌体的轴心抗压设计强度值,按表2.9进行调整。

④表中砂浆为普通砂浆,采用专用砂浆砌筑的砌体弹性模量也按此表取值。

⑤对混凝土普通砖、混凝土多孔砖、混凝土和轻集料混凝土砌块砌体,表中的砂浆强度等级分别为 ≥Mb10、Mb7.5 及 Mb5。

⑥对蒸压灰砂普通砖和蒸压粉煤灰普通砖砌体,当采用专用砂浆砌筑时,其强度设计值按表中数值采用。

2.3 砌体结构构件承载力计算

2.3.1 无筋砌体受压构件

砌体构件的整体性比较差,因此砌体结构在受压时,纵向弯曲对砌体构件承载力的影响较其他整体构件显著;同时又因为荷载作用位置的偏差、砌体材料的不均匀性以及施工的误差,使轴心受压构件产生附加弯矩和侧向挠度变形。《砌体结构设计规范》规定,把轴向力偏心距和构件的高厚比对受压构件承载力的影响采用同一系数 φ 来考虑。对无筋砌体轴心受压构件、偏心受压构件,承载力均按下式计算:

$$N \leqslant \varphi f A \tag{2.3}$$

式中　N——轴向力设计值;

　　　φ——高厚比和轴向力偏心距对受压构件承载力的影响系数;

　　　f——砌体的抗压强度设计值;

　　　A——截面面积,对各类砌体均按毛截面计算。

高厚比 β 和轴向力偏心距 e 对受压构件承载力的影响系数 φ 可按表2.12选用,也可按下式计算:

当 $\beta \leqslant 3$ 时,

$$\varphi = \cfrac{1}{1 + 12\left(\cfrac{e}{h}\right)^2} \tag{2.4}$$

当 $\beta > 3$ 时,

表 2.12（a）　影响系数 φ（砂浆强度等级≥M5）

β	e/h 或 e/h_T												
	0	0.025	0.05	0.075	0.1	0.125	0.15	0.175	0.2	0.225	0.25	0.275	0.3
≤3	1	0.99	0.97	0.94	0.89	0.84	0.79	0.73	0.68	0.62	0.57	0.52	0.48
4	0.98	0.95	0.90	0.85	0.80	0.74	0.69	0.64	0.58	0.53	0.49	0.45	0.41
6	0.95	0.91	0.86	0.81	0.76	0.70	0.64	0.59	0.54	0.49	0.45	0.42	0.38
8	0.91	0.86	0.81	0.76	0.70	0.64	0.59	0.54	0.50	0.46	0.42	0.39	0.36
10	0.87	0.82	0.76	0.71	0.65	0.60	0.55	0.50	0.46	0.42	0.39	0.36	0.33
12	0.82	0.77	0.71	0.66	0.60	0.55	0.51	0.47	0.43	0.39	0.36	0.33	0.31
14	0.77	0.72	0.66	0.61	0.56	0.51	0.47	0.43	0.40	0.36	0.34	0.31	0.29
16	0.72	0.67	0.61	0.56	0.52	0.47	0.44	0.40	0.37	0.34	0.31	0.29	9.27
18	0.67	0.62	0.57	0.52	0.48	0.44	0.40	0.37	0.34	0.31	0.29	0.27	0.25
20	0.62	0.57	0.53	0.48	0.44	0.40	0.37	0.34	0.32	0.29	0.27	0.25	0.23
22	0.58	0.53	0.49	0.45	0.41	0.38	0.35	0.32	0.30	0.27	0.25	0.24	0.22
24	0.54	0.49	0.45	0.41	0.38	0.35	0.32	0.30	0.28	0.26	0.24	0.22	0.21
26	0.50	0.46	0.42	0.38	0.35	0.33	0.30	0.28	0.26	0.24	0.22	0.21	0.19
28	0.46	0.42	0.39	0.36	0.33	0.30	0.28	0.26	0.24	0.22	0.21	0.19	0.18
30	0.42	0.39	0.36	0.33	0.31	0.28	0.26	0.24	0.22	0.21	0.20	0.18	0.17

表 2.12（b）　影响系数 φ（砂浆强度等级等于 M2.5）

β	e/h 或 e/h_T												
	0	0.025	0.05	0.075	0.1	0.125	0.15	0.175	0.2	0.225	0.25	0.275	0.3
≤3	1	0.99	0.97	0.94	0.89	0.84	0.79	0.73	0.68	0.62	0.57	0.52	0.48
4	0.97	0.94	0.89	0.84	0.78	0.73	0.67	0.62	0.57	0.52	0.48	0.44	0.40
6	0.93	0.89	0.84	0.78	0.73	0.67	0.62	0.57	0.52	0.48	0.44	0.40	0.37
8	0.89	0.84	0.78	0.72	0.67	0.62	0.57	0.52	0.48	0.44	0.40	0.37	0.34
10	0.83	0.78	0.72	0.67	0.61	0.56	0.52	0.47	0.43	0.40	0.37	0.34	0.31
12	0.78	0.72	0.67	0.61	0.56	0.52	0.47	0.43	0.40	0.37	0.34	0.31	0.29
14	0.72	0.66	0.61	0.56	0.51	0.47	0.43	0.40	0.36	0.34	0.31	0.29	0.27
16	0.66	0.61	0.56	0.51	0.47	0.43	0.40	0.36	0.34	0.31	0.29	0.26	0.25
18	0.61	0.56	0.51	0.47	0.43	0.40	0.36	0.33	0.31	0.29	0.26	0.24	0.23
20	0.56	0.51	0.47	0.43	0.39	0.36	0.33	0.31	0.28	0.26	0.24	0.23	0.21

续表

β	\multicolumn{13}{c}{e/h 或 e/h_{T}}
	0	0.025	0.05	0.075	0.1	0.125	0.15	0.175	0.2	0.225	0.25	0.275	0.3
22	0.51	0.47	0.43	0.39	0.36	0.33	0.31	0.28	0.26	0.24	0.23	0.21	0.20
24	0.46	0.43	0.39	0.36	0.33	0.31	0.28	0.26	0.24	0.23	0.21	0.20	0.18
26	0.42	0.39	0.36	0.33	0.31	0.28	0.26	0.24	0.22	0.20	0.18	0.17	0.16
28	0.39	0.36	0.33	0.30	0.28	0.26	0.24	0.22	0.21	0.20	0.18	0.17	0.16
30	0.36	0.33	0.30	0.28	0.26	0.24	0.22	0.21	0.20	0.18	0.17	0.16	0.15

表 2.12(c)　影响系数 φ（砂浆强度等于 0）

β	\multicolumn{13}{c}{e/h 或 e/h_{T}}
	0	0.025	0.05	0.075	0.1	0.125	0.15	0.175	0.2	0.225	0.25	0.275	0.3
≤3	1	0.99	0.97	0.94	0.89	0.84	0.79	0.73	0.68	0.62	0.57	0.52	0.48
4	0.87	0.82	0.77	0.71	0.66	0.60	0.55	0.51	0.46	0.43	0.39	0.36	0.33
6	0.76	0.70	0.65	0.59	0.54	0.50	0.46	0.42	0.39	0.36	0.33	0.30	0.28
8	0.63	0.58	0.54	0.49	0.45	0.41	0.38	0.35	0.32	0.30	0.28	0.25	0.24
10	0.53	0.48	0.44	0.41	0.37	0.34	0.32	0.29	0.27	0.25	0.23	0.22	0.20
12	0.44	0.40	0.37	0.34	0.31	0.29	0.27	0.25	0.23	0.21	0.20	0.19	0.17
14	0.36	0.33	0.31	0.28	0.26	0.24	0.23	0.21	0.20	0.18	0.17	0.16	0.15
16	0.30	0.28	0.26	0.24	0.22	0.21	0.19	0.18	0.17	0.16	0.15	0.14	0.13
18	0.26	0.24	0.22	0.21	0.19	0.18	0.17	0.16	0.15	0.14	0.13	0.12	0.12
20	0.22	0.20	0.19	0.18	0.17	0.16	0.15	0.14	0.13	0.12	0.12	0.11	0.10
22	0.19	0.18	0.16	0.15	0.14	0.14	0.13	0.12	0.12	0.11	0.10	0.10	0.09
24	0.16	0.15	0.14	0.13	0.13	0.12	0.11	0.11	0.10	0.10	0.09	0.09	0.08
26	0.14	0.13	0.13	0.12	0.11	0.11	0.10	0.10	0.09	0.09	0.08	0.08	0.07
28	0.12	0.12	0.11	0.11	0.10	0.10	0.09	0.09	0.08	0.08	0.08	0.07	0.07
30	0.11	0.10	0.10	0.09	0.09	0.09	0.08	0.08	0.07	0.07	0.07	0.07	0.06

$$\varphi = \frac{1}{1 + 12\left[\dfrac{e}{h} + \sqrt{\dfrac{1}{12}\left(\dfrac{1}{\varphi_0} - 1\right)}\right]^2} \tag{2.5}$$

$$\varphi_0 = \frac{1}{1 + \alpha\beta^2} \tag{2.6}$$

式中　e——轴向力的偏心距,按内力设计值计算;

　　　h——矩形截面轴向力偏心方向的边长,当轴心受压时为截面较短边边长,若为 T 形截面,则 $h = h_T$,h_T 为 T 形截面的折算厚度,可近似按 $3.5i$ 计算(i 为截面回转半径);

　　　φ_0——轴心受压构件的稳定系数;

　　　α——与砂浆强度等级有关的系数,当砂浆强度等级大于或等于 M5 时,$\alpha = 0.001\ 5$,当砂浆强度等级等于 M2.5 时,$\alpha = 0.002$,当砂浆强度等于 0 时,$\alpha = 0.009$。

计算稳定系数 φ_0 时,构件高厚比 β 按下式确定:

$$\beta = \gamma_\beta \frac{H_0}{h} \tag{2.7}$$

式中　γ_β——不同砌体的高厚比修正系数,见表 2.13,该系数主要考虑不同砌体种类受压性能的差异性;

　　　H_0——受压构件计算高度。

表 2.13　高厚比修正系数

砌体材料类别	γ_β	砌体材料类别	γ_β
烧结普通砖、烧结多孔砖	1.0	蒸压灰砂普通砖、蒸压粉煤灰普通砖、细料石	1.2
混凝土普通砖、混凝土多孔砖、混凝土及轻集料混凝土砌块	1.1	粗料石、毛石	1.5

注:对于灌孔混凝土砌块砌体,γ_β 取 1.0。

受压构件计算中应该注意以下问题。

①轴向力偏心距的限值。受压构件的偏心距过大时,可能使构件产生水平裂缝,构件的承载力明显降低,结构既不安全也不经济合理。因此,《砌体结构设计规范》规定:轴向力偏心距不应超过 $0.6y$,y 为截面重心到轴向力所在偏心方向截面边缘的距离。若设计中超过以上限值,则应采取适当措施予以降低。

②对于矩形截面构件,当轴向力偏心方向的截面边长大于另一方向的截面边长时,除了按偏心受压计算外,还应对较小边长按轴心受压计算。

【例 2.1】某截面为 370 mm × 490 mm 的砖柱,柱计算高度 $H_0 = H = 5$ m,采用强度等级为 MU10 的烧结普通砖及 M5 的混合砂浆砌筑,柱底承受的轴向压力设计值为 $N = 150$ kN,结构安全等级为二级,施工质量控制等级为 B 级。试验算该柱底截面是否安全。

解:查表得 MU10 的烧结普通砖与 M5 的混合砂浆砌筑的砖砌体的抗压强度设计值 $f = 1.5$ MPa。

由于截面面积 $A = 0.37 \times 0.49 = 0.18$ m^2 < 0.3 m^2,因此砌体抗压强度设计值应乘以调整系数

$$\gamma_\alpha = A + 0.7 = 0.18 + 0.7 = 0.88$$

将 $\beta = \dfrac{H_0}{h} = \dfrac{5\,000}{370} = 13.5$ 代入式(2.6)得

$$\varphi = \varphi_0 = \frac{1}{1 + \alpha\beta^2} = \frac{1}{1 + 0.001\,5 \times 13.5^2} = 0.785$$

则柱底截面的承载力为

$$\varphi\gamma_\alpha fA = 0.785 \times 0.88 \times 1.5 \times 490 \times 370 \times 10^{-3} = 187.86 \text{ kN} > 150 \text{ kN}$$

故柱底截面安全。

【例 2.2】一偏心受压柱,截面尺寸为 490 mm × 620 mm,柱计算高度 $H_0 = H = 5$ m,采用强度等级为 MU15 的蒸压灰砂普通砖及 M5 的水泥砂浆砌筑,柱底承受轴向压力设计值 $N = 160$ kN,弯矩设计值 $M = 20$ kN·m(沿长边方向),结构的安全等级为二级,施工质量控制等级为 B 级。试验算该柱底截面是否安全。

解:(1)弯矩作用平面内承载力验算

$$e = \frac{M}{N} = \frac{20}{160} = 0.125 \text{ m} = 125 \text{ mm} < 0.6y = 0.6 \times 490 = 294 \text{ mm}$$

满足规范要求。

用 MU15 蒸压灰砂普通砖及 M5 水泥砂浆砌筑,查表 2.13 得 $\gamma_\beta = 1.2$,则

$$\beta = \gamma_\beta \frac{H_0}{h} = 1.2 \times \frac{5}{0.62} = 9.677$$

$$\frac{e}{h} = \frac{125}{620} = 0.202$$

当砂浆强度等级大于或等于 M5 时,$\alpha = 0.001\,5$,所以

$$\varphi_0 = \frac{1}{1 + \alpha\beta^2} = \frac{1}{1 + 0.001\,5 \times 9.677^2} = 0.877$$

将 $\varphi_0 = 0.877$ 代入式(2.5)得

$$\varphi = \frac{1}{1 + 12\left[0.202 + \sqrt{\dfrac{1}{12}\left(\dfrac{1}{0.877} - 1\right)}\,\right]^2} = 0.464$$

查表 2.4 得,MU15 蒸压灰砂普通砖与 M5 水泥砂浆砌筑的砖砌体抗压强度设计值 $f = 1.83$ MPa。

则柱底截面承载力为

$$\varphi fA = 0.464 \times 1.83 \times 490 \times 620 \times 10^{-3} \text{ kN} = 257.963 \text{ kN} > 160 \text{ kN}$$

(2)弯矩作用平面外承载力验算

对较小边长方向,按轴心受压构件验算,此时

$$\beta = \gamma_\beta \frac{H_0}{h} = 1.2 \times \frac{5}{0.49} = 12.245$$

将 $\beta = 12.245$ 代入式(2.6)得

$$\varphi = \varphi_0 = \frac{1}{1 + \alpha\beta^2} = \frac{1}{1 + 0.0015 \times 12.245^2} = 0.816$$

则柱底截面的承载力为

$$\varphi f A = 0.816 \times 1.83 \times 490 \times 620 \times 10^{-3} \text{ kN} = 453.7 \text{ kN} > 160 \text{ kN}$$

故柱底截面安全。

2.3.2 无筋砌体局部受压

局部受压是工程中常见的情况,其特点是压力仅仅作用在砌体的局部受压面上,如独立柱的基础顶面、屋架端部的砌体支承处、梁端支承处的砌体均属于局部受压的情况。若砌体局部受压面上压应力呈均匀分布,则称为局部均匀受压,如图 2.6 所示。

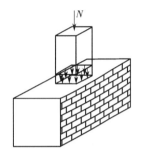

图 2.6 局部均匀受压

1. 破坏形式

(1)纵向裂缝发展而破坏

图 2.7(a)所示为在中部承受局部压力作用的一段墙体,当砌体的截面面积与局部受压面积的比值较小时,在局部压力作用下,试验钢垫板下 1 或 2 皮砖以下的砌体内产生第一批纵向裂缝;随着压力的增大,纵向裂缝逐渐向上和向下发展,并出现其他纵向裂缝和斜裂缝,裂缝数量不断增加。当其中的部分纵向裂缝延伸形成一条主要裂缝时,试件即将破坏,开裂荷载一般小于破坏荷载。在砌体的局部受压中,这是一种较为常见的破坏形态。

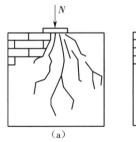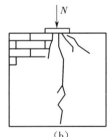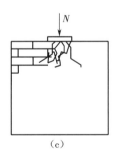

| (a) | (b) | (c) |

图 2.7 砌体局部受压破坏形态

(a)因纵向裂缝发展而破坏 (b)劈裂破坏 (c)局部破坏

(2)劈裂破坏

当砌体的截面面积与局部受压面积的比值相当大时,在局部压力作用下,砌体产生数量少但较集中的纵向裂缝,如图 2.7(b)所示,而且纵向裂缝一出现,砌体很快就发生犹如刀劈一样的破坏,开裂荷载一般接近破坏荷载。在大量的砌体局部受压试验中,仅有少数为劈裂破坏情况。

（3）局部受压面积处破坏

在实际工程中，当砌体的强度较低，但所支承的墙梁的高跨比较大时，有可能发生梁端支承处砌体局部被压碎而破坏。在砌体局部受压试验中，这种破坏极少发生。试验分析表明：在局部压力作用下，砌体中的压应力不仅能扩散到一定的范围（如图 2.7（c）所示），而且非直接受压部分的砌体对直接受压部分的砌体有约束作用，从而使直接受压部分的砌体处于双向或三向受压状态，其抗压强度高于砌体的轴心抗压强度设计值 f。

2. 砌体局部均匀受压时的承载力计算

砌体截面受局部均匀压力时的承载力应按下式计算：

$$N_1 \leqslant \gamma f A_1 \qquad (2.8)$$

式中　N_1——局部受压面积上的轴向力设计值；

　　　γ——砌体局部抗压强度提高系数；

　　　f——砌体局部抗压强度设计值，局部受压面积小于 0.3 m^2 时，可不考虑强度调整系数 γ_α 的影响；

　　　A_1——局部受压面积。

由于砌体周围未直接受荷载部分对直接受荷载部分砌体的横向变形起着约束的作用，因而砌体局部抗压强度高于砌体抗压强度。《砌体结构设计规范》用局部抗压强度提高系数 γ 来反映砌体局部受压时抗压强度的提高程度。

砌体局部抗压强度提高系数 γ，按下式计算：

$$\gamma = 1 + 0.35 \sqrt{\frac{A_0}{A_1} - 1} \qquad (2.9)$$

式中　A_0——影响砌体局部抗压强度的计算面积，按图 2.8 的规定采用。

按式（2.9）计算所得的砌体局部抗压强度提高系数 γ 尚应符合下列规定：

①在图 2.8（a）的情况下，$\gamma \leqslant 2.5$；

②在图 2.8（b）的情况下，$\gamma \leqslant 2.0$；

③在图 2.8（c）的情况下，$\gamma \leqslant 1.5$；

④在图 2.8（d）的情况下，$\gamma \leqslant 1.25$；

⑤对多孔砖砌体孔洞难以灌实时，应按 $\gamma = 1.0$ 取用，当设置混凝土垫块时，按垫块下的砌体局部受压计算，对未灌孔混凝土砌块砌体应按 $\gamma = 1.0$ 取用。

3. 梁端支承处砌体的局部受压承载力计算

（1）梁支承在砌体上的有效支承长度

当梁支承在砌体上时，由于梁的弯曲会使梁末端有脱离砌体的趋势，因此两端支承处砌体局部压应力是不均匀的。将梁端底面没有离开砌体的长度称为有效支承长度，因此有效支承长度不一定等于梁端伸入砌体的长度。经过理论和研究证明，梁和砌体的刚度是影响有效支承长度的主要因素，经过简化后的有效支承长度为

$$a_0 = 10 \sqrt{\frac{h_c}{f}} \qquad (2.10)$$

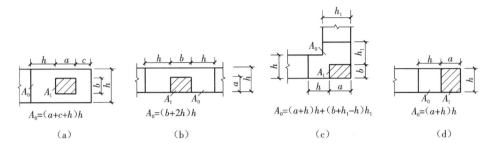

图 2.8　影响局部抗压强度的面积 A_0

(a) $\gamma \leqslant 2.5$　(b) $\gamma \leqslant 2.0$　(c) $\gamma \leqslant 1.5$　(d) $\gamma \leqslant 1.25$

a、b—矩形局部受压面积 A_1 的边长；h、h_1—厚墙或柱的较小边长、墙厚；

c—矩形局部受压面积的外边缘至构件边缘的较小边距离，当 $c > h$ 时，应取 h

式中　a_0——梁端有效支承长度(mm)，当 $a_0 > a$ 时，应取 $a_0 = a$ (a 为梁端实际支承长度)；

h_c——梁的截面高度(mm)；

f——砌体的抗压强度设计值(MPa)。

(2)上部荷载对局部受压承载力的影响

梁端砌体的压应力由两部分组成(图 2.9)：一部分为局部受压面积 A_1 上由上部砌体传来的均匀压应力 σ_0，另一部分为由本层梁传来的梁端非均匀压力，其合力为 N_1。

当梁上荷载增加时，与梁端底部接触的砌体产生较大的压缩变形，此时如果上部荷载产生的均匀压应力 σ_0 较小，梁端顶部与砌体的接触面将减小，甚至砌体脱开，试验时可观察到有水平裂缝出现，砌体形成内拱来传递上部荷载，引起内力重分布(图 2.10)。σ_0 的存在和扩散对梁下部砌体有横向约束作用，对砌体的受压是有利的，但随着 σ_0 的增加，上部砌体的压缩变形增大，梁端顶部与砌体的接触面也增加，内拱作用减小，σ_0 的有利影响也减小，规范规定 $A_0/A_1 \geqslant 3$ 时，不考虑上部荷载的影响。

上部荷载折减系数可按下式计算：

$$\psi = 1.5 - 0.5\frac{A_0}{A_1} \tag{2.11}$$

式中：A_1——局部受压面积，$A_1 = a_0 b$，b 为梁宽，a_0 为有效支承长度；当 $\dfrac{A_0}{A_1} \geqslant 3$ 时，取 $\psi = 0$。

(3)局部受压承载力计算

梁端支承处砌体的局部受压承载力按下式计算：

$$\psi N_0 + N_1 \leqslant \eta \gamma f A_1 \tag{2.12}$$

式中　N_0——局部受压面积内上部荷载产生的轴向力设计值，$N_0 = \sigma_0 A_1$，其中 σ_0 为上部均匀压应力设计值(N/mm^2)；

N_1——梁端支承压力设计值(N)；

η——梁端底面应力图形的完整系数，一般可取 0.7，对于过梁和圈梁可取 1.0；

f——砌体的抗压强度设计值(MPa)。

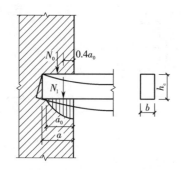

图 2.9　梁端支承处砌体的局部受压

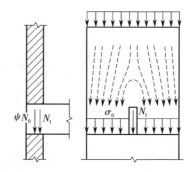

图 2.10　梁端上部砌体的内拱作用

4. 梁端下设有刚性垫块的砌体局部受压承载力计算

当梁局部受压承载力不足时,可在梁端下部设置刚性垫块(图 2.11),设置刚性垫块不但增大了局部承压面积,而且还可以使梁端压应力比较均匀地传递到垫块下的砌体截面上,从而改变砌体的受力状态。

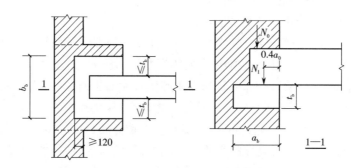

图 2.11　梁端下设预制刚性垫块时的局部受压情况

刚性垫块分为预制刚性垫块和现浇刚性垫块,在实际工程中,往往采用预制刚性垫块。

为了计算简化,《砌体结构设计规范》规定,两者可采用相同的计算方法。刚性垫块下的砌体局部受压承载力计算公式:

$$N_0 + N_1 \leqslant \varphi \gamma_1 f A_b \tag{2.13}$$

式中　N_0——垫块面积 A_b 内的上部轴向力设计值,$N_0 = \sigma_0 A_b$;

　　　A_b——垫块面积,$A_b = a_b b_b$,其中 a_b 和 b_b 分别为垫块伸入墙内的长度和垫块宽度;

　　　φ——垫块上 N_0 及 N_1 的合力的影响系数,应取 $\beta \leqslant 3$ 时的 φ 值,即 $\varphi_0 = 1$ 时的 φ 值;

　　　γ_1——垫块外砌体面积的有利影响系数,γ_1 应为 0.8γ,但不小于 1.0,γ 为砌体局部抗压强度提高系数,按式(2.9)计算(以 A_b 代替 A_1)。

刚性垫块的构造应符合下列规定:

①刚性垫块的高度不宜小于 180 mm,自梁边算起的垫块挑出长度不宜大于垫块高度;

②带壁柱墙的壁柱内设置刚性垫块时,其计算面积应取壁柱范围内的面积,而不应计入翼缘部分,同时壁柱上的垫块深入翼墙内的长度不应小于 120 mm;

③当现浇垫块与梁端整体浇筑时,垫块可在梁高范围内设置。

梁端设有刚性垫块时,梁端有效支承长度应按下式确定:

$$a_0 = \delta_1 \sqrt{\frac{h_c}{f}} \tag{2.14}$$

式中　δ_1——刚性垫块的影响系数,可按表 2.14 采用。

垫块上 N_1 的作用位置可取 $0.4a_0$。

表 2.14　刚性垫块影响系数 δ_1

σ_0/f	0	0.2	0.4	0.6	0.8
δ_1	5.4	5.7	6.0	6.9	7.8

注:中间的数值可采用线性插值法求得。

【例 2.3】一钢筋混凝土柱,截面尺寸为 250 mm×250 mm,支承在厚 370 mm 的砖墙上,作用位置如图 2.12 所示,砖墙用 MU10 烧结普通砖和 M5 水泥砂浆砌筑,柱传到墙上的荷载设计值为 120 kN。试验算柱下砌体的局部受压承载力。

解:局部受压面积:

$$A_1 = 250 \times 250 = 62\ 500\ \text{mm}^2$$

局部受压影响面积:

$$A_0 = (b + 2h)h = (250 + 2 \times 370) \times 370 = 366\ 300\ \text{mm}^2$$

砌体局部抗压强度提高系数:

$$\gamma = 1 + 0.35 \sqrt{\frac{A_0}{A_1} - 1} = 1 + 0.35 \sqrt{\frac{366\ 300}{62\ 500} - 1} = 1.77 < 2$$

查表 2.2 得 MU10 烧结普通砖和 M5 水泥砂浆砌筑的砌体的抗压强度设计值 $f = 1.5$ MPa,故砌体局部受压承载力为

$$\gamma f A_1 = 1.77 \times 1.5 \times 62\ 500 \times 10^{-3} = 165.9\ \text{kN} > 120\ \text{kN}$$

故砌体局部受压承载力满足要求。

【例 2.4】窗间墙截面尺寸为 370 mm×1 200 mm,如图 2.13 所示,砖墙用 MU10 的烧结普通砖和 M5 的混合砂浆砌筑。大梁的截面尺寸为 200 mm×550 mm,在墙上的搁置长度为 240 mm。大梁的支座反力为 100 kN,窗间墙范围内梁底截面处的上部荷载设计值为 240 kN。试对大梁端部下面砌体的局部受压承载力进行验算。

解:查表 2.2 得 MU10 烧结普通砖和 M5 水泥砂浆砌筑的砌体的抗压强度设计值 $f = 1.5$ MPa。

梁端有效支承长度:

$$a_0 = 10 \sqrt{\frac{h_c}{f}} = 10 \times \sqrt{\frac{550}{1.5}} = 191\ \text{mm}$$

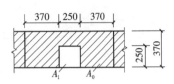

图 2.12 例 2.3 附图

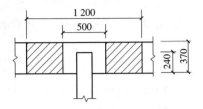

图 2.13 例 2.4 附图

局部受压面积:
$$A_1 = a_0 b = 191 \times 200 = 38\ 200\ \text{mm}^2$$

局部受压影响面积:
$$A_0 = (b + 2h)h = (200 + 2 \times 370) \times 370 = 347\ 800\ \text{mm}^2$$

$$\frac{A_0}{A_1} = \frac{347\ 800}{38\ 200} = 9.1 > 3$$

故取 $\varphi = 0$, 则砌体局部抗压强度提高系数:

$$\gamma = 1 + 0.35\sqrt{\frac{A_0}{A_1} - 1} = 1 + 0.35\sqrt{\frac{347\ 800}{38\ 200} - 1} = 1.996 < 2$$

砌体局部受压承载力:

$$\eta\gamma f A_1 = 0.7 \times 1.996 \times 1.5 \times 38\ 200 \times 10^{-3} = 80\ \text{kN} < \varphi N_0 + N_1 = 100\ \text{kN}$$

故局部受压承载力不满足要求。

2.3.3 无筋砌体轴心受拉构件

因砌体的抗拉强度较低,故实际工程中采用的砌体轴心受拉构件较少。对小型的圆形水池或筒仓,可采用砌体结构,如图 2.14 所示。

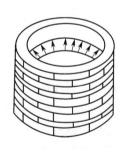

图 2.14 砌体轴心受拉

砌体轴心受拉构件的承载力按下式计算:

$$N_t = f_t A \tag{2.15}$$

式中 N_t——轴向拉力设计值;

f_t——砌体的轴心抗拉强度设计值。

2.3.4　配筋砌体

配筋砌体是在砌体中设置了钢筋或钢筋混凝土材料的砌体。配筋砌体的抗压、抗剪和抗弯承载力高于无筋砌体,并有较好的抗震性能。

1. 网状配筋砌体

(1)受力特点

当砖砌体受压构件的承载力不足而截面尺寸又受到限制时,可以考虑采用网状配筋砌体,如图 2.15 所示。常用的形式有方格网和连弯网。

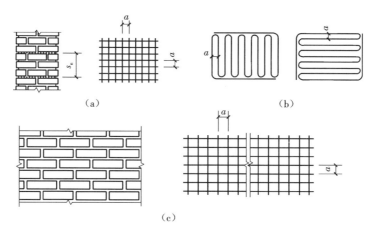

图 2.15　网状配筋砌体
(a)用方格网配筋的砖柱　(b)连弯形钢筋网　(c)用方格网配筋的砖墙

砌体承受轴向压力时,除产生纵向压缩变形外,还会产生横向膨胀,当砌体中配置横向钢筋网时,由于钢筋的弹性模量大于砌体的弹性模量,因此钢筋能够阻止砌体的横向变形,同时钢筋能够连接被竖向裂缝分割的小砖柱,避免了因小砖柱的过早失稳而导致整个砌体的破坏,从而间接地提高了砌体的抗压强度,因此这种配筋也称为间接配筋。

(2)承载力计算

网状配筋砖砌体受压构件的承载力按下式计算:

$$N \leqslant \varphi_n f_n A \tag{2.16}$$

$$f_n = f + 2\left(1 - \frac{2e}{y}\right)\rho f_y \tag{2.17}$$

$$\rho = \frac{(a+b)A_s}{abs_n} \tag{2.18}$$

式中　　N——轴向力设计值;

φ_n——高厚比、配筋率以及轴向力的偏心距对网状配筋砖砌体受压构件承载力的影响系数,可按表 2.15 选用;

f_n——网状配筋砖砌体的抗压强度设计值;

A——截面面积;

e——轴向力的偏心距;

ρ——体积配筋率;

a、b——钢筋网的网格尺寸;

A_s——钢筋的截面面积;

s_n——钢筋网的竖向间距;

f_y——钢筋的抗拉强度设计值,当$f_y > 320$ MPa 时,取 320 MPa;

y——网状配筋砖砌体沿纵向长度尺寸的$\frac{1}{2}$。

表 2.15　影响系数 φ_n

ρ	β ＼ e/h	0	0.05	0.10	0.15	0.17	ρ	β ＼ e/h	0	0.05	0.10	0.15	0.17
0.1	4	0.97	0.89	0.78	0.67	0.63	0.7	4	0.93	0.83	0.72	0.61	0.57
	6	0.93	0.84	0.73	0.62	0.58		6	0.86	0.75	0.63	0.53	0.50
	8	0.89	0.78	0.67	0.57	0.53		8	0.77	0.66	0.56	0.47	0.43
	10	0.84	0.72	0.62	0.52	0.48		10	0.68	0.58	0.49	0.41	0.38
	12	0.78	0.67	0.56	0.48	0.44		12	0.60	0.50	0.42	0.36	0.33
	14	0.72	0.61	0.52	0.44	0.41		14	0.52	0.44	0.37	0.31	0.30
	16	0.67	0.56	0.47	0.40	0.37		16	0.46	0.38	0.33	0.28	0.26
0.3	4	0.96	0.87	0.76	0.65	0.61	0.9	4	0.92	0.82	0.71	0.60	0.56
	6	0.91	0.80	0.69	0.59	0.55		6	0.83	0.72	0.61	0.52	0.48
	8	0.84	0.74	0.62	0.53	0.49		8	0.73	0.63	0.53	0.45	0.42
	10	0.78	0.67	0.56	0.47	0.44		10	0.64	0.54	0.46	0.38	0.36
	12	0.71	0.60	0.51	0.43	0.40		12	0.55	0.47	0.39	0.33	0.31
	14	0.64	0.54	0.46	0.38	0.36		14	0.48	0.40	0.34	0.29	0.27
	16	0.58	0.49	0.41	0.35	0.30		16	0.41	0.35	0.30	0.25	0.24
0.5	4	0.94	0.85	0.74	0.63	0.59	1.0	4	0.91	0.81	0.70	0.59	0.55
	6	0.88	0.77	0.66	0.56	0.52		6	0.82	0.71	0.60	0.51	0.47
	8	0.81	0.69	0.59	0.50	0.46		8	0.72	0.61	0.52	0.43	0.41
	10	0.78	0.67	0.56	0.47	0.44		10	0.62	0.53	0.44	0.37	0.35
	12	0.65	0.55	0.46	0.39	0.36		12	0.54	0.45	0.38	0.32	0.30
	14	0.58	0.49	0.41	0.35	0.32		14	0.46	0.39	0.33	0.28	0.26
	16	0.51	0.43	0.36	0.31	0.29		16	0.39	0.34	0.28	0.24	0.23

(3)构造要求

网状配筋砖砌体构件的构造应符合下列规定。

①网状配筋砖砌体的体积配筋率,不应小于0.1%,过小效果不大,但也不应大于1%,否则钢筋的作用不能充分发挥。

②采用钢筋网时,钢筋的直径宜为3～4 mm;当采用连弯形钢筋网时,钢筋的直径不应大于8 mm。钢筋过细,钢筋的耐久性得不到保证;钢筋过粗,会使钢筋的水平灰缝过厚或保护层

厚度得不到保证。

③钢筋网中钢筋的间距,不应大于 120 mm,并不应小于 30 mm。钢筋间距过小,灰缝中的砂浆不易均匀密实;间距过大,钢筋网的横向约束效应低。

④钢筋网的竖向间距,不应大于 5 皮砖,并不应大于 400 mm。

⑤网状配筋砖砌体所用的砂浆强度等级不应低于 M7.5,钢筋网应设在砌体的水平灰缝中,灰缝厚度应保证钢筋上下至少 2 mm 厚的砂浆层。其目的是避免钢筋锈蚀和提高钢筋与砌体之间的黏结力。为了便于检查钢筋网是否漏放或错误,可在钢筋网中留出标记,如将钢筋网中的一根钢筋的末端伸出砌体表面 5 mm。

2. 组合砖砌体

当无筋砌体的截面受限制,设计成无筋砌体不经济或轴向压力偏心距过大时,可采用组合砖砌体,如图 2.16 所示。

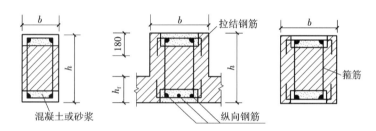

图 2.16 组合砖砌体构件截面

(1)受力特点

轴心受压时,组合砖砌体常在砌体与面层混凝土(或面层砂浆)连接处产生第一批裂缝,随着荷载的增加,砖砌体内逐渐产生竖向裂缝。由于两侧的钢筋混凝土(或面层砂浆)对砖砌体有横向约束作用,因此砌体内裂缝的发展较为缓慢,最后砌体内的砖和面层混凝土(或面层砂浆)严重脱落甚至被压碎,或竖向钢筋在箍筋范围内被压曲,组合砌体完全破坏。

(2)构造要求

① 面层混凝土强度等级宜采用 C20,面层水泥砂浆强度等级不宜低于 M10,砌筑砂浆的强度等级不宜低于 M7.5。

② 竖向受力钢筋的混凝土保护层厚度不应小于规范的规定,竖向受力钢筋距砖砌体表面的距离不应小于 5 mm。

③ 砂浆面层的厚度可采用 30~45 mm,当面层厚度大于 45 mm 时,其面层宜采用混凝土。

④ 竖向受力钢筋宜采用 HPB235 级钢筋,对于混凝土面层,亦可采用 HRB335 级钢筋。受压钢筋一侧的配筋率,对砂浆面层不宜小于 0.1%,对混凝土面层不宜小于 0.2%。受拉钢筋的配筋率,不应小于 0.1%;竖向受力钢筋的直径,不应小于 8 mm;钢筋的净间距,不应小于 30 mm。

⑤ 箍筋的直径不宜小于 4 mm 及受压钢筋直径的 20%,并不宜大于 6 mm;箍筋的间距不应大于 20 倍受压钢筋的直径及 500 mm,并不应小于 120 mm。

⑥ 当组合砖砌体构件一侧的竖向受力钢筋多于 4 根时,应设置附加箍筋或设置拉结

钢筋。

⑦ 组合砖砌体构件的顶部、底部以及牛腿部位,必须设置钢筋混凝土垫块。竖向受力钢筋伸入垫块的长度必须满足锚固要求。

⑧ 对于截面长、短边相差较大的构件(如墙体等),应采用穿通墙体的拉结钢筋作为箍筋,同时设置水平分布钢筋,水平分布钢筋的竖向间距及拉结钢筋的水平间距均应不大于 500 mm,如图 2.17 所示。

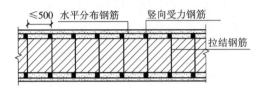

图 2.17　混凝土或砂浆面层组合墙

2.4　混合结构房屋的砌体结构设计

房屋的主要承重结构是由不同的结构材料所组成的,称为混合结构房屋,有混凝土—砌体混合结构房屋、钢—混凝土混合结构房屋、钢—木混合结构房屋等。这里讲述的是混凝土—砌体混合结构房屋,这类结构的楼盖和屋盖一般采用混凝土结构,而竖向承重结构和基础等则采用砌体结构,这种结构是我国目前多层民用建筑中普遍采用的结构形式之一。

本节主要讲述承重墙的结构布置,混合结构房屋的静力计算,墙、柱的高厚比验算等内容。

2.4.1　承重墙的结构布置

按荷载传递路线的不同,砌体结构的承重体系可概括为纵墙承重体系、横墙承重体系及内框架承重体系。

1. 纵墙承重体系

砌体结构房屋中以纵墙作为主要承重墙的承重体系,称为纵墙承重体系。其荷载的主要传递路线是:板→梁(或纵墙)→纵墙→基础→地基,如图 2.18 所示。

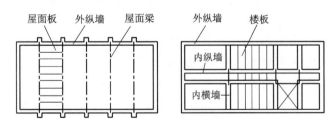

图 2.18　纵墙承重体系

纵墙承重体系的特点:①横墙布置比较灵活;②纵墙上的门窗洞口受到限制;③房屋的侧向刚度较差。

纵墙承重体系一般用于要求房屋内部具有较大的空间,横墙间距较大的建筑物,如教学楼、办公楼、实验楼、食堂等。

2. 横墙承重体系

砌体结构中以横墙作为主要承重墙的承重体系,称为横墙承重体系。其荷载的主要传递路线是:板→横墙→基础→地基,如图2.19所示。

横墙承重体系的特点:①纵墙的处理比较灵活,纵墙主要起围护、隔断及把横墙连接成整体的作用,故在纵墙上开设门窗洞口比较灵活,在外纵墙上进行建筑立面处理及造型也比较方便;②横墙数量较多,又与纵墙相互连接,所以房屋的整体性好,侧向刚度大,对抵抗地震作用、风荷载和地基的不均匀沉降等都有利;③由于横墙间距小,楼屋盖跨度小,楼屋盖结构比较简单、经济,施工也方便。

一般住宅或集体宿舍类的建筑,因其开间不大、横墙间距小,楼板可直接支承在横墙上,形成横墙承重体系。

3. 内框架承重体系

墙体和柱子共同承受楼(屋)面荷载的承重体系,称为内框架承重体系。其荷载的传递路线是:板→梁→墙和柱→基础→地基,如图2.20所示。

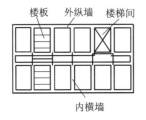

图 2.19　横墙承重体系

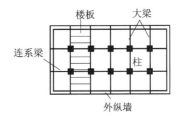

图 2.20　内框架承重体系

内框架承重体系的特点:①内部空间大,平面布置灵活,但因横墙少,侧向刚度差;②承重结构由钢筋混凝土和砌体两种性能不同的结构材料组成,在荷载作用下会产生不一致的变形,在结构中会引起较大的附加应力,基础底面的应力分布也不一致,所以抵抗地基不均匀沉降的能力和抗震能力都比较弱。

一般多层厂房、商店等常用内框架承重体系。

总体来说,在混合结构房屋中,承重墙的布置宜遵循以下原则:①横墙承重体系的整体性好,侧向刚度大,应尽可能采用横墙承重体系;②承重墙的布置力求简单、规则,纵墙宜拉通,避免断开和转折,每隔一定距离设置一道横墙,将内外墙拉结起来,以增加房屋的空间刚度,并增强房屋抵抗地基不均匀沉降的能力;③墙上的门窗等洞口应上下对齐;④布置墙体时,应注意与楼屋盖结构布置相配合,尽量避免墙体承受偏心距过大的竖向偏心荷载。

2.4.2　房屋静力计算

砌体结构房屋的静力计算,实际上就是通过对房屋空间工作情况的分析,根据房屋空间刚度的大小,确定墙、柱设计时的计算简图。房屋静力计算方案是确定墙、柱构造和进行强度计算的主要依据。

1. 房屋的空间工作情况

混合结构房屋中的墙、柱承受着屋盖、楼盖传来的垂直荷载以及由墙面或屋面传来的水平荷载(如风荷载)。在水平荷载及竖向偏心荷载作用下,墙或柱的顶端将产生水平位移;而混合结构的纵、横墙以及楼(屋)盖是互相关联又互相制约的整体,在荷载作用下整个结构处于空间工作状态。因此,在静力分析中必须考虑房屋的空间工作性能。

根据试验分析,影响房屋空间工作性能的主要因素是楼(屋)盖的水平刚度和横墙间距的大小。楼(屋)盖的水平刚度大、横墙间距小,房屋的空间刚度就大,荷载作用下墙、柱顶端的水平位移就小;反之,如房屋的空间刚度小,墙、柱顶部的水平位移就大。

2. 房屋的静力计算方案

(1) 刚性方案

当房屋的横墙间距较小、楼(屋)盖刚度较大时,在荷载作用下,房屋的水平位移很小,在确定计算简图时,可以忽略不计,将楼(屋)盖视为墙体的不动铰支座,而墙、柱内力按不动铰支座的竖向构件计算,这种房屋称为刚性方案房屋。一般混合结构的多层住宅、办公楼、教学楼、宿舍、医院等均属刚性方案房屋。单层刚性方案房屋的静力计算可按墙、柱上端为不动铰支承房盖,下端嵌固于基础的竖向构件计算,其计算简图如图2.21(a)所示。

(2) 弹性方案

当房屋的横墙间距较大、楼(屋)盖刚度较小时,在荷载作用下,房屋的水平位移较大,在确定计算简图时,必须考虑水平位移(u)对结构的影响,这种房屋称为弹性方案房屋。对于单层弹性方案房屋,其静力计算可按屋架或屋面梁与墙(柱)为铰接、不考虑空间工作的平面排架计算。其计算简图如图2.21(b)所示。

(3) 刚弹性方案

在外荷载作用下,房屋的水平位移介于刚性与弹性两种方案之间的房屋称为刚弹性方案房屋。这种方案的房屋,在水平荷载作用下,其水平位移(u_1)较弹性方案的水平位移小,但又不能忽略,在确定计算简图时,按在墙、柱顶具有弹性支座的平面排架或框架计算。单层刚弹性方案房屋的静力计算简图如图2.21(c)所示。

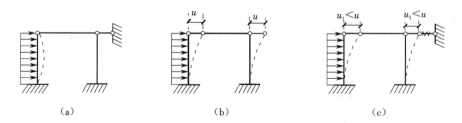

图2.21 混合结构房屋的计算简图
(a)刚性方案 (b)弹性方案 (c)刚弹性方案

根据上述原则,计算时可按表2.16确定房屋的静力计算方案。

表 2.16　房屋的静力计算方案

	屋盖或楼盖类别	刚性方案	刚弹性方案	弹性方案
1	整体式、装配整体式和装配式无檩体系钢筋混凝土屋盖或钢筋混凝土楼盖	$s < 32$	$32 \leqslant s \leqslant 72$	$s > 72$
2	装配式有檩体系钢筋混凝土屋盖、轻钢屋盖和有密铺望板的木屋盖或木楼盖	$s < 20$	$20 \leqslant s \leqslant 48$	$s > 48$
3	瓦材屋面的木屋盖和轻钢屋盖	$s < 16$	$16 \leqslant s \leqslant 36$	$s > 36$

注:①表中 s 为房屋的横墙间距,其单位为 m。

②对无山墙或伸缩缝处无横墙的房屋,应按弹性方案考虑。

3. 刚性和刚弹性方案房屋的横墙

刚性和刚弹性方案房屋的横墙是指有足够刚度的承重墙,轻质墙体或后砌的隔墙不起这种作用。《砌体结构设计规范》规定刚性方案和刚弹性方案房屋的横墙,应符合下列要求:

①横墙中有洞口时,洞口的水平截面面积不应超过横墙截面面积的 50% ;

②横墙的厚度不宜小于 180 mm ;

③单层房屋的横墙长度≮高度,多层房屋的横墙长度≮横墙总高度的 1/2。

当横墙不能同时符合上述三条要求时,应对横墙的刚度进行验算。如果最大水平位移值 $u_{\max} \leqslant \dfrac{H}{4\,000}$(H 为横墙总高度),仍可视作刚性或刚弹性方案房屋的横墙。凡符合前述要求的一段横墙或其他结构构件(如框架等),也可视作刚性或刚弹性方案房屋的横墙。

2.4.3　墙、柱的高厚比验算

墙、柱的计算高度与墙厚(或柱边长)的比值,称为高厚比。墙、柱的高厚比越大,其稳定性越差,越容易发生倾斜,在受到振动时,易失稳破坏。因此,设计时必须对墙、柱的高厚比加以控制。

1. 矩形截面墙、柱高厚比验算

矩形截面墙、柱高厚比应按下式验算:

$$\beta = \frac{H_0}{h} \leqslant \mu_1 \mu_2 [\beta] \tag{2.19}$$

$$\mu_2 = 1 - 0.4\frac{b_s}{s} \tag{2.20}$$

式中　H_0——墙、柱的计算高度(mm),按表 2.17 采用;

　　　h——墙厚或矩形柱与 H_0 相对应的边长(mm);

　　　$[\beta]$——墙、柱的允许高厚比,按表 2.18 采用,上端为自由端的 $[\beta]$ 值,除按 μ_1 修正外,尚可提高 30% ;

　　　μ_1——非承重墙允许高厚比的修正系数,对于厚度 $h \leqslant 240$ mm 的非承重墙, $h = 240$ mm 时, $\mu_1 = 1.2$, $h = 90$ mm 时, $\mu_1 = 1.5$, 90 mm $< h < 240$ mm 时, μ_1 按线性插值法取值;

μ_2——有门窗洞口墙允许高厚比的修正系数；

s——相邻窗间墙或壁柱之间的距离(mm)；

b_s——在宽度 s 范围内的门窗洞口总宽度(mm)。

当按式(2.20)算得的 μ_2 值小于 0.7 时,应采用 0.7。当洞口高度等于或小于墙高的 1/5 时,取 $\mu_2 = 1.0$。

表 2.17　受压构件的计算高度 H_0

房　屋　类　别			柱		带壁柱墙或周边拉结的墙		
			排架方向	垂直排架方向	$s > 2H$	$H < s \leqslant 2H$	$s \leqslant H$
有吊车的单层房屋	变截面柱上段	弹性方案	$2.5H_u$	$1.25H_u$	$2.5H_u$		
		刚性、刚弹性方案	$2.0H_u$	$1.25H_u$	$2.0H_u$		
	变截面柱下段		$1.0H_1$	$0.8H_1$	$1.0H_1$		
无吊车的单层和多层房屋	单　跨	弹性方案	$1.5H$	$1.0H$	$1.5H$		
		刚弹性方案	$1.2H$	$1.0H$	$1.2H$		
	两跨或多跨	弹性方案	$1.25H$	$1.0H$	$1.25H$		
		刚弹性方案	$1.0H$	$1.0H$	$1.1H$		
	刚性方案		$1.0H$	$1.0H$	$1.0H$	$0.4s + 0.2H$	$0.6s$

注:①表中 H_u 为变截面柱的上段高度,H_1 为变截面柱的下段高度。

②对于上端为自由端的构件,$H_0 = 2H$。

③独立砖柱,当无柱间支撑时,柱在垂直排架方向的 H_0 应按表中数值乘以 1.25 后采用。

④s 为房屋横墙间距。

⑤非承重墙的计算高度应根据周边支承或拉结条件确定。

表 2.17 中的构件高度 H 应按下列规定采用。

①在房屋底层,为楼板顶面到构件下端支点的距离,下端支点的位置可取在基础顶面。当埋置较深且有刚性地坪时,可取室外地面下 500 mm 处。

②在房屋其他层,为楼板或其他水平支点间的距离。

③对于无壁柱的山墙,可取层高加山墙尖高度的 1/2;对于带壁柱的山墙,可取壁柱处的山墙高度。

表2.18　墙、柱的允许高厚比[β]

砌体类型	砂浆强度等级	墙	柱
无筋砌体	M2.5	22	15
	M5 或 Mb5、Ms5	24	16
	≥M7.5 或 Mb7.5、Ms7.5	26	17
配筋砌块砌体	—	30	21

注:①毛石墙、柱允许高厚比应按表中数值降低20%。
②带有混凝土或砂浆面层的组合砖砌体构件的允许高厚比,可按表中数值提高20%,但不得大于28。
③验算施工阶段砂浆尚未硬化的新砌砌体高厚比时,允许高厚比对墙取14,对柱取11。

2.带壁柱墙体的高厚比验算

带壁柱墙如图2.22所示,其高厚比的验算应分两部分进行。首先验算带壁柱墙的高厚比(整片墙的高厚比),即把壁柱看成T形(或十字形)截面柱,验算其高厚比;其次验算壁柱间墙的高厚比,即把壁柱看作壁柱间墙体的侧向支点,验算两壁柱间墙的高厚比。

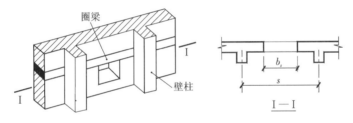

图2.22　带壁柱墙

(1)整片墙的高厚比验算

验算公式如下:

$$\beta = \frac{H_0}{h_T} \leqslant \mu_1 \mu_2 [\beta] \tag{2.21}$$

式中　h_T——带壁柱墙截面的折算厚度(mm),当为T形截面时,可近似按 $h_T = 3.5i$ 计算,i 为带壁柱墙截面的惯性半径(mm),$i = \sqrt{I/A}$,其中 I 为带壁柱墙截面的惯性矩(mm⁴),A 为带壁柱墙截面的面积(mm²)。

在确定截面面积 A 时,墙截面翼缘宽度 b_f 可按下列规定采用。

①多层房屋,当有门窗洞口时,可取窗间墙宽度;当无门窗洞口时,每侧翼、墙宽度可取壁柱高度(层高)的1/3,但不应大于相邻壁柱间的距离。

②单层房屋,可取壁柱宽加2/3墙高,但不大于窗间墙宽度和相邻壁柱间的距离。

③计算带壁柱墙的条形基础时,可取相邻壁柱间的距离。

(2)壁柱间墙体的高厚比验算

壁柱间墙体的高厚比按厚度为 h 的矩形截面由式(2.19)进行验算,此时 s 应取相邻壁柱间的距离,且计算高度 H_0 一律按刚性方案考虑。

设有钢筋混凝土圈梁的带壁柱墙,当 $b/s \geq 1/30$(b 为圈梁宽度)时,圈梁可视作壁柱间墙的不动铰支点。如具体条件不允许增加圈梁宽度,可按等刚度原则(墙体平面外刚度相等)增加圈梁刚度,以满足壁柱间墙不动铰支点的要求。

【例 2.5】某教学楼底层平面如图 2.23 所示,外承重墙厚 370 mm,内承重墙厚 240 mm,底层墙高 4.5 m(下端支点取基础顶面),120 mm 厚隔墙高 3.5 m,所有墙体均采用 M2.5 混合砂浆砌筑,烧结普通砖为 MU10,钢筋混凝土楼盖。试验算各墙的高厚比。

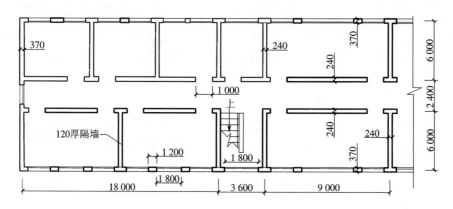

图 2.23 例 2.5 图

解:(1)确定房屋静力计算方案

房屋横墙的最大间距 $s = 18$ m,由表 2.16 可确定为刚性方案房屋。

(2)确定允许高厚比

由表 2.18,砂浆的强度等级为 M2.5,查表得 $[\beta] = 22$。

(3)外纵墙高厚比验算

由于 $s = 18$ m $> 2H = 9$ m,由表 2.17 查得 $H_0 = 1.0H = 4.5$ m,则

$$\mu_2 = 1 - 0.4 \times \frac{b_s}{s} = 1 - 0.4 \times \frac{6 \times 1.8}{18} = 0.76$$

承重墙取 $\mu_1 = 1$,有

$$\beta = \frac{H_0}{h} = \frac{4.5 \times 10^3}{370} = 12.2$$

$$\mu_1 \mu_2 [\beta] = 1 \times 0.76 \times 22 = 16.72 > \beta(满足要求)$$

(4)内纵墙的高厚比验算

$$\mu_2 = 1 - 0.4 \times \frac{b_s}{s} = 1 - 0.4 \times \frac{4 \times 1}{18} = 0.91$$

$$\beta = \frac{H_0}{h} = \frac{4.5 \times 10^3}{240} = 18.75$$

$$\mu_1 \mu_2 [\beta] = 1 \times 0.91 \times 22 = 20.02 > \beta(满足要求)$$

(5)横墙的高厚比验算

$$s = 6 \text{ m} < 2H = 9 \text{ m}$$

$$s = 6 \text{ m} > H = 4.5 \text{ m}$$

由表 2.17 查得

$$H_0 = 0.4s + 0.2H = 0.4 \times 6 + 0.2 \times 4.5 = 3.3 \text{ m}$$

$$\mu_1 = 1 \quad \mu_2 = 1$$

$$\beta = \frac{H_0}{h} = \frac{3.3 \times 10^3}{240} = 13.75 < [\beta] (满足要求)$$

（6）隔墙的高厚比验算。

$$s = 6 \text{ m} < 2H = 7 \text{ m}$$

$$s = 6 \text{ m} > H = 3.5 \text{ m}$$

由表 2.17 查得

$$H_0 = 0.4s + 0.2H = 0.4 \times 6 + 0.2 \times 3.5 = 3.1 \text{ m}$$

非承重墙修正系数用线性插值法确定：

$$\mu_1 = 1.44 \quad \mu_2 = 1$$

$$\beta = \frac{H_0}{h} = \frac{3.1 \times 10^3}{120} = 25.83$$

$$\mu_1\mu_2[\beta] = 1.44 \times 1 \times 22 = 31.68 > \beta (满足要求)$$

2.5 砌体结构房屋构造要求

2.5.1 一般构造要求

工程实践表明,为了保证砌体结构房屋有足够的耐久性和良好的整体性能,必须采取合理的构造措施。

1. 最小截面规定

为了避免柱截面过小导致稳定性能变差以及局部缺陷对构件的影响,规范规定了各种构件的最小尺寸:承重的独立砖柱截面尺寸不应小于 240 mm × 370 mm;毛石墙的厚度不宜小于 350 mm;毛料石柱截面较小边长不宜小于 400 mm;当有振动荷载时,墙、柱不宜采用毛石砌体。

2. 墙、柱的一般构造要求

混合结构房屋设计时,除应满足高厚比要求外,还应满足砌体结构的一般构造要求,使房屋中的墙、柱与楼(屋)盖之间具有可靠的拉结,以保证房屋的整体性与空间刚度。

墙、柱的一般构造要求如下。

①地面以下或防潮层以下的砌体、潮湿房间的墙所用材料的最低强度等级应符合表 2.19 的规定。

表 2.19　地面以下或防潮层以下的砌体、潮湿房间的墙所用材料的最低强度等级

潮湿程度	烧结普通砖	混凝土普通砖、蒸压普通砖	混凝土砌块	石材	水泥砂浆
稍潮湿的	MU15	MU20	MU7.5	MU30	M5
很潮湿的	MU20	MU20	MU10	MU30	M7.5
含水饱和的	MU20	MU25	MU15	MU40	M10

注:①在冻胀地区,地面以下或防潮层以下的砌体,不宜采用多孔砖,如采用时,其孔洞应用不低于 M10 的水泥砂浆先灌实;当采用混凝土砌块砌体时,其孔洞应采用强度等级不低于 C20 的混凝土预先灌实。

②对安全等级为一级或设计使用年限大于 50 年的房屋,表中材料强度等级应至少提高一级。

②承重的独立砖柱截面尺寸≮240 mm×370 mm;毛石墙的厚度≮350 mm;毛石柱截面较小边长≮400 mm;当有振动荷载时,墙、柱不宜采用毛石砌体。

③跨度>6 m 的屋架以及跨度>4.8 m(砖砌体)、4.2 m(砌块和料石砌体)、3.9 m(毛石砌体)的梁,应在支承处砌体上设置混凝土或钢筋混凝土垫块。当墙中设有圈梁时,垫块与圈梁宜浇成整体。

④当梁跨度大于或等于(对 240 mm 的砖墙为 6 m,对 180 mm 的砖墙为 4.8 m,对砌块、料石墙为 4.8 m)括号内数值时,其支承处宜加设壁柱或采取其他加强措施。

⑤预制钢筋混凝土板在墙上的支承长度≮100 mm;在钢筋混凝土圈梁上≮80 mm,板端伸出钢筋应与圈梁可靠连接,并同时浇筑。当板支承于内(外)墙时,板端钢筋伸出长度≮70 mm(≮100 mm),且与支座处沿墙配置的纵筋绑扎,并用强度等级不低于 C25 的混凝土浇筑成板带。

⑥支承在墙、柱上的吊车梁、屋架及跨度大于或等于(对砖砌体为 9 m,对砌块和料石砌体为 7.2 m)括号内数值的预制梁的端部,应采用锚固件与墙、柱上的垫块锚固。

⑦填充墙、隔墙应分别采取措施与周边构件可靠连接。

⑧山墙处的壁柱宜砌至山墙顶部,屋面构件应与山墙可靠拉结。

⑨砌块砌体应分皮错缝搭砌,上下皮搭砌长度不得小于 90 mm。当搭砌长度不满足上述要求时,应在水平灰缝内设置不少于 2φ4 的焊接钢筋网片(横向钢筋的间距不宜大于 200 mm),网片每端均应超过该垂直缝,其长度不得小于 300 mm。

⑩砌块墙与后砌隔墙交接处,应沿墙高每 400 mm 在水平灰缝内设置不少于 2φ4、横筋间距不大于 200 mm 的焊接钢筋网片,如图 2.24 所示。

⑪混凝土砌块房屋,宜将纵横墙交接处、距墙中心线每边≮300 mm 范围内的孔洞,用不低于 Cb20 的灌孔混凝土灌实,灌实高度应为墙身全高。

⑫混凝土砌块墙体的下列部位,如未设圈梁或混凝土垫块,应采用不低于 Cb20 的灌孔混凝土将孔洞灌实:搁栅、檩条和钢筋混凝土楼板的支承面下,高度≮200 mm 的砌体;屋架、梁等构件的支承面下,高度≮600 mm、长度≮600 mm 的砌体;挑梁支承面下,距墙中心线每边≮300 mm、高度≮600 mm 的砌体。

⑬在砌体中留槽洞及埋设管道时,应遵守下列规定:不应在截面长边小于 500 mm 的承重

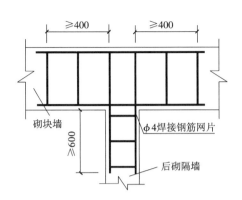

图 2.24　砌块墙与后砌隔墙交接处钢筋网片

墙体、独立柱内埋设管线;不宜在墙体中穿行暗线或预留、开凿沟槽,无法避免时应采取必要的措施或按削弱后的截面验算墙体的承载力。对受力较小或未灌孔的砌块砌体,允许在墙体的竖向孔洞中设置管线。

⑭夹心墙应符合下列规定:外叶墙的砖及混凝土砌块的强度等级不应低于 MU10;夹心墙的夹层厚度不宜大于 120 mm;夹心墙与外叶墙的最大横向支承间距,设防烈度为 6 度时,不宜大于 9 m,设防烈度为 7 度时,不宜大于 6 m,设防烈度为 8、9 度时,不宜大于 3 m。

2.5.2　砌体结构裂缝产生原因及防治措施

1. 墙体开裂的原因

产生墙体裂缝的原因主要有三个:外荷载、温度变化和地基不均匀沉降。墙体承受外荷载后,按照规范要求,通过正确的承载力计算,选择合理的材料并满足施工要求,受力裂缝是可以避免的。

①因温度变化和砌体干缩变形引起的墙体裂缝,如图 2.25 所示。温度裂缝形态有水平裂缝和八字裂缝两种。水平裂缝多发生在女儿墙根部、屋面板底部、圈梁底部附近以及比较空旷高大房间的顶层外墙门窗洞口上下水平位置处;八字裂缝多发生在房屋顶层墙体的两端,且多数出现在门窗洞口上下,呈八字形。干缩裂缝形态有垂直贯通裂缝和局部垂直裂缝两种。

②因地基发生过大的不均匀沉降而产生的裂缝,如图 2.26 所示。常见的因地基不均匀沉降引起的裂缝形态有正八字形裂缝、倒八字形裂缝、斜向裂缝。

2. 防止墙体开裂的措施

①为了防止或减轻房屋在正常使用条件下,由温度和砌体干缩引起的墙体竖向裂缝,应在墙体中设置伸缩缝。伸缩缝应设置在因温度和收缩变形可能引起应力集中、砌体产生裂缝可能性最大的地方。伸缩缝的间距可按表 2.20 采用。

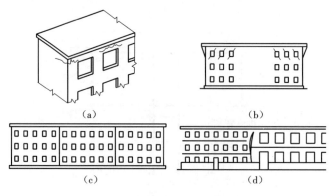

图 2.25　温度与干缩裂缝形态

（a）水平裂缝　（b）八字裂缝

（c）垂直贯通裂缝　（d）局部垂直裂缝

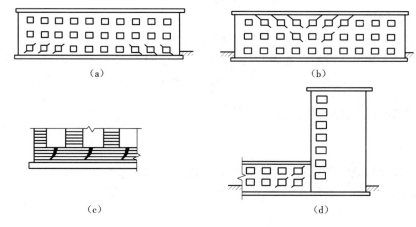

图 2.26　由地基不均匀沉降引起的裂缝

（a）正八字形裂缝　（b）倒八字形裂缝

（c）、（d）斜向裂缝

表 2.20　砌体房屋伸缩缝的最大间距

屋盖或楼盖类别		间距（m）
整体式或装配整体式钢筋混凝土楼盖	有保温层或隔热层的屋盖、楼盖	50
	无保温层或隔热层的屋盖	40
装配式无檩体系钢筋混凝土楼盖	有保温层或隔热层的屋盖、楼盖	60
	无保温层或隔热层的屋盖	50
装配式有檩体系钢筋混凝土楼盖	有保温层或隔热层的屋盖	75
	无保温层或隔热层的屋盖	60
瓦材屋盖、木屋盖或楼盖、轻钢屋盖		100

注:①对烧结普通砖、多孔砖、配筋砌块砌体房屋取表中数值;对石砌体、蒸压灰砂砖、蒸压粉煤灰砖和混凝土砌块房屋取表中数值乘以 0.8。当有实践经验并采取可靠措施时,可不遵守本表规定。

②在钢筋混凝土屋面上挂瓦的屋盖应按钢筋混凝土屋盖采用。

③按本表设置的墙体伸缩缝,一般不能同时防止由于钢筋混凝土屋盖的温度变形和砌体干缩变形引起的墙体局部裂缝。

④层高大于 5 m 的烧结普通砖、多孔砖、配筋砌块砌体结构单层房屋,其伸缩缝间距可按表中数值乘以 1.3。

⑤温差较大且变化频繁地区和严寒地区不采暖的房屋及构筑物墙体的伸缩缝的最大间距,应按表中数值予以适当减小。

⑥墙体的伸缩缝应与结构的其他变形缝相重合,在进行立面处理时,必须保证缝隙的伸缩作用。

②为了防止和减轻房屋顶层墙体的开裂,可根据情况采取下列措施。

a.屋面设置保温、隔热层。

b.屋面保温(隔热)层或屋面刚性面层及砂浆找平层应设置分隔缝,分隔缝间距不宜大于 6 m,并与女儿墙隔开,其缝宽不小于 30 mm。

c.用装配式有檩体系钢筋混凝土屋盖和瓦材屋盖。

d.顶层屋面板下设置现浇钢筋混凝土圈梁,并与外墙拉通,房屋两端圈梁下的墙体宜适当设置水平钢筋。

e.顶层墙体有门窗洞口时,在过梁上的水平灰缝内设置 2~3 道焊接钢筋网片或 $2\phi6$ 钢筋,并伸入过梁两边墙体不小于 600 mm。

f.顶层及女儿墙砂浆强度等级不低于 M7.5。

g.女儿墙应设置构造柱,构造柱间距不宜大于 4 m,构造柱应设置女儿墙顶并与现浇钢筋混凝土压顶整浇在一起。

h.对顶层墙体施加竖向预应力。

③底层墙体的开裂主要是地基不均匀沉降引起的,或地基反力不均匀引起的,因此防止或减轻房屋底层开裂可根据情况采取下列措施。

a.增大基础圈梁的刚度。

b.在底层的窗台下墙体灰缝内设置 3 道焊接钢筋网片或 $2\phi6$ 钢筋,并应伸入两边窗间墙内不小于 600 mm。

c.采用钢筋混凝土窗台板,窗台板嵌入窗间墙内不小于 600 mm。

④墙体转角处和纵横墙交接处宜沿竖向每隔 400~500 mm 设置拉结筋,其数量为每 120 mm 墙厚不少于 $1\phi6$ 钢筋或焊接钢筋网片,埋入长度从墙的转角或交接处算起,每边不小于 600 mm。

⑤对于灰砂砖、粉煤灰砖、混凝土砌块或其他非烧结砖,宜在各层门、窗过梁上方的水平灰缝内及窗台下第一、第二道水平灰缝内设置焊接钢筋网片或 $2\phi6$ 钢筋,焊接钢筋网片或钢筋应伸入两边窗间墙内不小于 600 mm。

⑥为防止或减轻混凝土砌块房屋顶层两端和底层第一、二开间门窗洞口处开裂,可采取下列措施。

a. 在门窗洞口两侧不少于一个孔洞中设置 1ϕ12 的钢筋,钢筋应在楼层圈梁或基础锚固,并采取不低于 C20 的灌孔混凝土灌实。

b. 在门窗洞口两边的墙体的水平灰缝内,设置长度不小于 900 mm,竖向间距为 400 mm 的 2ϕ4 焊接钢筋网片。

c. 在顶层和底层设置通长钢筋混凝土窗台梁,窗台梁的高度宜为块高的模数,纵筋不少于 4ϕ10,箍筋 ϕ6@200,采用 C20 混凝土。

⑦当房屋刚度过大时,可在窗台下或窗台角处墙体内设置竖向控制缝。在墙体的高度或厚度突然变化处也宜设置竖向控制裂缝,或采取其他可靠的防裂措施。竖向控制裂缝的构造和嵌缝材料应能满足墙体平面外传力和防护的要求。

⑧灰砂砖、粉煤灰砖砌体宜采用黏结性好的砂浆砌筑,混凝土砌块砌体宜采用砖块专用砌筑砂浆。

⑨对裂缝要求较高的墙体可根据实际情况采用专门措施。

⑩防止墙体因地基不均匀沉降而开裂的措施有:

a. 设置沉降缝,在地基土性质相差较大,房屋高度、荷载、结构刚度变化较大处,房屋结构形式变化处,高低层的施工时间不同处设置沉降缝,将房屋分割为若干刚度较好的独立单元;

b. 加强房屋的整体刚度;

c. 对于软土地区或土质变化较复杂的地区,利用天然地基建造房屋时,房屋体型力求简单,宜采用对地基不均匀沉降不敏感的结构形式和基础形式;

d. 合理安排施工顺序,先施工层数多、荷载大的单元,后施工层数少、荷载小的单元。

2.6 过梁、圈梁

2.6.1 过梁

设置在门窗洞口的梁称为过梁。它用于承受门窗上面部分墙砌体的自重以及距洞口上边缘高度不太大的梁板传下来的荷载,并将这些荷载传递到两边窗间墙上,以免压坏门窗。过梁的种类主要有砖砌过梁(图 2.27)和钢筋混凝土过梁(图 2.28)两大类。

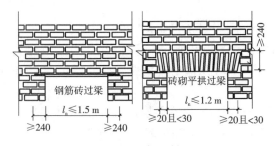

图 2.27　砖砌过梁

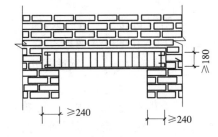

图 2.28　钢筋混凝土过梁

1. **砖砌过梁**

①钢筋砖过梁。一般来讲,钢筋砖过梁的跨度不宜超过 1.5 m,砂浆的强度等级不宜低于 M5。钢筋砖过梁的施工方法:在过梁下皮设置支撑和模板,然后在模板上铺一层厚度不小于 30 mm 的水泥砂浆层,在砂浆层里埋入钢筋。钢筋直径不应小于 5 mm,间距不宜大于 120 mm。钢筋每边伸入砌体支座内的长度不宜小于 240 mm。

②砖砌平拱过梁。砖砌平拱过梁的跨度不宜超过 1.2 m,砂浆的强度等级不宜低于 M5。

③砖砌弧拱过梁。砖砌弧拱过梁竖砖砌筑的高度不应小于 115 mm(半砖),弧拱最大跨度一般为 2.5~4 m。砖砌弧拱过梁由于施工较为复杂,目前较少采用。

2. **钢筋混凝土过梁**

对于有较大震动或产生不均匀沉降的房屋,或当门窗宽度较大时,采用钢筋混凝土过梁(代号 GL)。钢筋混凝土过梁按受弯构件设计,其截面高度一般不小于 180 mm,截面宽度与墙体厚度相同,端部支承长度不应小于 240 mm。目前,砌体结构已大量采用钢筋混凝土过梁,各地市均已编有相应标准供设计时选用。

2.6.2　圈梁

为增强房屋的整体刚度,防止由于地基的不均匀沉降或较大振动荷载等对房屋引起的不利影响,可按有关规定,在墙中设置现浇钢筋混凝土圈梁(代号 QL)。

1. **圈梁的设置**

①车间、仓库、食堂等空旷的单层房屋,应按下列规定设置圈梁。

a. 砖砌体房屋,檐口标高为 5~8 m 时,应在檐口标高处设置圈梁一道;檐口标高大于 8 m 时,应增加设置数量。

b. 砌块及料石砌体房屋,檐口标高为 4~5 m 时,应在檐口标高处设置圈梁一道;檐口标高大于 5 m 时,应增加设置数量。

c. 对有吊车或有较大振动设备的单层工业房屋,当未采取有效的隔振措施时,除在檐口或窗顶标高处设置现浇钢筋混凝土圈梁外,尚应增加设置数量。

②宿舍、办公楼等多层砌体民用房屋,当层数为 3~4 层时,应在檐口标高处设置圈梁一道;当层数超过 4 层时,除应在底层和檐口标高处各设置一道圈梁外,至少应在所有纵横墙上隔层设置。多层砌体工业房屋,应每层设置现浇钢筋混凝土圈梁。设置墙梁的多层砌体房屋,应在托梁、墙梁顶面和檐口标高处设置现浇钢筋混凝土圈梁。

③建筑在软弱地基或不均匀地基上的砌体房屋,除满足以上规定设置圈梁外,尚应符合现行国家标准《建筑地基基础设计规范》(GB 50007—2011)的有关规定。

2. **圈梁的构造要求**

①圈梁宜连续地设在同一水平面上,并形成封闭状;当圈梁被门窗洞口截断时,应在洞口上部增设相同截面的附加圈梁。附加圈梁与圈梁的搭接长度不应小于其垂直间距的 2 倍,且不得小于 1 m,如图 2.31 所示。

②纵横墙交接处的圈梁应有可靠的连接。刚弹性和弹性方案房屋,圈梁应与屋架、大梁等

构件可靠连接。

③钢筋混凝土圈梁的宽度宜与墙厚相同,当墙厚 $h \geqslant 240$ mm 时,其宽度不宜小于 $2h/3$。圈梁高度不应小于 120 mm,纵向钢筋不应少于 $4\phi10$,绑扎接头的搭接长度按受拉钢筋考虑,箍筋间距不应大于 300 mm。

④圈梁兼作过梁时,过梁部分的钢筋应按计算用量另行增配。

⑤采用现浇钢筋混凝土楼(屋)盖的多层砌体结构房屋,当层数超过 5 层时,除在檐口标高处设置一道圈梁外,可隔层设置圈梁,并与楼(屋)面板一起现浇。未设置圈梁的楼面板嵌入墙内的长度不应小于 120 mm,并沿墙长配置不少于 $2\phi10$ 的纵向钢筋。

⑥房屋转角处及丁字交叉处,圈梁连接构造如图 2.32 所示。横墙圈梁的纵向钢筋应伸入纵墙圈梁,并应满足受拉钢筋的锚固长度要求。

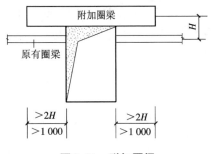

图 2.31　附加圈梁

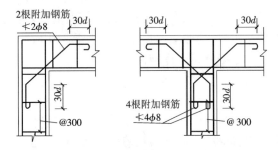

图 2.32　房屋转角处及丁字交叉处圈梁的构造

思　考　题

1.砌体材料中的块材和砂浆都有哪些种类?你所在地区常用哪几种?有哪些规格?

2.试述影响砌体抗压强度的主要因素。

3.混合结构房屋的承重体系有哪几种?

4.砌体结构房屋的静力计算有哪几种方案?根据什么条件确定房屋属于哪种方案?

5.为什么要验算高厚比?请写出验算公式。

6.如何计算砌体受压构件的承载力?

7.砌体的局部受压有哪几种情况?试述其计算要点。

8.过梁有哪几种形式?怎样选择?有哪些主要的构造要求?

9.为什么要设置圈梁?怎样设置?有哪些主要的构造要求?

习　题

1.某四层教学楼,教室横墙间距为 9.9 m,底层层高为 3.6 m,其余层高均为 3.3 m,楼盖采用预应力空心板沿纵向布置,横墙厚度为 240 mm,纵墙厚度为 370 mm,采用 M5 混合砂浆砌筑,每个教室的窗洞尺寸见下图,基础顶标高为 0.5 m。试验算外纵墙高厚比。

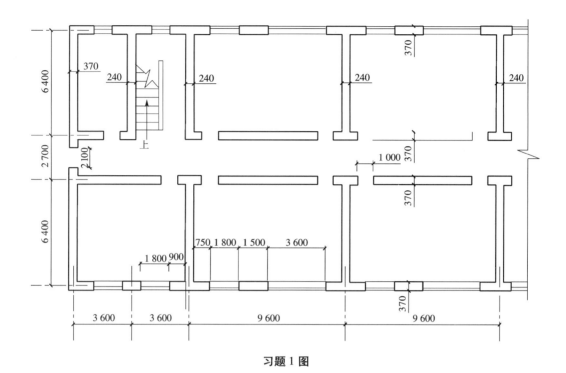

习题1图

2. 某砖柱截面尺寸为 490 mm×620 mm,柱的计算高度 $H_0 = 5$ m,承受轴向压力设计值 $N = 160$ kN,沿长边方向弯矩设计值 $M = 20$ kN·m,施工控制质量为 B 级,采用 MU10 烧结普通砖和 M2.5 混合砂浆砌筑。试验算柱的受压承载力是否满足要求。

3. 某多层砖混结构房屋,房屋的开间为3.6 m,每开间有1.8 m 宽的窗,墙厚240 mm,墙体计算高度 $H_0 = 4.8$ m,砂浆强度等级为 M2.5。若该墙体为承重墙,试验算该墙体的高厚比是否满足要求。

第 3 章 钢筋混凝土结构构造及计算

【知识目标】

能熟练陈述钢筋混凝土材料的力学性能。

能正确陈述荷载代表值的概念及其确定方法以及荷载分项系数、可变荷载组合值系数、结构重要性系数的取值。

能熟练陈述荷载标准值与荷载设计值、材料强度标准值与材料强度设计值等基本概念。

能正确陈述承载力极限状态和正常使用极限状态实用设计表达式。

能正确理解预应力的基本原理,陈述预应力的施加方法、预应力损失的种类及减少损失的措施。

能熟练陈述预应力混凝土的构造要求。

【技能目标】

能正确查阅混凝土的各种参数。

能正确查阅钢筋的各种参数。

能正确列出承载力极限状态和正常使用极限状态实用设计表达式。

能正确选用预应力混凝土轴心受拉和受弯构件的设计计算方法。

【学时建议】

56 ~ 64 学时(含 12 学时实训)

3.1 钢筋混凝土结构的基础知识

钢筋混凝土是由钢筋和混凝土两种力学性能完全不同的材料所组成的。由于混凝土的抗压强度较高,但抗拉强度却很低,而钢筋的抗拉和抗压强度都很高,因此将这两种材料合理地结合在一起共同工作,使混凝土承受压力、钢筋承受拉力,扬长避短,使其成为一种性能良好且用途广泛的结构——钢筋混凝土结构。

3.1.1 钢筋混凝土材料的主要力学性质

1. 混凝土的力学性质

混凝土的力学性质主要有强度和变形。

(1)混凝土的强度

混凝土是由胶凝材料(如水泥、沥青等)、集料(细集料、粗集料)、水和外加剂按一定比例配合而成的,混凝土强度的大小不仅与组成材料的质量和配合比有关,而且与混凝土的养护、龄期、受力情况、试验方法等有着密切关系。在实际工程中,常用的混凝土强度有立方体抗压强度标准值($f_{cu,k}$)、轴心抗压强度标准值(f_{ck})、轴心抗拉强度标准值(f_{tk})等。

1)立方体抗压强度标准值 $f_{cu,k}$

混凝土强度等级应按立方体抗压强度标准值确定。《混凝土结构设计规范》规定:立方体抗压强度标准值系指按标准方法制作、养护的边长为 150 mm 的立方体试件,在 28 d 或设计规定龄期以标准试验方法测得的具有 95% 保证率的抗压强度值,用符号 $f_{cu,k}$ 表示(其中 cu 表示立方体,k 表示标准值)。

《混凝土结构设计规范》规定,混凝土强度等级分为 14 个等级:C15、C20、C25、C30、C35、C40、C45、C50、C55、C60、C65、C70、C75 和 C80,其中 C50 ~ C80 为高强度混凝土。其中符号 C 表示混凝土,C 后面的数值表示以 N/mm² 为单位的立方体抗压强度。

在实际工程中,素混凝土结构的混凝土强度等级不应低于 C15;钢筋混凝土结构的混凝土强度等级不应低于 C20;采用强度 400 MPa 及以上的钢筋时,混凝土强度等级不应低于 C25;预应力混凝土结构的混凝土强度等级不宜低于 C40,且不应低于 C30;承受重复荷载的钢筋混凝土构件,混凝土强度等级不应低于 C30。

2)轴心抗压强度标准值 f_{ck}

实际工程中的受压构件大多数不是立方体而是棱柱体,即构件长度比其截面尺寸大得多。采用棱柱体比立方体更能反映混凝土结构的实际抗压情况,用棱柱体试件测得的抗压强度称为轴心抗压强度标准值,用符号 f_{ck} 表示。

《普通混凝土力学性能试验方法标准》(GB/T 50081—2002)规定以 150 mm × 150 mm × 300 mm 的棱柱体作为混凝土轴心抗压强度试验的标准试件,在确定棱柱体高度的时候,一方面主要考虑试件应具有足够的高度,以减少试验压板与试件接触面的摩擦力的影响,在试件中部位置形成纯压状态;另一方面也要避免试件过高,以免产生较大的附加偏心距而降低强度,通常棱柱体试件高宽比 h/b 为 2 ~ 3,可以基本消除上述两种因素的不利影响。

试验结果表明,混凝土的轴心抗压强度比立方体抗压强度小,混凝土的轴心抗压强度标准值和立方体抗压强度标准值之间的关系式为

$$f_{ck} = 0.88\alpha_1\alpha_2 f_{cu,k} \tag{3.1}$$

式中　f_{ck}——混凝土轴心抗压强度标准值;

　　　$f_{cu,k}$——混凝土立方体抗压强度标准值;

　　　α_1——棱柱体抗压强度与立方体抗压强度的比值,按表 3.1 取值;

　　　α_2——混凝土脆性影响系数,按表 3.2 取值。

表 3.1　混凝土折算系数 α_1

混凝土强度等级	≤C50	C55	C60	C65	C70	C75	C80
折算系数 α_1	0.76	0.77	0.78	0.79	0.80	0.81	0.82

表 3.2　混凝土脆性影响系数 α_2

混凝土强度等级	≤C40	C45	C50	C55	C60	C65	C70	C75	C80
脆性影响系数 α_2	1.00	0.984	0.968	0.951	0.935	0.919	0.903	0.887	0.87

3）轴心抗拉强度标准值 f_{tk}

抗拉强度是混凝土的基本力学性能指标之一。混凝土试件在轴向拉伸情况下的极限强度称为轴心抗拉强度,其标准值用符号 f_{tk} 表示。在结构设计中,它是确定混凝土抗裂度的重要指标。

混凝土的抗拉强度很低,一般只有抗压强度的 1/17 ~ 1/8,在钢筋混凝土构件的强度计算中通常不考虑受拉混凝土的作用。

混凝土的各项标准强度和设计强度,分别列在表 3.3 和表 3.4 中。

表 3.3　混凝土强度标准值　　　　　　　　　　　　　(N/mm²)

符号	混凝土强度等级													
	C15	C20	C25	C30	C35	C40	C45	C50	C55	C60	C65	C70	C75	C80
f_{ck}	10.0	13.4	16.7	20.1	23.4	26.8	29.6	32.4	35.5	38.5	41.5	44.5	47.4	50.2
f_{tk}	1.27	1.54	1.78	2.01	2.20	2.39	2.51	2.64	2.74	2.85	2.93	2.99	3.05	3.11

表 3.4　混凝土强度设计值　　　　　　　　　　　　　(N/mm²)

符号	混凝土强度等级													
	C15	C20	C25	C30	C35	C40	C45	C50	C55	C60	C65	C70	C75	C80
f_c	7.2	9.6	11.9	14.3	16.7	19.1	21.1	23.1	25.3	27.5	29.7	31.8	33.8	35.9
f_t	0.91	1.10	1.27	1.43	1.57	1.71	1.80	1.89	1.96	2.04	2.09	2.14	2.18	2.22

注:f_c——混凝土轴心抗压强度设计值,N/mm² ;

　　f_t——混凝土轴心抗拉强度设计值,N/mm² 。

（2）混凝土的变形

混凝土的变形有两类:一类是混凝土的受力变形,包括一次短期荷载作用下的变形、长期荷载和重复荷载作用下的变形;另一类是混凝土的体积变形,如收缩、膨胀产生的变形。

1）混凝土在一次短期荷载作用下的变形

混凝土在一次短期荷载作用下的 $\sigma - \varepsilon$ 曲线,是研究钢筋混凝土结构构件的截面应力,建立强度计算和变形计算理论必不可少的依据。混凝土受压时的 $\sigma - \varepsilon$ 曲线一般是用均匀加载的棱柱体试件来测定的,如图 3.1 所示。它具有以下几个特点。

①上升段(OC):在曲线上升段中的 OA 段,混凝土应力 $\sigma \leqslant 0.3f_c$,此时混凝土处于弹性阶段,应力 – 应变关系基本呈线性;AB 段中的 σ 在 $(0.3 \sim 0.8)f_c$ 之间,混凝土内裂缝不断发展,

但能保持稳定,即应力不增加,裂缝也不发展;BC 段为 $\sigma > 0.8 f_c$ 的情况,内裂缝发展很快,已进入不稳定状态,塑性变形显著增大,体积应变逐步由压缩转为扩张;当 $\sigma = f_c$ 时(应力达到峰值点),此时所对应的应变在 $(1.5 \sim 2.5) \times 10^{-3}$ 之间波动,其平均值一般取 $\varepsilon_0 = 0.002$。

②下降段(CE):当混凝土强度到达 f_c(C 点)后,混凝土承载力开始下降,一般情况下,开始下降得较快,曲线较陡,当应变增到 $\varepsilon_{cu} = 0.003\ 3$ 左右时曲线出现反弯点(D 点),预示着混凝土彻底压碎。反弯点 D 之后,因试件压碎后各块体间存在咬合力或摩擦力,故曲线仍能继续延伸。

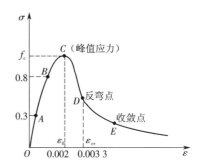

图 3.1　棱柱体一次短期荷载加载的 σ - ε 曲线

2)混凝土的弹性模量 E_c

混凝土棱柱体受压时的 σ - ε 曲线原点的切线斜率,称为原点弹性模量,用符号 E_c 表示。由图 3.1 可知

$$E_c = \sigma_c / \varepsilon_e$$

《混凝土结构设计规范》规定混凝土的弹性模量 E_c 是在试件重复加、卸载的应力 - 应变曲线上求得的,即取 $\sigma_c = 0.5 f_c$ 重复加、卸载 $5 \sim 10$ 次后得到的 σ - ε 直线的斜率作为混凝土的弹性模量 E_c。不同强度等级混凝土的弹性模量 E_c 不同,可查表 3.5,也可用下式计算:

$$E_c = 10^5 / (2.2 + 34.7 / f_{(cu,k)}) \tag{3.2}$$

混凝土的剪切变形模量 G_c 可按相应弹性模量值的 40% 采用。

混凝土泊松比 ν_c 可按 0.2 采用。

表 3.5　混凝土弹性模量　　　　　　　　　　　　　　($\times 10^4$ N/mm²)

混凝土强度等级	C15	C20	C25	C30	C35	C40	C45	C50	C55	C60	C65	C70	C75	C80
E_c	2.20	2.55	2.80	3.00	3.15	3.25	3.35	3.45	3.55	3.60	3.65	3.70	3.75	3.80

注:有可靠试验依据时,弹性模量可根据实测数据确定;当混凝土中掺有大量矿物掺合料时,弹性模量可按规定龄期根据实测数据确定。

3)混凝土的徐变

混凝土在长期不变荷载作用下,其应变也会随着时间的增加而增大,这种现象称为混凝土的徐变。产生徐变的原因是由于混凝土受力后,尚未转化为结晶的水泥凝胶体会产生塑性变形,同时混凝土内部的微裂缝在荷载长期作用下也会不断地发展和增加,从而导致混凝土发生随时间增加而增大的变形。

图 3.2 为徐变随时间而变化的函数曲线,其中 ε_{er} 为加载时的瞬时变形,ε_{cr} 为徐变变形。由图可知,加载初期,徐变增长很快,以后逐渐缓慢,约两年后基本稳定。徐变变形 ε_{cr} 值一般

为瞬时变形 ε_{el} 的 1~4 倍。

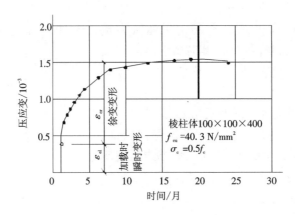

图 3.2　混凝土的徐变曲线

影响徐变的因素很多。试验表明,在水胶比不变的条件下,水泥用量愈多,徐变愈大;在水泥用量相同的条件下,水胶比愈大,徐变愈大;混凝土养护条件愈好,徐变愈小;加载前混凝土龄期愈长,徐变愈小;在混凝土中增加骨料含量、提高骨料质量,可以减小徐变;构件截面上压应力愈大,徐变愈大。

徐变对结构的影响有不利方面,也有有利方面。不利方面表现在:徐变会使结构(构件)的(挠度)变形增大,引起预应力损失,在长期高应力作用下,甚至会导致破坏。有利方面表现在:使结构构件产生内(应)力重分布,降低结构的受力(如支座不均匀沉降),减小大体积混凝土内的温度应力,受拉徐变可延缓收缩裂缝的出现。

(3)混凝土的收缩与膨胀

混凝土在空气中结硬时,体积会缩小;在水中结硬时,体积会膨胀,但收缩量比膨胀量大得多。因此,这里只研究混凝土的收缩。

混凝土的收缩变形也是随时间增加而增长的,开始增长很快,3 个月后逐渐变慢,要持续很长时间才趋于稳定。普通混凝土的收缩值一般取 3×10^{-4}。

收缩对钢筋混凝土的危害很大。对于一般构件来说,收缩会引起初应力,使构件产生早期裂缝。如钢筋混凝土受弯构件,当混凝土收缩时,由于钢筋阻止其收缩,故导致钢筋受压、混凝土受拉;当拉应力超过混凝土的抗拉强度时,混凝土将产生裂缝。此外,对预应力结构,混凝土的收缩还会导致预应力损失。

影响混凝土收缩的因素有以下几个。

①水泥的品种:水泥强度等级越高,制成的混凝土收缩越大。

②水泥的用量:水泥越多,收缩越大。

③水胶比:水胶比越大,收缩越大。

④骨料的性质:骨料的弹性模量大,收缩小。

⑤养护条件:在结硬过程中周围温度、湿度越大,收缩越小。

⑥混凝土制作方法:混凝土越密实,收缩越小。

⑦使用环境:使用环境温度、湿度大时,收缩小。

⑧构件的体积与表面积比值:比值大时,收缩小。

减小混凝土收缩的措施:减少水泥用量,尽可能采用低强度等级的混凝土;降低水胶比;施工时加强捣固和养护。除此以外,在结构上采用预留伸缩缝,在构件内部配置一定数量的分布钢筋和构造钢筋。

（4）混凝土的疲劳强度

通常给混凝土棱柱体试块加载使其压应力达到某个数值 σ ,然后卸载至零,这一循环多次重复下去,就成为多次重复加荷。每次加荷时的最大应力都低于混凝土的极限抗压强度,但超过了某个限值,则经过若干次循环后,混凝土将会破坏。通常把能使试件承受 200 万次及以上循环荷载而发生破坏的压应力称为混凝土的疲劳抗压强度。

《混凝土结构设计规范》规定,混凝土轴心抗压疲劳强度设计值 f_c^f 、轴心抗拉疲劳强度设计值 f_t^f 应按表 3.4 中的强度设计值乘以疲劳强度修正系数 γ_ρ 确定。混凝土受压或受拉疲劳强度修正系数 γ_ρ 应根据疲劳应力比值分别按表 3.6、表 3.7 采用;当混凝土承受拉—压疲劳应力作用时,疲劳强度修正系数 γ_ρ 取 0.6。

疲劳应力比值 ρ_c^f 应按下式计算:

$$\rho_c^f = \frac{\sigma_{c,min}^f}{\sigma_{c,max}^f} \tag{3.3}$$

式中　$\sigma_{c,min}^f$ 、$\sigma_{c,max}^f$ ——构件疲劳验算时,截面同一纤维上混凝土的最小应力、最大应力。

表 3.6　混凝土受压疲劳强度修正系数 γ_ρ

ρ_c^f	$0 \leqslant \rho_c^f < 0.1$	$0.1 \leqslant \rho_c^f < 0.2$	$0.2 \leqslant \rho_c^f < 0.3$	$0.3 \leqslant \rho_c^f < 0.4$	$0.4 \leqslant \rho_c^f < 0.5$	$\rho_c^f \geqslant 0.5$
γ_ρ	0.68	0.74	0.80	0.86	0.93	1.00

表 3.7　混凝土受拉疲劳强度修正系数 γ_ρ

ρ_c^f	$0 < \rho_c^f < 0.1$	$0.1 \leqslant p_c^f < 0.2$	$0.2 \leqslant \rho_c^f < 0.3$	$0.3 \leqslant \rho_c^f < 0.4$	$0.4 \leqslant \rho_c^f < 0.5$
γ_ρ	0.63	0.66	0.69	0.72	0.74
ρ_c^f	$0.5 \leqslant \rho_c^f < 0.6$	$0.6 \leqslant \rho_c^f < 0.7$	$0.7 \leqslant \rho_c^f < 0.8$	$\rho_c^f \geqslant 0.8$	—
γ_ρ	0.76	0.80	0.90	1.00	—

注:直接承受疲劳荷载的混凝土构件,当采用蒸汽养护时,养护温度不宜高于 60 ℃。

（5）混凝土的疲劳变形模量

混凝土的疲劳变形模量 E_c^f 应按表 3.8 采用。

表 3.8　混凝土的疲劳变形模量 E_c^f 　　　　　　　　　　　　　　（ $\times 10^4$ N/mm²）

混凝土强度等级	C30	C35	C40	C45	C50	C55	C60	C65	C70	C75	C80
E_c^f	1.30	1.40	1.50	1.55	1.60	1.65	1.70	1.75	1.80	1.85	1.90

（6）混凝土的热工性能

当温度在 0 ~ 100 ℃ 范围内时，混凝土的热工参数可按下列规定取值。

线膨胀系数 $\alpha_c = 1 \times 10^{-5}/$℃。

导热系数 $\lambda = 10.6$ kJ/（m·h·℃）。

比热容 $c = 0.96$ kJ/（kg·℃）。

2.钢筋的力学性质

（1）钢筋的种类和级别

混凝土结构采用的钢筋分为普通钢筋和预应力钢筋。

1）普通钢筋

《混凝土结构设计规范》规定，混凝土结构用的普通钢筋是热轧钢筋。热轧钢筋是低碳钢、低合金钢在高温状态下轧制而成的软钢，其单向拉伸力学试验有明显的屈服点和屈服台阶，有较大的伸长率，断裂时有颈缩现象。

根据屈服强度标准值的高低，普通钢筋分为 4 个强度等级，分别是 300 MPa、335 MPa、400 MPa、500 MP；分为 8 个牌号，其牌号和对应符号分别为 HPB300——φ，HRB335——Φ，HRBF335——$Φ^F$，HRB400——Φ，HRBF400——$Φ^F$，RRB400——$Φ^R$，HRB500——Φ，HRBF500——$Φ^F$。牌号中 HPB 系列是热轧光圆钢筋；HRB 系列是普通热轧带肋钢筋；HRBF 系列是采用控温轧制生产的细晶粒带肋钢筋；RRB 系列是余热处理钢筋，由轧制钢筋经高温淬水、余热处理后提高强度，其延性、可焊性、力学性能及施工适应性降低，一般可用于对变形性能及加工性能要求不高的构件中。牌号中的数值表示的是钢筋的屈服强度标准值。如 HPB300 表示的是屈服强度标准值为 300 MPa 的热轧光圆钢筋。

2）预应力钢筋

我国目前用于预应力混凝土结构中的预应力钢筋主要分为 3 种：预应力钢丝、钢绞线、预应力螺纹钢筋。

Ⅰ.预应力钢丝

常用的预应力钢丝公称直径有 5 mm、7 mm 和 9 mm 等规格，主要采用消除应力光面钢丝和螺旋肋钢丝。根据其强度级别可分为两类：中强度预应力钢丝，极限强度标准值为 800 ~ 1 270 MPa；高强度预应力钢丝，极限强度标准值为 1 470 ~ 1 860 MPa。

Ⅱ.钢绞线

钢绞线是由冷拉光圆钢丝按一定数量捻制而成的，再经过消除应力的稳定化处理，以盘卷状供应。常用的 3 根钢丝捻制的钢绞线表示为 1×3，公称直径为 8.6 ~ 12.9 mm；常用的 7 根钢丝捻制的标准型钢绞线表示为 1×7，公称直径为 9.5 ~ 21.6 mm。

预应力筋通常由多根钢绞线组成。例如有 12-7 9.5，9-7 9.5 等型号规格的预应力钢绞线。现以 12-7 9.5 为例,9.5 表示公称直径为 9.5 mm 的钢丝,7 9.5 表示 7 根公称直径为 9.5 mm 的钢丝组成一根钢绞线,而 12 表示 12 根这种钢绞线组成一束钢筋,总的含义为一束由 12 根 7 丝(每丝直径为 9.5 mm)钢绞线组成的钢筋。

钢绞线的主要特点是强度高和抗松弛性能好,展开时较挺直。钢绞线要求内部不应有折断、横裂和相互交叉的钢丝,表面不得有油污等物质,以免降低钢绞线与混凝土之间的黏结力。

Ⅲ. 预应力螺纹钢筋

预应力螺纹钢筋是采用热轧、轧后余热处理或热处理等工艺制作而成的带有不连续无纵肋的外螺纹的直条钢筋,该钢筋在任意截面处可用带有匹配形状的内螺纹连接器或锚具进行连接或锚固,直径为 18 ~ 50 mm,具有高强度、高韧性等特点。施工时要求钢筋端部平齐,不影响连接件通过,表面不得有横向裂缝、结疤,但允许有不影响钢筋力学性能和连接的其他缺陷。

(2)钢筋与混凝土的共同工作

钢筋与混凝土是两种力学性质完全不同的材料,两者组合在一起能共同工作的原因主要有以下几点。

①混凝土硬化后,在钢筋与混凝土之间产生良好的黏结力,将两者可靠地黏结在一起,从而保证构件受力时钢筋与混凝土共同变形而不产生相对滑动。

②在一定的温度范围内,钢筋与混凝土两种材料的温度线膨胀系数大致相等。钢筋的线膨胀系数为 1.2×10^{-5},混凝土为 $(1.0 ~ 1.4) \times 10^{-5}$。所以,当温度发生变化时,不致产生较大的温度应力而破坏两者间的整体性。

③钢筋被包裹在混凝土之中,混凝土能很好地保护钢筋免于锈蚀,从而增加了结构的耐久性,使结构始终处于整体工作状态。

3.混凝土结构钢筋的选用

(1)混凝土结构对钢筋性能的要求

《混凝土结构设计规范》根据"四节一环保(节能、节地、节水、节材和环境保护)"的要求,提倡应用高强、高性能钢筋。其中,高性能包括延性好、可焊性好、机械连接性能好、施工适应性强以及与混凝土的黏结力强等。

1)钢筋的强度

钢筋的强度是指钢筋的屈服强度和极限强度。混凝土构件的设计计算主要采用钢筋的屈服强度(对无明显流幅的钢筋,采用的是条件屈服点)。采用高强度的钢筋可以节约钢材,取得较好的经济效果。

2)钢筋的延性

要求钢筋有一定的延性是为了确保钢筋在断裂前有足够的变形,以确保能给出混凝土构件破坏前的预告信号,同时要保证钢筋冷弯的要求和钢筋的塑性性能。钢筋的伸长率和冷弯性能是施工单位验收钢筋是否合格的主要指标。

3)钢筋的可焊性

可焊性是评定钢筋焊接后的接头性能的指标。可焊性好,要求钢筋在一定的工艺下焊接后不产生裂纹及过大的变形。

4)钢筋的机械连接性能

机械连接是钢筋连接的主要方式之一,目前我国工地上的机械接头大多采用直螺纹套筒连接,这就要求钢筋具有较好的机械连接性能,以便在工地上在钢筋端头轧制螺纹。

(2)混凝土结构钢筋的选用

混凝土结构的钢筋应按下列规定选用。

①纵向受力普通钢筋宜采用 HRB400、HRB500、HRBF400、HRBF500 级钢筋,也可采用 HPB300、HRB335、HRBF335、RRB400 级钢筋。

②梁、柱纵向受力普通钢筋应采用 HRB400、HRB500、HRBF400、HRBF500 级钢筋。

③箍筋宜采用 HPB300、HRB400、HRBF400、HRB500、HRBF500 级钢筋,也可采用 HRB335、HRBF335 级钢筋。

④预应力钢筋宜采用预应力钢丝、钢绞线和预应力螺纹钢筋。

钢筋的强度标准值应具有不小于95%的保证率。

普通钢筋强度标准值和预应力钢筋强度标准值分别见表3.9 和表3.10。

表3.9 普通钢筋强度标准值

牌号	符号	级别	公称直径 d(mm)	屈服强度标准值 f_{yk}(N/mm^2)	极限强度标准值 f_{stk}(N/mm^2)
HPB300	ϕ	Ⅰ级	6~22	300	420
HRB335 HRBF335	Φ Φ^F	Ⅱ级	6~50	335	455
HRB400 HRBF400 RRB400	Φ Φ^F Φ^R	Ⅲ级	6~50	400	540
HRB500 HRBF500	Φ Φ^F	Ⅳ级	6~50	500	630

表 3.10　预应力钢筋强度标准值

种　类		符号	公称直径 d(mm)	屈服强度标准值 f_{pyk}(N/mm²)	极限强度标准值 f_{ptk}(N/mm²)
中强度预应力钢丝	光面 螺旋肋	Φ^{PM} Φ^{HM}	5,7,9	620	800
				780	970
				980	1270
预应力螺纹钢筋	螺纹	Φ^T	18,25,32, 40,50	785	980
				930	1 080
				1 080	1 230
消除应力钢丝	光面 螺旋肋	Φ^P Φ^P	5	—	1 570
				—	1 860
			7	—	1 570
			9	—	1 470
				—	1 570
钢绞线	1×3 (3 股)	Φ^S	8.6,10.8, 12.9	—	1 570
				—	1 860
				—	1 960
	1×7 (7 股)		9.5,12.7, 15.2,17.8	—	1 720
				—	1 860
				—	1 960
			21.6	—	1 860

注:极限强度标准值为 1 960 N/mm² 的钢绞线作为后张预应力配筋时,应有可靠的工程经验。

　　当构件中配有不同种类的钢筋时,每种钢筋应采用各自的强度设计值。横向钢筋的抗拉强度设计值 f_{yv} 应按表 3.11 中 f_y 的数值采用;当用于受剪、受扭、受冲切承载力计算时,其数值大于 360 N/mm² 时应取 360 N/mm²。预应力钢筋抗拉强度设计值见表 3.12。

表 3.11　普通钢筋强度设计值　　　　　　　　　　　　　　(N/mm²)

牌　号	抗拉强度设计值 f_y	抗压强度设计值 f'_y
HPB300	270	270
HRB335、HRBF335	300	300
HRB400、HRBF400、RRB400	360	360
HRB500、HRBF500	435	410

表 3.12　预应力钢筋抗拉强度设计值　　　　　　　　　　　(N/mm²)

种　类	极限强度标准值 f_{ptk}	抗拉强度设计值 f_{py}	抗压强度设计值 f'_{py}
中强度预应力钢丝	800	510	410
	970	650	
	1 270	810	
消除应力钢丝	1 470	1 040	410
	1 570	1 110	
	1 860	1 320	
钢绞线	1 570	1 110	390
	1 720	1 220	
	1 860	1 320	
	1 960	1 390	
预应力螺纹钢筋	980	650	410
	1 080	770	
	1 230	900	

注：当预应力筋的强度标准值不符合表 3.12 的规定时,其强度设计值应进行相应的比例换算。

普通钢筋和预应力钢筋在最大力作用下的总伸长率 δ_{gt} 不应小于表 3.13 规定的数值。

表 3.13　普通钢筋和预应力钢筋在最大力作用下的总伸长率限值

钢筋品种	普通钢筋			预应力钢筋
	HPB300	HRB335、HRBF335、HRB400、HRBF400、HRB500、HRBF500	RRB400	
δ_{gt}（%）	10.0	7.5	5.0	3.5

普通钢筋和预应力钢筋的弹性模量应按表 3.14 采用。

表 3.14　普通钢筋和预应力钢筋的弹性模量　　　　　　　(×10⁵ N/mm²)

项　次	牌号或种类	弹性模量 E_s
1	HPB300 级钢筋	2.10

项　次	牌号或种类	弹性模量 E_s
2	HRB335、HRB400、HRB500 级钢筋	2.00
	HRBF335、HRBF400、HRBF500 级钢筋	
	RRB400 级钢筋	
	预应力螺纹钢筋	
3	消除应力钢丝、中强度预应力钢丝	2.05
4	钢绞线	1.95

注：必要时钢绞线可采用实测的弹性模量。

普通钢筋和预应力钢筋的疲劳应力幅限值参见《混凝土结构设计规范》的相关规定。

构件中的钢筋可采用并筋的配置形式。直径 28 mm 及以下的钢筋并筋数量不应超过 3 根；直径 32 mm 的钢筋并筋数量宜为 2 根；直径 36 mm 及以上的钢筋不应采用并筋。并筋应按单根等效钢筋进行计算，等效钢筋的等效直径应按截面面积相等的原则换算确定。

当进行钢筋代换时，除应符合设计要求的构件承载力、最大力作用下的总伸长率、裂缝宽度验算以及抗震规定以外，尚应满足最小配筋率、钢筋间距、保护层厚度、钢筋锚固长度、接头面积百分率及搭接长度等构造要求。

当构件中采用预制的钢筋焊接网片或钢筋骨架配筋时，应符合国家现行有关标准的规定。

各种公称直径的普通钢筋、预应力筋的公称截面面积及理论重量应按附录 B 采用。

3.1.2　混凝土保护层

从最外层钢筋的外表面到截面边缘的垂直距离，称为混凝土保护层厚度，用 c 表示，最外层钢筋包括构造筋、分布筋、箍筋等。混凝土的保护层厚度与混凝土的强度等级、构件的种类和混凝土结构暴露的环境类别有关。

构件中普通钢筋与预应力钢筋的混凝土保护层厚度应满足下列要求。

①构件中受力钢筋的保护层厚度不应小于钢筋的直径 d。

②设计使用年限为 50 年的混凝土结构，最外层钢筋的保护层厚度应符合表 3.15 的规定；设计使用年限为 100 年的混凝土结构，最外层钢筋的保护层厚度应符合《混凝土结构设计规范》第 3.5.4 条的规定。

表 3.15　混凝土保护层的最小厚度　　　　　　　　（mm）

环境等级	一	二 a	二 b	三 a	三 b
板、墙、壳	15	20	25	30	40
梁、柱	20	25	35	40	50

注：①混凝土强度等级不大于 C25 时，表中保护层厚度数值应增加 5 mm；

②钢筋混凝土基础宜设置混凝土垫层,其受力钢筋的混凝土保护层厚度应从垫层顶面算起,且不应小于40 mm。

③当有充分依据并采用下列有效措施时,可适当减小混凝土保护层的厚度。

a. 构件表面有可靠的防护层。

b. 采用工厂化生产的预制构件,并能保证预制构件混凝土的质量。

c. 在混凝土中掺加阻锈剂或采用阴极保护处理等防锈措施。

d. 当对地下室墙体采取可靠的建筑防水做法或防腐措施时,与土壤接触一侧钢筋的保护层厚度可适当减小,但不应小于25 mm。

④当梁、柱、墙中纵向受力钢筋的保护层厚度大于50 mm 时,宜对保护层采取有效的构造措施。可在保护层内配置防裂、防剥落的焊接钢筋网片,网片钢筋的保护层厚度不应小于25 mm,并应采取有效的绝缘、定位措施。

3.2 受压构件结构构造及计算

3.2.1 受压构件的认知

钢筋混凝土受压构件是钢筋混凝土结构的主要受力构件之一。在房屋结构中,最常见的钢筋混凝土受压构件是柱子(图 3.3(a)、(b))。此外,还有一些其他形式的受压构件,如桁架中的受压构件(图 3.3(c))等。

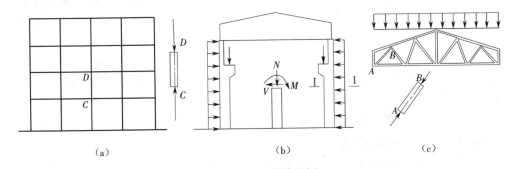

图 3.3 受压构件实例

(a)框架柱 (b)牛腿柱 (c)桁架压杆

钢筋混凝土受压构件依据轴向力作用线与构件截面形心轴线之间相互位置关系的不同,可分为轴心受压构件和偏心受压构件两大类。当轴向力作用线与构件截面形心轴线重合时,该受压构件称为轴心受压构件,如图 3.4(a)所示;当轴向力作用线偏离构件截面形心轴线时,该受压构件称为偏心受压构件,如图 3.4(b)所示。

在实际工程中,经常遇到构件截面上同时存在轴心力 N 和弯矩 M 的受压构件,例如图 3.3(b)中的单层工业厂房柱。对这类受压构件,可以应用力的平移定理将其等效地转化为具有偏心距 $e_0 = M/N$、轴向力 N 的偏心受压构件,如图 3.5 所示。

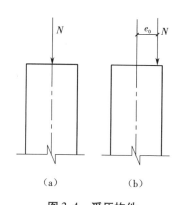

图3.4　受压构件

(a)轴心受压　(b)偏心受压

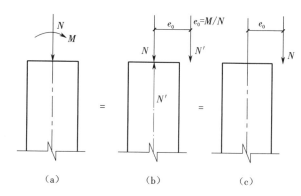

图3.5　压弯构件

(a)轴力+弯矩　(b)力的平移　(c)偏心受压

实际上,理想的钢筋混凝土轴心受压构件是没有的。由于钢筋混凝土构件中混凝土的非均质性、配筋的不对称性以及施工中安装偏差等因素的影响,受压构件截面上的轴向力总是或多或少地具有一定的偏心距,只是由这类因素引起的偏心距很小,计算中可以忽略不计,而将其简化为轴心受压构件来计算。

3.2.2　柱的构造

1. 材料

在框架结构中,混凝土的强度对柱的承载力影响较大,为了充分利用混凝土的抗压性能、减小柱的截面尺寸、节约钢筋,柱中宜采用强度等级较高的混凝土,工程中一般采用 C30 ~ C50 的混凝土。纵向钢筋一般采用 HRB400、HRB500 级钢筋,箍筋一般采用 HPB300 级钢筋。

2. 截面形式和尺寸

螺旋箍筋柱的截面形状通常做成圆形、八角形、正多边形,但为便于制造模板、方便施工,柱一般采用正方形或矩形截面;在有特殊要求时,可采用圆形或多边形截面。对于偏心受压构件,一般采用矩形截面;但对于截面尺寸较大的预制装配式柱,为了减轻自重、节约混凝土,常采用工形截面柱。

偏心受压构件截面尺寸的大小,主要取决于构件截面上内力的大小及构件的长短。如柱子过于细长,其承载力受稳定性控制,材料强度将得不到充分发挥。因此,柱子尺寸不宜太小,一般不小于 250 mm × 250 mm,常取 $l_0/b \leqslant 30$, $l_0/h \leqslant 25$(l_0 为柱子的计算长度, b 为柱截面宽度, h 为柱截面高度)。对于工字形(有时称工形或 I 形)截面,翼缘厚度不小于 120 mm,腹板宽度不小于 100 mm。

柱截面尺寸还应符合模数要求,边长在 800 mm 以上时,以 100 mm 为模数;在 800 mm 以下时,以 50 mm 为模数。

3. 钢筋

钢筋混凝土受压构件中配有纵向钢筋和箍筋(或焊接环)。纵向钢筋沿构件纵向设置。

箍筋置于纵向钢筋的外侧,一般沿构件纵轴方向等距离放置,并与纵向钢筋绑扎或焊接在一起,形成钢筋骨架,如图 3.6 所示。

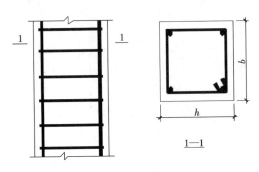

图 3.6　柱的钢筋骨架

在受压构件中配置纵向钢筋能有效地提高构件的延性,减小构件在长期荷载作用下的变形,防止构件发生脆性破坏,并能承受一定的轴向力,以减小构件的截面尺寸。箍筋能与纵向钢筋组成骨架,防止纵向钢筋向外鼓出,保证了混凝土与钢筋共同受力,并对混凝土有一定的约束作用,从而改善了混凝土的受力性能,提高了构件的延性。

柱中纵向钢筋的配置应符合下列规定。

①纵向受力钢筋的直径不宜小于 12 mm,全部纵向钢筋的配筋率不宜大于 5%。

②柱中纵向钢筋的净间距不应小于 50 mm,且不宜大于 300 mm。

③偏心受压柱的截面高度不小于 600 mm 时,在柱的侧面应设置直径不小于 10 mm 的纵向构造钢筋,并相应设置复合箍筋或拉筋。

④圆柱中纵向钢筋不宜少于 8 根,不应少于 6 根,且宜沿周边均匀布置。

⑤在偏心受压柱中,垂直于弯矩作用平面的侧面上的纵向受力钢筋以及轴心受压柱中各边的纵向受力钢筋,其中距不宜大于 300 mm。

注:水平浇筑的预制柱,纵向钢筋的最小净间距可按《混凝土结构设计规范》第 9.2.1 条关于梁的有关规定取用。

轴心受压构件的纵向钢筋应沿构件截面四周均匀放置;而偏心受压构件的纵向钢筋则应放置在弯矩作用方向的两边;当偏心受压构件截面高度 $h \geq 600$ mm 时,应在构件侧面设置直径不小于 10 mm 的纵向构造钢筋,并相应地设置复合箍筋或拉筋,如图 3.7 所示。

柱的混凝土保护层厚度一般取 25 mm,具体规定见表 3.15。

柱中箍筋的配置应符合下列规定。

①箍筋直径不应小于 $d/4$,且不应小于 6 mm,d 为纵向钢筋的最大直径。

②箍筋间距不应大于 400 mm 及构件截面的短边尺寸,且不应大于 $15d$,d 为纵向钢筋的最小直径。

③柱及其他受压构件中的周边箍筋应做成封闭式;对圆柱中的箍筋,搭接长度不应小于《混凝土结构设计规范》第 8.3.1 条规定的锚固长度,且末端应做成 135°弯钩,弯钩末端平直段长度不应小于 $5d$,d 为箍筋直径。

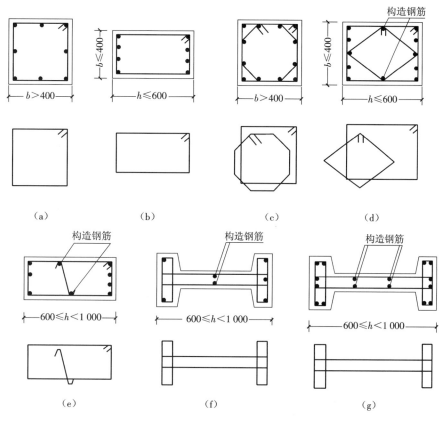

图3.7 受压构件的截面配筋形式

(a)(c)轴心受压构件 (b)(d)(e)(f)(g)偏心受压构件

④当柱截面短边尺寸大于400 mm且各边纵向钢筋多于3根时,或当柱截面短边尺寸不大于400 mm但各边纵向钢筋多于4根时,应设置复合箍筋。

⑤柱中全部纵向受力钢筋的配筋率大于3%时,箍筋直径不应小于8 mm,间距不应大于$10d$,且不应大于200 mm,箍筋末端应做成135°弯钩,且弯钩末端平直段长度不应小于$10d$,d为纵向钢筋的最小直径。

⑥在配有螺旋式或焊接环式箍筋的柱中,如在正截面受压承载力计算中考虑间接钢筋的作用时,箍筋间距不应大于80 mm及$d_{cor}/5$,且不宜小于40 mm,d_{cor}为按箍筋内表面确定的核心截面直径。

工形截面柱的翼缘厚度不宜小于120 mm,腹板厚度不宜小于100 mm。当腹板开孔时,宜在孔洞周边每边设置2~3根直径不小于8 mm的补强钢筋,每个方向补强钢筋的截面面积不宜小于该方向被截断钢筋的截面面积。

腹板开孔的工形截面柱,当孔的横向尺寸小于柱截面高度的一半、孔的竖向尺寸小于相邻两孔之间的净间距时,柱的刚度可按实腹工形截面柱计算,但在计算承载力时应扣除孔洞的削弱部分。当开孔尺寸超过上述规定时,柱的刚度和承载力应按双肢柱计算。

几种常见柱截面的配筋如图 3.7 所示。

对于截面形状复杂的构件,不能采用具有内折角的箍筋,以免箍筋受拉后,致使折角处的混凝土破损,如图 3.8 所示。

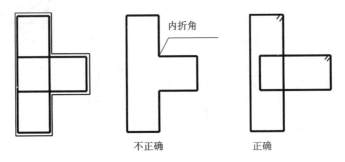

图 3.8 丁字形柱配筋形式

3.2.3 轴心受压构件承载力计算

根据箍筋形式的不同,钢筋混凝土轴心受压构件有两种形式:第一种是常用的配有纵向钢筋及箍筋的受压构件,如图 3.9(a)所示;第二种是应用较少的配有纵向钢筋及螺旋箍筋(或焊接环)的受压构件,如图 3.9(b)所示。

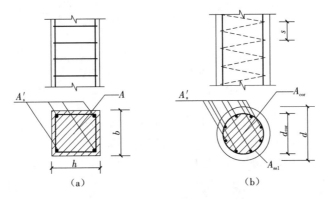

图 3.9 轴心受压构件的形式

(a)普通箍筋柱 (b)螺旋箍筋柱

1. 破坏特征

对于普通钢筋混凝土轴心受压的短柱,大量试验结果表明:在轴心荷载作用下,构件整个截面的应变基本上是均匀分布的。当荷载作用下产生的轴心力较小时,构件压缩应变的增加基本上与轴心力的增长成正比,构件处于弹性工作阶段。随着轴心力的增大,压缩变形的增长速度明显加快,构件进入弹塑性工作阶段,构件中开始出现纵向微细裂缝。当轴心力增加至构件临近破坏时,构件四周出现明显的纵向裂缝,箍筋间的纵向钢筋发生压屈而向外鼓出,混凝土被压碎,致使整个构件破坏,如图 3.10 所示。此时,混凝土达到应力峰值,对应的极限压应变为 0.002 5 ~ 0.003,相对于素混凝土柱构件达到最大压应力值的压应变为 0.001 5 ~ 0.002,其抗压性能有较大的提高,这主要是因为纵向钢筋起到了调整混凝土应力、改善延性的作用。在计算时,以构件压应变为 0.002 为控制条件,相应的纵向钢筋应力 $\sigma_s = 0.002E_s = 0.002 \times 2.0 \times 10^5 = 400 \text{ N/mm}^2$。由此可见,对于 HRB335、HRB400、RRB400 级热轧带肋钢筋,此值已大于其抗压强度设计值,故计算时可按其对应的 f_y' 取值,对于 500 MPa 级钢筋,取 $f_y' = 435 \text{ N/mm}^2$。

对于钢筋混凝土轴心受压的细长杆件,试验表明,由于各种偶然因素造成的初始偏心的影响,构件在破坏前往往发生纵向弯曲。随着纵向弯曲变形的增加,构件侧向挠度增大,而侧向挠度又增大了荷载的偏心距;随着荷载的增加,附加弯矩和侧向挠度将不断增加,这样相互影响。破坏时,构件一侧产生纵向裂缝,混凝土被压碎;而另一侧因受拉而出现水平裂缝,如图 3.11 所示。因此,细长构件(长柱)的受压承载力较同等条件下的短柱要低。

图 3.10　短柱的破坏图　　　　图 3.11　长柱的失稳破坏

2.普通箍筋轴心受压柱的计算

(1)基本计算公式

钢筋混凝土轴心受压构件配置的箍筋应符合《混凝土结构设计规范》第 9.3 节的规定,其正截面受压承载力应符合下列规定,如图 3.9(a)和图 3.12 所示。

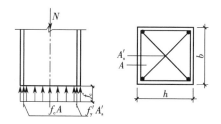

图 3.12　普通箍筋轴心受压柱截面计算图

构件的承载力由混凝土承受的压力和钢筋承受的压力两部分组成,即

$$N \leqslant 0.9\varphi(f_cA + f_y'A_s') \tag{3.4}$$

式中 N——轴向压力设计值;

φ——钢筋混凝土构件的稳定系数,按表3.16采用;

f_c——混凝土的轴心抗压强度设计值,按表3.4确定;

A——构件截面面积,当纵向钢筋配筋率大于3%时,A应该用$A - A'_s$代替;

A'_s——全部纵向受压钢筋的截面面积;

f'_y——纵向受压钢筋抗压强度设计值,按表3.11确定。

表3.16 钢筋混凝土轴心受压构件的稳定系数 φ

l_0/b	≤8	10	12	14	16	18	20	22	24	26	28
l_0/d	≤7	8.5	10.5	12	14	15.5	17	19	21	22.5	24
l_0/i	≤28	35	42	48	55	62	69	76	83	90	97
φ	1.0	0.98	0.95	0.92	0.87	0.81	0.75	0.70	0.65	0.60	0.56
l_0/b	30	32	34	36	38	40	42	44	46	48	50
l_0/d	26	28	29.5	31	33	34.5	36.5	38	40	41.5	43
l_0/i	104	111	118	125	132	139	146	153	160	167	174
φ	0.52	0.48	0.44	0.40	0.36	0.32	0.29	0.26	0.23	0.21	0.19

注:①表中 l_0 为构件计算长度,对钢筋混凝土柱可按表3.17的规定取用;

②b 为矩形截面的短边尺寸,d 为圆形截面的直径,i 为截面最小回转半径。

表3.17 框架结构各层柱的计算长度 l_0

楼盖类型	柱的类别	计算长度 l_0
现浇楼盖	底层柱	$1.0H$
	其余各层柱	$1.25H$
预制楼盖	底层柱	$1.25H$
	其余各层柱	$1.5H$

注:表中 H 为底层柱从基础顶面到一层楼盖顶面的高度;对其余各层柱为上、下两层楼盖顶面之间的高度。

(2)计算方法与步骤

1)截面设计

已知轴向力设计值 N、计算长度 l_0、材料强度等级,要求确定构件截面尺寸及配筋。

解法一:经验法。根据设计经验直接选定截面尺寸 $b \times h$,再由式(3.4)求 A'_s。

解法二:试算法。初步假设稳定系数 $\varphi = 1.0$,配筋率 $\rho = A'_s/A = 1.0\%$,以此代入式(3.4),初步估算出 A,计算 b 和 h 并取整数,再按选定后的 b 和 h 值重新计算 φ 值,然后由式(3.4)求 A'_s。

无论采用哪种计算方法,最后都要验算配筋率 ρ',《混凝土结构设计规范》规定:$0.6\% \leqslant \rho' \leqslant 5\%$,经济配筋率在 $0.6\% \sim 3.0\%$。当相差过大时,应适当调整截面尺寸。

2)截面承载力复核

已知构件截面尺寸 $b \times h$,纵向受力钢筋面积 A'_s,钢筋的抗压强度设计值 f'_y,混凝土的轴心抗压强度设计值 f_c,构件计算长度 l_0。求构件的受压承载力 N 或验算构件在轴向力设计值 N 的作用下承载力是否满足要求。

这种情况可直接根据 l_0/b 的值查表 3.16 得到 φ,代入式(3.4)求出 N。

【例3.1】某多层钢筋混凝土框架房屋,底层中柱承受的轴心压力设计值 $N = 780$ kN,底层层高为 3.3 m,基础顶面标高为 -0.3 m,采用 C30 混凝土,HRB400 级钢筋。试设计该柱截面。

解:已知 $N = 780$ kN,$l_0 = 1.0H = 1.0 \times (3.3 + 0.3) = 3.6$ m,$f_c = 14.3$ N/mm^2,$f'_y = 360$ N/mm^2。

(1)确定截面尺寸

设 $\varphi = 1.0$,$\rho = 0.01$,则 $A'_s = \rho A = 0.01A$,由式(3.4)得

$$A = \frac{N}{0.9\varphi(f_c + \rho f'_y)} = \frac{780 \times 10^3}{0.9 \times 1.0 \times (14.3 + 0.01 \times 360)} = 48\ 417 \text{ mm}^2$$

采用正方形截面,有

$$b = h = \sqrt{A} = \sqrt{48\ 417} = 220 \text{ mm}$$

取

$$b = h = 250 \text{ mm}$$

(2)确定稳定系数 φ

$l_0/b = 3\ 600/250 = 14.4$,查表 3.16 得 $\varphi = 0.91$。

(3)求纵向钢筋截面面积

由式(3.4)计算得

$$A'_s = \frac{\frac{N}{0.9\varphi} - f_c A}{f'_y} = \frac{\frac{780 \times 10^3}{0.9 \times 0.91} - 14.3 \times 250 \times 250}{360} = 163 \text{ mm}^2$$

$$A'_s = 163 \text{ mm}^2 \leqslant \rho_{min}bh = 0.6\% \times 250 \times 250 = 375 \text{ mm}^2$$

且《混凝土结构设计规范》规定柱中纵向受力钢筋的直径不小于 12 mm,故选用 4 Φ 12($A'_s = 452$ mm^2),根据构造要求,箍筋选用 ϕ6@200。

【例3.2】某钢筋混凝土轴心受压柱,截面尺寸 $b \times h = 300$ mm $\times 300$ mm,纵向钢筋采用 4 Φ 20($A'_s = 1\ 256$ mm^2),混凝土强度等级为 C35,柱的计算长度 $l_0 = 3.0$ m,求该柱的受压承载力($f_c = 16.7$ N/mm^2,$f'_y = 360$ N/mm^2)。

解:(1)验算配筋率

$$\rho' = A_s/A = 1\ 256/(300 \times 300) = 1.4\%$$

$$\rho_{max} = 5.0\% > \rho' = 1.4\% > \rho_{min} = 0.6\%$$

(2)确定稳定系数 φ

由 $l_0/b = 3\ 000/300 = 10$,查表 3.16 得 $\varphi = 0.98$。

(3)求柱的抗压承载力 N

由式(3.4)得

$$N = 0.9\varphi(f_c A + f'_y A'_s) = 0.9 \times 0.98(16.7 \times 300 \times 300 + 360 \times 1\ 256)$$

$$= 1\ 724\ 451\ \text{N} = 1\ 724.451\ \text{kN}$$

【例 3.3】 某建筑安全等级为二级的无侧移现浇多层框架的中间柱如图 3.13 所示,采用 C25 混凝土,HRB335 级钢筋,每层楼盖传至柱上的荷载设计值为 430.6 kN。

(1)计算第一层柱纵向受压钢筋的截面面积 A'_s。

(2)依据计算结果和构造要求选配纵向钢筋和箍筋。

图 3.13　无侧移现浇多层框架的中间柱

解:(1)根据已知条件得: $f_c = 11.9\ \text{N/mm}^2$, $f'_y = 300\ \text{N/mm}^2$。

①初选柱截面尺寸。假定各层柱截面尺寸均为 350 mm × 350 mm。

②计算轴向力设计值。

柱自重标准值为

$$(2 \times 4.8 + 7.2 + 1.3) \times 0.35 \times 0.35 \times 25 = 55.43\ \text{kN}$$

则柱自重设计值为

$$1.2 \times 55.43 = 66.52\ \text{kN}$$

第一层柱底的轴向力设计值为

$$N = 3 \times 430.6 + 66.52 = 1\ 358.32\ \text{kN}$$

由表 3.17 得 $\varphi = 1.0$,则

$$l_0 = \varphi H = 1.0 \times (7.2 + 1.3) = 8.5\ \text{m}$$

$l_0/b = 8\ 500/350 = 24.28$,查表 3.16 得 $\varphi = 0.64$。

③计算纵筋用量。

将上述数据带入式(3.4)得

$$1\ 358.32 \times 10^3 \leqslant 0.9 \times 0.64 \times (300A_s' + 11.9 \times 350 \times 350)$$

$$A_s' = 3\ 001.5\ \text{mm}^2$$

选配 8 Φ 22($A_s' = 3\ 041\ \text{mm}^2$),实际配筋率为

$$\rho' = A_s'/(bh) = 2.48\% > \rho'_{\min} = 0.6\%$$

由于实际配筋率也小于 3% ,故假定的杆件截面尺寸是满足要求的。

(2)依据计算结果和构造要求选配纵向钢筋和箍筋,纵筋选配 8 Φ 22,箍筋选配 ϕ6@ 200 ,与基础钢筋搭接处箍筋选配 ϕ6@150。首层柱配筋图如图 3.14 所示。

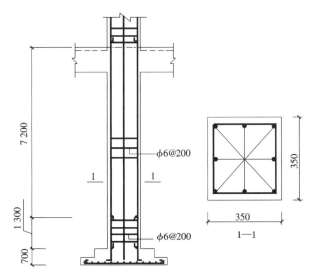

图 3.14　首层柱配筋图

3. 螺旋箍筋轴心受压柱的计算

(1)基本计算公式

钢筋混凝土轴心受压构件,当配置的螺旋式或焊接环式间接钢筋符合《混凝土结构设计规范》第 9.3.2 条的规定时,其正截面受压承载力应符合下列规定,如图 3.9(b)所示。

$$N \leqslant 0.9(f_c A_{cor} + f_y' A_s' + 2\alpha f_{yv} A_{sso}) \tag{3.5}$$

$$A_{sso} = \frac{\pi d_{cor} A_{ss1}}{s} \tag{3.6}$$

式中　f_{yv}——间接钢筋的抗拉强度设计值,仍可查阅表 3.11 和表 3.12 中的 f_y 值;

　　　A_{cor}——构件的核心截面面积,即间接钢筋内表面范围内的混凝土面积;

　　　A_{sso}——螺旋式或焊接环式间接钢筋的换算截面面积;

　　　d_{cor}——构件的核心截面直径,即间接钢筋内表面之间的距离;

　　　A_{ss1}——螺旋式或焊接环式单根间接钢筋的截面面积;

　　　s——间接钢筋沿构件轴线方向的间距;

α——间接钢筋对混凝土约束的折减系数,当混凝土强度等级不超过 C50 时,取 1.0,当混凝土强度等级为 C80 时,取 0.85,当混凝土强度等级为 C50 ~ C80 时,其值按线性插值法确定。

注:①按式(3.5)算得的构件受压承载力设计值不应大于按式(3.4)算得的构件受压承载力设计值的 1.5 倍。

②当遇到下列任意一种情况时,不应计入间接钢筋的影响,而应根据普通箍筋轴心受压柱的规定进行计算:一是当 $l_0/d > 12$ 时;二是当按式(3.5)算得的受压承载力小于按式(3.4)算得的受压承载力时;三是当间接钢筋的换算截面面积 A_{ss0} 小于纵向钢筋的全部截面面积的 25% 时。

(2)构件设计的计算方法与步骤

已知:N,H,f_c,f_y,f'_y,f_y。

1)截面设计

根据长细比判断是否需要按螺旋箍筋柱设计($l_0/d < 12$,可采用螺旋箍筋柱)。

①计算构件核心截面直径。

$$d_{cor} = d - 2 \times c$$

②计算构件核心面积与截面面积。

柱的核心面积:

$$A_{cor} = \pi d_{cor}^2/4$$

柱的截面面积:

$$A = \pi d^2/4$$

③计算纵筋截面面积。

假定纵筋配筋率 ρ',由 $A'_s = \rho' A_{cor}$ 求取 A'_s,选择纵筋等级、根数、直径。

④确定箍筋的直径和间距 s。

由式(3.6)求 A_{ss0},并且 $A_{ss0} > 0.25A'_s$,才满足构造要求。选择箍筋直径,利用 $s = \pi d_{cor} A_{ss1}/A_{ss0}$ 计算并确定箍筋间距。

α 为间接钢筋对承载力的影响系数,当混凝土强度等级小于 C50 时,取 $\alpha = 1.0$;当混凝土强度等级为 C80 时,取 $\alpha = 0.85$;当混凝土强度等级在 C50 与 C80 之间时,按线性插值法确定。

间接钢筋间距不应大于 80 mm 及 $d_{cor}/5$,也不应小于 40 mm。间接钢筋的直径按箍筋有关规定采用。

2)截面复核

①计算纵筋配筋率。

$$\rho' = A'_s/A_{cor} > 0.5\%$$

②计算螺旋筋的换算截面面积 A_{ss0}。

$$A_{ss0} = \frac{\pi d_{cor} A_{ss1}}{s}$$

③由式(3.5)计算间接配筋柱的轴向力设计值 N,并与已知轴心压力进行比较。

④检查混凝土保护层是否会脱落。

根据所配置的螺旋筋 d,s 值,重新用式(3.6)、式(3.5)及式(3.4),求间接配筋柱的轴向力设计值 N。由式(3.4)计算 N 值,并与式(3.5)计算所得的 N 值进行比较。

【例3.4】 圆形截面轴心受压构件直径 $d = 400$ mm,计算长度 $l_0 = 2.75$ m。混凝土等级为 C25,纵向钢筋采用 HRB335 级钢筋,箍筋采用 HPB300 级钢筋,轴心压力组合设计值为 1 640 kN,Ⅰ类环境条件,安全等级为二级,试按照螺旋箍筋柱进行截面设计和截面复核。

解: 查表3.4得 C25 混凝土抗压强度设计值 $f_c = 11.9$ MPa;

查表3.11得 HRB335 级钢筋抗压强度设计值 $f'_y = 300$ MPa;

查表3.11得 HPB300 级钢筋抗拉强度设计值 $f_y = 270$ MPa。

(1)截面设计

由于长细比 $l_0/b = 2\ 750/400 = 6.88 < 12$,故可以按螺旋箍筋柱设计。

①计算构件核心截面直径。

由表3.15取纵向钢筋混凝土保护层厚度为 30 mm,则可得

$$d_{cor} = d - 2 \times 30 = 400 - 2 \times 30 = 340 \text{ mm}$$

②计算构件核心面积与截面面积。

柱的核心面积:

$$A_{cor} = \pi d_{cor}^2/4 = 90\ 746 \text{ mm}^2$$

柱的截面面积:

$$A = \pi d^2/4 = 125\ 600 \text{ mm}^2$$

③计算纵筋截面面积。

假定纵筋配筋率为 $\rho' = 0.012$,则

$$A'_s = \rho' A_{cor} = 0.012 \times 90\ 746 = 1\ 089 \text{ mm}^2$$

现选用 6 Φ 16($A'_s = 1\ 206$ mm^2)。

④确定箍筋的直径和间距 s。

由式(3.5)得

$$N \leqslant 0.9(f_c A_{cor} + f'_y A'_s + 2\alpha f_{yv} A_{sso})$$
$$1\ 640 \times 10^3 = 0.9 \times (11.9 \times 90\ 746 + 300 \times 1\ 206 + 2 \times 1.0 \times 270 A_{sso})$$
$$A_{sso} = 705 \text{ mm}^2 > 0.25 A'_s = 0.25 \times 1\ 206 = 302 \text{ mm}^2$$

现选 ϕ10,单肢箍筋的截面面积 $A_{ss1} = \pi d^2/4 = 78.5$ mm^2。

螺旋箍筋所需的间距为

$$s = d_{cor} A_{ss1}/A_{sso} = 340 \times 78.5/705 = 38 \text{ mm}$$

按构造要求,间距 s 不应大于 80 mm 及 $d_{cor}/5 = 68$ mm,也不应小于 40 mm,故取 $s = 60$ mm。

截面设计布置如图3.15所示。

(2)截面复核

经检查,图3.15所示截面构造布置符合构造要求,实际设计截面的 $A_{cor} = 90\ 746$ mm^2。

①计算纵筋配筋率。

$$\rho' = A'_s/A_{cor} = 1\ 206/90\ 746 = 1.33\% > 0.5\%$$

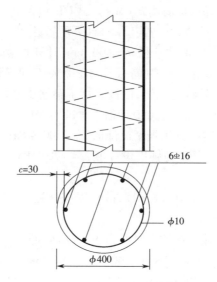

图 3.15　截面设计布置图

②计算螺旋筋的换算截面面积 A_{sso}。

$$A_{\text{sso}} = \frac{\pi d_{\text{cor}} A_{\text{ss1}}}{s} = \frac{3.14 \times 340 \times 78.5}{60} = 1\,397 \text{ mm}$$

③计算间接配筋柱的轴向力设计值 N。

$$\begin{aligned}
N &= 0.9(f_c A_{\text{cor}} + f'_y A'_s + 2\alpha f_{\text{yv}} A_{\text{sso}}) \\
&= 0.9(11.9 \times 90\,746 + 300 \times 1\,206 + 2 \times 1.0 \times 270 \times 1\,397) \\
&= 1\,976.45 \times 10^3 \text{ N} \\
&= 1\,976.45 \text{ kN} > N = 1\,640 \text{ kN}
\end{aligned}$$

④检查混凝土保护层是否会剥落。

$$\begin{aligned}
N &= 0.9\varphi(f_c A + f'_y A'_s) \\
&= 0.9 \times 1.0 \times (11.9 \times 125\,600 + 300 \times 1\,206) \\
&= 1\,670.8 \times 10^3 \text{ N} \\
&= 1\,670.8 \text{ kN}
\end{aligned}$$

因为　　　　　　　　　$1.5 \times 1\,670.8 = 2\,506.2 > 1\,976.45 \text{ kN}$

所以混凝土保护层不会剥落。

3.3　受弯构件结构构造及计算

受弯构件是指以弯曲变形为主的构件,它是钢筋混凝土结构中用得最多的一种基本构件,如房屋建筑中的梁和板、工业厂房中的吊车梁等都是典型的受弯构件。在荷载作用下受弯构件截面将产生弯矩和剪力。在弯矩作用下,构件可能沿正截面破坏,如图 3.16(a)所示;在弯矩和剪力共同作用下,构件可能沿斜截面破坏,如图 3.16(b)所示。

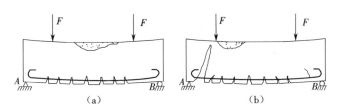

图 3.16　受弯构件破坏情况

（a）正截面破坏　（b）斜截面破坏

3.3.1　梁的构造及配筋要求

1. 梁的构造要求

（1）梁的截面形式

梁的截面形式常见的有矩形、T 形及 I 形等,如图 3.17 所示。

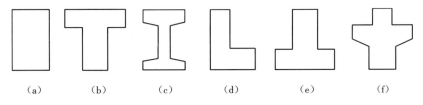

图 3.17　梁截面形式

（a）矩形梁　（b）T 形梁　（c）I 形梁
（d）L 形梁　（e）倒 T 形梁　（f）花篮形梁

（2）梁的截面尺寸

梁的截面高度与跨度及荷载大小有关。其截面尺寸的确定应满足强度、刚度、裂缝和施工方便等四方面的要求。一般先从刚度条件出发,由表 3.18 初步选定梁的截面最小高度,截面的宽度可由常用的高宽比来确定。对于矩形截面梁,$h/b = 2.0 \sim 3.5$;对于 T 形截面梁,$h/b = 2.5 \sim 4.0$。

表 3.18　不需作挠度计算的梁截面最小高度

项　次	构件种类		简　支	两端连续	悬　臂
1	整体肋形梁	次梁	$l_0/15$	$l_0/20$	$l_0/8$
		主梁	$l_0/12$	$l_0/15$	$l_0/6$
2	独立梁		$l_0/12$	$l_0/15$	$l_0/6$

注:表中 l_0 为梁的计算跨度,当梁的跨度大于 9 m 时表中数值应乘以 1.2。

为了施工方便,梁的截面尺寸应统一规定模数。当梁高 $h > 250$ mm 时,取 50 mm 为模数;当梁高 $h > 800$ mm 时,取 100 mm 为模数。当梁宽 $b > 250$ mm 时,则取 50 mm 为模数。

2. 梁的配筋

钢筋混凝土梁内一般配置四种钢筋,即纵向受力钢筋、弯起钢筋、箍筋和架立钢筋。

（1）纵向受力钢筋

①作用。纵向受力钢筋配置在梁的受拉区,承受由弯矩作用而产生的拉力;有时在构件的受压区也配置纵向受压钢筋,纵向受压钢筋协助混凝土共同承受压力。

②选用。伸入梁支座范围内的钢筋不应少于 2 根;梁高 h 不小于 300 mm 时,钢筋直径不应小于 10 mm;梁高 h 小于 300 mm 时,钢筋直径不应小于 8 mm。梁上部钢筋水平方向的净间距（钢筋外边缘之间的最小距离）不应小于 30 mm 和 $1.5d$;下部纵向钢筋水平方向的净间距不应小于 25 mm 和 d;当梁的下部钢筋多于两层时,两层以上钢筋水平方向的中距应比下面两层的中距增大 1 倍;各层钢筋之间的净间距不应小于 25 mm 和 d,d 为钢筋的最大直径;在梁的配筋密集区域可采用并筋的配筋形式。

为便于混凝土的浇筑,保证施工质量,梁中纵向受力钢筋的间距应满足图 3.18 的要求。

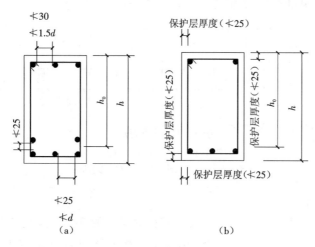

图 3.18 纵向受力钢筋间距

（a）双层布置　（b）单层布置

伸入梁支座范围内的纵向受力钢筋的根数不少于 2 根。

对于在室内正常环境中的钢筋混凝土梁,保护层的最小厚度为 20 mm,具体规定见表 3.15。

（2）弯起钢筋

①作用。弯起钢筋是由纵向受力钢筋弯起而成的,弯起部分用来承受剪力,弯起后的水平段也可承受支座处的负弯矩。

②弯起角度。弯起钢筋的弯起角度由设计确定,常用的弯起角度有 30°、45°、60°三种。若没有标注弯起角度,可根据梁、板高度来确定。当梁高 $h \leqslant 800$ mm 时为 45°,当梁高 $h > 800$ mm 时为 60°。

技术提示:板中弯起钢筋的弯起角度均为30°。

（3）箍筋

①作用。箍筋承受斜截面的剪力,同时固定纵向受力钢筋的位置。

②选用。按承载力计算不需要箍筋的梁,当截面高度大于300 mm时,应沿梁全长设置构造箍筋;当截面高度$h=150\sim300$ mm时,可仅在构件端部$l_0/4$范围内设置构造箍筋,l_0为跨度。但当在构件中部$l_0/2$范围内有集中荷载作用时,则应沿梁全长设置箍筋。当截面高度小于150 mm时,可以不设置箍筋。

截面高度大于800 mm的梁,箍筋直径不宜小于8 mm;截面高度不大于800 mm的梁,箍筋直径不宜小于6 mm。当梁中配有按计算需要的纵向受压钢筋时,箍筋直径尚不应小于$0.25d,d$为受压钢筋的最大直径。梁中箍筋的最大间距宜符合表3.19的规定,当$V>0.7f_tbh_0+0.05N_{p0}$时,箍筋的配筋率$\rho_{sv}[\rho_{sv}=A_{sv}/(bs)]$尚不应小于$0.24f_t/f_{yv}$。

表3.19 梁中箍筋和弯起钢筋的最大间距 （mm）

梁高 h	$V>0.7f_tbh_0+0.05N_{p0}$	$V\leq0.7f_tbh_0+0.05N_{p0}$
$150<h\leq300$	150	200
$300<h\leq500$	200	300
$500<h\leq800$	250	350
$h>800$	300	400

当梁中配有按计算需要的纵向受压钢筋时,箍筋应做成封闭式,如图3.19（d）所示,且弯钩直线段长度不应小于$5d,d$为箍筋直径;箍筋的间距不应大于$15d$,并不应大于400 mm,当一层内的纵向受压钢筋多于5根且直径大于18 mm时,箍筋间距不应大于$10d,d$为纵向受压钢筋的最小直径;当梁的宽度大于400 mm且一层内的纵向受压钢筋多于3根时,或当梁的宽度不大于400 mm但一层内的纵向受压钢筋多于4根时,应设置复合箍筋。

箍筋的肢数按下列规定采用。

当梁宽$b\leq150$ mm时,采用单肢箍,见图3.19（a）。

当梁宽150 mm $<b<350$ mm时,采用双肢箍,见图3.19（b）。

当梁宽$b\geq350$ mm时,或在一层内纵向受拉钢筋多于5根,或纵向受压钢筋多于3根,则采用四肢箍,见图3.19（c）。

（4）架立钢筋

①作用。架立钢筋设在梁的受压区,用以固定箍筋的位置以构成钢筋骨架,并承受梁内因收缩和温度变化所产生的拉力。

②选用。钢筋的直径与梁的跨度有关。当梁的跨度小于4 m时,不宜小于8 mm;当梁的跨度为$4\sim6$ m时,不宜小于10 mm;当梁的跨度大于6 m时,不宜小于12 mm。

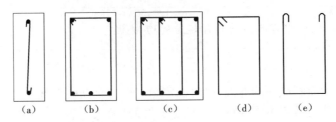

图 3.19 箍筋的肢数和形式

(a)单肢箍 (b)双肢箍 (c)四肢箍 (d)双肢箍简图 (e)开口箍

(5)梁侧构造钢筋

当梁的腹板高度 $h_w \geqslant 450$ mm 时,在梁的两个侧面应沿高度配置纵向构造钢筋,每侧纵向构造钢筋(不包括梁上、下部受力钢筋及架立钢筋)的截面面积不应小于腹板截面面积 bh_w 的 0.1%,且其间距不宜大于 200 mm。此处,腹板高度 h_w 按规范的规定取用。

对钢筋混凝土薄腹梁或需作疲劳验算的钢筋混凝土梁,应在下部二分之一梁高的腹板内沿两侧配置直径为 8 ~ 14 mm、间距为 100 ~ 150 mm 的纵向构造钢筋,并应按下密上疏的方式布置。在上部二分之一梁高的腹板内,纵向构造钢筋的配置规定见《混凝土结构设计规范》。

3.3.2 受弯构件正截面破坏过程

由于钢筋混凝土材料的弹塑性特点,按建筑力学的公式对其进行强度计算不完全符合钢筋混凝土受弯构件破坏的实际情况。为了解钢筋混凝土受弯构件的破坏过程,应研究其截面应力与应变的变化规律,从而建立其自己的强度计算公式。

1. 受弯构件正截面各阶段的应力状态

在研究钢筋混凝土梁正截面应力状态时,取简支梁上有两个对称的集中荷载之间的一段"纯弯曲"梁段进行试验,如图 3.20 所示。

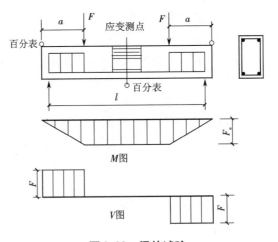

图 3.20 梁的试验

试验时,荷载从零开始分级增加,每加一级荷载后,观察梁的外形变化,用仪器测量梁的挠度、混凝土及钢筋的应变,观察记录裂缝的发展规律,一直到梁破坏为止。

由试验资料可知,适筋梁从加载到破坏的全过程可分为三个阶段。

第 I 阶段(未裂阶段):开始增加荷载时,弯矩很小,测得梁截面上各层应变也很小,变形规律符合平截面假定。由于荷载小,应力也小,梁的工作情况与匀质弹性梁相似,拉力由钢筋和混凝土共同承受,钢筋应力很小,受拉区和受压区混凝土均处于弹性工作阶段,应力分布为三角形。

荷载增加,弯矩逐渐增大,应变也随之增大。由于混凝土抗拉强度很低,所以受拉区混凝土首先表现出塑性,受拉区混凝土应力呈曲线分布。

当弯矩增大到开裂弯矩 M_{cr}^0 时,受拉边缘层的应变将达到混凝土受拉极限应变 ε_{tu}^0,梁处于即将开裂的极限状态,即第 I 阶段末,用 I_a 表示,如图 3.21 所示。此时受拉钢筋的应变与周围同一水平混凝土的拉应变基本相同,受拉钢筋的应力 $\sigma_s = E_s \varepsilon_{tu}^0 = 20 \sim 30 \text{ N/mm}^2$。受拉混凝土边缘应力达到混凝土的抗拉强度 f_t,受压区混凝土的应变相应很小,基本上仍处在弹性工作阶段,受拉应力图仍接近于直线变化。

第 I_a 阶段的应力图将作为构件抗裂度计算的依据。

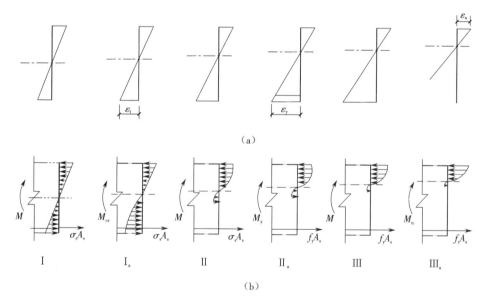

图 3.21　钢筋混凝土梁的三个应力阶段
(a)应变图　(b)应力图

第 II 阶段(带裂缝工作阶段):荷载继续增加,受拉区混凝土应力超过混凝土的抗拉强度而出现裂缝,有裂缝部分的混凝土退出工作,其所承受的拉力转移给钢筋承受,故钢筋应力突然增大。随着荷载增大,钢筋和混凝土的应变也随之增大,裂缝的宽度增加并向受压区延伸,中性轴也随之上移,混凝土受压区高度减小,导致受压区面积减小,受压区混凝土开始呈现出塑性性质,应力分布图由原来的直线转化为曲线。当荷载继续增大到使钢筋的应力达到屈服强度时,称为第Ⅱ阶段末,用Ⅱ$_a$表示,如图3.21所示。此时,梁所能承受的弯矩为M_y^0。

正常工作的梁,一般都处于第Ⅱ阶段,故将第Ⅱ阶段作为梁的正常使用阶段变形和裂缝宽度计算的依据。

第Ⅲ阶段(破坏阶段):钢筋屈服后,梁进入第Ⅲ阶段,此时荷载进一步增加,钢筋的应力在屈服平台上下波动,其变化幅度不大,而变形急剧增大。混凝土的裂缝宽度继续增大,且继续向受压区延伸,中性轴继续上移,受压区高度持续减少,受压区混凝土边缘纤维应变迅速增加,塑性特征表现更为明显,压应力呈显著曲线分布,如图3.21所示。当荷载增至梁所能承受的极限承载能力M_u^0时,混凝土的压应变达到极限压应变值ε_{cu}^0;截面已开始破坏,称为第Ⅲ阶段末,用Ⅲ$_a$表示。最后,受压区混凝土被压碎,梁丧失承载力而宣告破坏。

第Ⅲ$_a$阶段的应力状态是受弯构件正截面强度计算的依据。

2. 受弯构件配筋率对正截面破坏性质的影响

试验表明,受弯构件正截面破坏性质与其纵向受拉钢筋的配筋率有关。所谓配筋率是指纵向受拉钢筋截面面积A_s与截面有效面积bh_0之比的百分率,即

$$\rho = \frac{A_s}{bh_0} \times 100\% \tag{3.7}$$

式中　A_s——纵向受拉钢筋截面面积;

　　　b——梁的截面宽度;

　　　h_0——梁截面的有效高度,其值为受拉钢筋重心到混凝土受压边缘的距离,如图3.22所示。

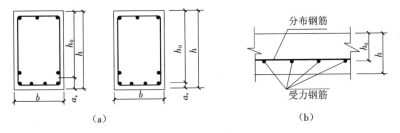

图3.22　梁、板截面的有效高度

(a)梁　(b)板

在截面设计时,由于箍筋直径、钢筋直径和排数等未知,应先对h_0进行预估,当环境类别为一类时,梁和板的h_0值一般按以下规定取用。

梁:

一排钢筋时　　　　　　　　　　　$h_0 = h - 40(\text{mm})$

两排钢筋时　　　　　　　　　　　$h_0 = h - 60(\text{mm})$

板:　　　　　　　　　　　　　　$h_0 = h - 20(\text{mm})$

当配筋率大小不同时,受弯构件正截面可能产生下列三种不同的破坏形式。

（1）适筋梁

适筋梁的配筋率 ρ 范围为 $\rho_{min} \times \dfrac{h}{h_0} \leqslant \rho \leqslant \rho_b$，这里 ρ_{min}、ρ_b 分别为最小配筋率、界限配筋率。其破坏过程如前所述，即适筋梁正截面受弯经历三个受力阶段，其特点是先纵向受拉钢筋屈服，随后受压区边缘混凝土被压碎，在第Ⅲ阶段，钢筋屈服后要经历较大的塑性变形，其宏观变形为裂缝急剧开展和梁的挠度激增，给人以明显的破坏预兆，如图3.23(a)所示。这种破坏前变形较大，有明显预兆的破坏称为延性破坏。适筋梁的钢筋和混凝土的强度均能充分发挥作用，且破坏前有明显的预兆，具有较好的延性，故在正截面强度计算时，应控制钢筋的用量，将梁设计成适筋梁。

（2）超筋梁

这种梁的纵向受拉钢筋配置过多，其配筋率 ρ 的范围为 $\rho > \rho_b$，其特点是受压区边缘混凝土先被压碎，此时受拉钢筋不屈服，其表现为裂缝开展宽度不宽，延伸不高，挠度不大，破坏时没有明显的预兆。这种破坏前变形很小，没有明显预兆的突然破坏称为脆性破坏，如图3.23(b)所示。超筋梁钢筋的强度未能充分利用，不经济且破坏前没有明显的预兆，故设计中一般不允许采用超筋梁。

（3）少筋梁

梁内纵向受拉钢筋配置过少，其配筋率 ρ 的范围为 $\rho \leqslant \rho_{min} \times \dfrac{h}{h_0}$。加载初期，拉力由钢筋和混凝土共同承受。当受拉区出现第一条裂缝后，混凝土退出工作，拉力全部由钢筋承受。由于纵向受拉钢筋数量太少，使裂缝处纵向受拉钢筋应力很快达到钢筋的屈服强度，甚至被拉断，而受压区混凝土还未被压碎。破坏时，裂缝往往只有一条，但开展宽度很大，延伸较高。总之其破坏特点是受拉区混凝土一裂就坏，破坏无明显预兆，突然发生，属于脆性破坏，如图3.23(c)所示。从承载力角度来看，少筋梁的截面尺寸过大，其承载力取决于混凝土的抗拉强度，不经济；破坏属脆性破坏，不安全。在土木工程中一般不允许采用少筋梁。

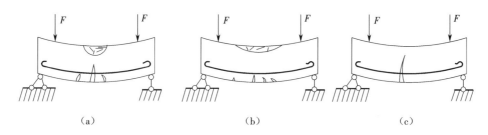

（a）　　　　　　　　　　（b）　　　　　　　　　　（c）

图3.23　梁的三种破坏形态

（a）适筋梁　（b）超筋梁　（c）少筋梁

3.3.3　梁的正截面承载力计算

1. 基本假设

受弯构件正截面承载力计算是以适筋梁Ⅲ$_a$阶段的应力、应变状态作为依据，为了便于计算,《混凝土结构设计规范》作了如下基本假设。

①截面应变保持平面。

②不考虑混凝土的抗拉强度。

③混凝土受压的应力与应变关系曲线按下列规定取用：

当 $\varepsilon_c \leqslant \varepsilon_0$ 时，

$$\sigma_c = f_c \left[1 - \left(1 - \frac{\varepsilon_c}{\varepsilon_0} \right)^n \right] \tag{3.8}$$

当 $\varepsilon_0 < \varepsilon_c \leqslant \varepsilon_{cu}$ 时，

$$\sigma_c = f_c \tag{3.9}$$

其中

$$n = 2 - \frac{1}{60}(f_{cu,k} - 50)$$

$$\varepsilon_0 = 0.002 + 0.5(f_{cu,k} - 50) \times 10^{-5}$$

$$\varepsilon_{cu} = 0.003\,3 + (f_{cu,k} - 50) \times 10^{-5}$$

式中　σ_c——混凝土压应变为 ε_c 时的混凝土压应力；

　　　f_c——混凝土轴心抗压强度设计值；

　　　ε_0——混凝土压应力刚达到 f_c 时的混凝土压应变,当计算的 ε_0 值小于 0.002 时,取为 0.002；

　　　ε_{cu}——正截面的混凝土极限压应变,当计算的 ε_{cu} 值大于 0.003 3 时,取 0.003 3；

　　　$f_{cu,k}$——混凝土立方体抗压强度标准值；

　　　n——系数,当计算的 n 值大于 2.0 时,取 2.0。

④纵向钢筋的应力取值等于钢筋应变与其弹性模量的乘积,但其绝对值不应大于其相应的强度设计值。纵向受拉钢筋的极限拉应变取为 0.01。

根据上述假设,受弯构件正截面受压区混凝土的应力图形可简化为等效的矩形应力图,见图 3.24(c)和(d),两个图形的等效条件为：①受压区混凝土的压应力合力 C 大小相等；②受压区压应力合力 C 的作用点位置不变。

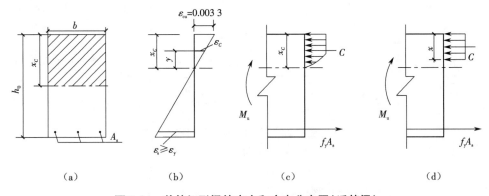

（a）　　　　　　　（b）　　　　　　　（c）　　　　　　　（d）

图 3.24　单筋矩形梁的应力和应变分布图(适筋梁)

（a)梁的横截面　（b)应变分布图

（c)实际应力分布图　（d)理论应力分布图

矩形应力图的受压区高度 x 等于按截面应变保持平面的假定所确定的中和轴高度乘以系数 β_1。当混凝土强度等级不超过 C50 时，β_1 取为 0.8；当混凝土强度等级为 C80 时，β_1 取为 0.74；其间按线性插值法确定。

矩形应力图的应力值等于混凝土轴心抗压强度设计值 f_c 乘以系数 α_1，如图 3.25 所示。当混凝土强度等级不超过 C50 时，α_1 取为 1.0；当混凝土强度等级为 C80 时，α_1 取为 0.94，其间按线性插值法确定。

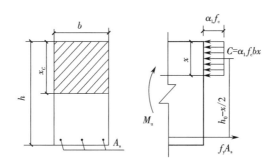

图 3.25　单筋矩形截面正截面计算应力图

2. 基本计算公式

第一，矩形截面或翼缘位于受拉边的倒 T 形截面受弯构件，其正截面受弯承载力应符合下列规定（图 3.26）。

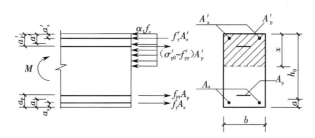

图 3.26　矩形截面受弯构件正截面受弯承载力计算

$$M \leqslant \alpha_1 f_c b x \left(h_0 - \frac{x}{2} \right) + f'_y A'_s (h_0 - a'_s) - (\sigma'_{p0} - f'_{py}) A'_p (h_0 - a'_p) \tag{3.10a}$$

混凝土受压区高度应按下式确定：

$$\alpha_1 f_c b x = f_y A_s - f'_y A'_s + f_{py} A_p + (\sigma'_{p0} - f'_{py}) A'_p \tag{3.10b}$$

混凝土受压区高度尚应符合下列条件：

$$x \leqslant \xi_b h_0 \tag{3.10c}$$

$$x \geqslant 2a' \tag{3.10d}$$

式中　M——弯矩设计值；

　　　α_1——系数，当混凝土强度等级不超过 C50 时，α_1 取为 1.0，当混凝土强度等级为 C80 时，α_1 取为 0.94，其间按线性插值法确定；

A_s、A'_s——受拉区、受压区纵向普通钢筋的截面面积；

A_p、A'_p——受拉区、受压区纵向预应力钢筋的截面面积；

f_y、f'_y——受拉区、受压区纵向钢筋抗压强度设计值，见表 3.11；

f_{py}、f'_{py}——受拉区、受压区纵向预应力钢筋抗压强度设计值，见表 3.12；

σ'_{p0}——受压区纵向预应力钢筋合力点处混凝土法向应力等于零时的预应力钢筋应力；

b——矩形截面的宽度或倒 T 形截面的腹板宽度；

h_0——截面有效高度；

a'_s、a'_p——受压区纵向普通钢筋合力点、预应力钢筋合力点至截面受压边缘的距离；

a'——受压区全部纵向钢筋合力点至截面受压边缘的距离，当受压区未配置纵向预应力钢筋或受压区纵向预应力钢筋应力（$\sigma'_{p0} - f'_{py}$）为拉应力时，$x \geq 2a'$ 中的 a' 用 a'_s 代替。

式(3.10a)、式(3.10b)是在适筋状态下得到的，《混凝土结构设计规范》规定基本公式必须满足下列适用条件。

①为防止出现超筋破坏，必须满足：

$$\xi \leq \xi_b \text{ 或 } x \leq x_b = \xi_b h_0$$

式中　ξ——截面相对受压区高度，$\xi = x/h_0$；

　　　ξ_b——界限相对受压区高度，$\xi_b = x_b/h_0$；

　　　x_b——界限破坏时的受压区实际高度，$x_b = \beta x_{cb}$。

界限相对受压区高度 ξ_b 是适筋状态和超筋状态相对受压区高度的界限值，也就是截面上受拉钢筋达到屈服强度，同时受压区混凝土边缘达到极限应变 ε_{cu} 时的相对受压区高度，此时的破坏状态称为界限破坏，相应的配筋率称为适筋梁的最大配筋率 ρ_b，根据平截面假定可求出 ξ_b，如表 3.20 所示。

表 3.20　界限相对受压区高度 ξ_b（$\leq$C50）

钢筋强度（MPa）	300	335	400	500
ξ_b	0.576	0.550	0.518	0.482
钢筋受拉强度设计值（MPa）	270	300	360	435

②为了防止少筋破坏，还应满足适用条件：

$$A_s \geq \rho_{min} bh$$

式中　ρ_{min}——受弯构件最小配筋率，查表 3.21。

最小配筋率 ρ_{min} 是适筋梁和少筋梁界限状态时的配筋率，其确定原则是钢筋混凝土受弯构件正截面受弯承载力与同截面素混凝土受弯构件计算所得的受弯承载力相等，此时钢筋混凝土梁的配筋率即为最小配筋率。

表 3.21　纵向受力钢筋的最小配筋率 $\rho_{\min}$ （%）

受力类型			最小配筋百分率
受压构件	全部纵向钢筋	强度等级 500 MPa	0.50
		强度等级 400 MPa	0.55
		强度等级 300 MPa、335 MPa	0.60
	一侧纵向钢筋		0.20
受弯构件、偏心受拉、轴心受拉构件一侧的受拉钢筋			0.20 和 $45f_t/f_y$ 中的较大者

注:①受压构件全部纵向钢筋最小配筋率,当采用 C60 以上强度等级的混凝土时,应按表中规定增加 0.10。

②板类受弯构件(不包括悬臂板)的受拉钢筋,当采用强度等级 400 MPa、500 MPa 的钢筋时,其最小配筋率应允许采用 0.15 和 $45f_t/f_y$ 中的较大值。

③偏心受拉构件中的受压钢筋,应按受压构件一侧纵向钢筋考虑。

④受压构件的全部纵向钢筋和一侧纵向钢筋的配筋率以及轴心受拉构件和小偏心受拉构件一侧受拉钢筋的配筋率均应按构件的全截面面积计算。

⑤受弯构件、大偏心受拉构件一侧受拉钢筋的配筋率应按全截面面积扣除受压翼缘面积 $(b_f' - b)h_f'$ 后的截面面积计算。

⑥当钢筋沿构件截面周边布置时,"一侧纵向钢筋"系指沿受力方向两个对边中一边布置的纵向钢筋。

　　满足以上两个适用条件,可保证所设计的梁为适筋梁。在适筋梁范围内,选用不同的截面尺寸和混凝土强度等级,钢筋的配筋率就不同。因此,选用截面尺寸时应使总的造价最低。在 $\rho_{\min}$ 和 ρ_b 之间存在一个比较经济的配筋率。根据设计经验,板的经济配筋率为 0.3% ~ 0.8%,单筋矩形梁的经济配筋率为 0.6% ~ 1.5%。设计中应尽量使配筋率处于经济配筋率范围之内。

　　第二,翼缘位于受压区的 T 形、I 形截面受弯构件(图 3.27),其正截面受弯承载力计算应分别符合下列规定。

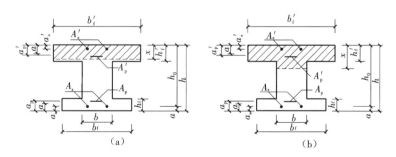

图 3.27　I 形截面受弯构件受压区高度位置

(a)$x \leqslant h_f'$　　(b)$x > h_f'$

①当满足下列条件时

$$f_y A_s + f_{py} A_p \leq \alpha_1 f_c b'_f h'_f + f'_y A'_s - (\sigma'_{p0} - f'_{py}) A'_p \tag{3.11a}$$

应按宽度为 b'_f 的矩形截面计算。

②当不满足式(3.11a)的条件时,应按下式计算:

$$M \leq \alpha_1 f_c b x \left(h_0 - \frac{x}{2} \right) + \alpha_1 f_c (b'_f - b) h'_f \left(h_0 - \frac{h'_f}{2} \right) + f'_y A'_s (h_0 - a'_s) - (\sigma'_{p0} - f'_{py}) A'_p (h_0 - a'_p)$$

$$\tag{3.11b}$$

混凝土受压区高度应按下式确定:

$$\alpha_1 f_c \left[b x + (b'_f - b) h'_f \right] = f_y A_s - f'_y A'_s + f_{py} A_p + (\sigma'_{p0} - f'_{py}) A'_p \tag{3.11c}$$

式中 h'_f——T 形、I 形截面受压区的翼缘高度;

b'_f——T 形、I 形截面受压区的翼缘计算宽度,按下一条规定确定。

按上述公式计算 T 形、I 形截面受弯构件时,混凝土受压区高度仍应符合式(3.10c)和式(3.10d)的要求。

第三,T 形、I 形及倒 L 形截面受弯构件位于受压区的翼缘计算宽度 b'_f 按表 3.22 所列情况中的最小值取用。

表 3.22　受弯构件受压区翼缘计算宽度 b'_f

	情况	T 形、I 形截面	倒 L 形截面	
		肋形梁(板)	独立梁	肋形梁(板)
1	按计算跨度 l_0 考虑	$l_0/3$	$l_0/3$	$l_0/6$
2	按梁(肋)净距 s_n 考虑	$b + s_n$	—	$b + s_n/2$
3	按翼缘高度 h'_f 考虑	$b + 12h'_f$	b	$b + 5h'_f$

注:①表中 b 为梁的腹板高度。

②肋形梁在梁跨内设有间距小于纵肋间距的横肋时,可不考虑表中情况 3 的规定。

③加腋的 T 形、I 形和倒 L 形截面(图 3.28),当受压区加腋的高度 h_h 不小于 h'_f 且加腋的长度 b_h 不大于 $3h_h$ 时,其翼缘计算宽度可按表中情况 3 的规定分别增加 $2b_h$(T 形、I 形截面)和 b_h(倒 L 形截面)。

④独立梁受压区的翼缘板在荷载作用下经验算沿纵肋方向可能产生裂缝时,其计算宽度应取腹板宽度 b。

第四,受弯构件正截面受弯承载力计算,应符合式(3.10c)的要求。当按构造要求或按正常使用极限状态验算要求配置的纵向受拉钢筋截面面积大于受弯承载力要求的配筋面积时,按式(3.10b)或式(3.11c)计算的混凝土受压区高度 x,可仅计入受弯承载力条件所需的纵向受拉钢筋截面面积。

第五,当计算中计入纵向普通受压钢筋时,应满足式(3.10d)的条件;当不满足此条件时,正截面受弯承载力应符合下列规定:

$$M \leq f_{py} A_p (h - a_p - a'_s) + f_y A_s (h - a_s - a'_s) + (\sigma'_{p0} - f'_{py}) A'_p (a'_p - a'_s) \tag{3.12}$$

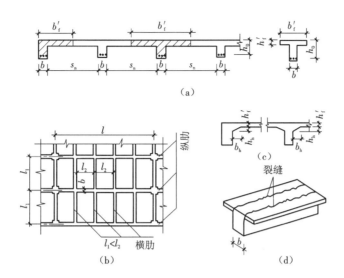

图 3.28　有加腋的 T 形和倒 L 形截面

(a)T 形截面　(b)平面图　(c)加腋倒 L 形和 T 形截面　(d)独立 T 形截面

式中　a_s、a_p——受拉区纵向普通钢筋、预应力筋至受拉边缘的距离。

3.单筋矩形截面梁计算

只在矩形截面的受拉区配置纵向受力钢筋的受弯构件,称为单筋矩形截面受弯构件。

(1)截面设计

1)截面设计的内容

截面设计的内容包括选择材料强度设计值,确定截面尺寸,荷载清理,求出内力,然后计算钢筋用量。

2)公式法设计的步骤

①确定材料强度设计值。

②选取截面尺寸及截面有效高度 h_0。

③计算弯矩设计值 M。

④计算受压区高度 x 及钢筋截面面积 A_s,此时可按 $M = M_u$ 计算。

由式(3.10a)得

$$x = h_0 - \sqrt{h_0^2 - 2\gamma_0 M/(\alpha_1 f_c b)} \tag{3.13}$$

注意:在确定截面有效高度 h_0 时,若无实践经验和可供参考的设计实例,纵向钢筋可先按一排考虑。计算不合适时再重新调整和计算。

当 $x < \varepsilon_b h_0$ 时,由式(3.10b)得

$$A_s = \frac{\alpha_1 f_c b x}{f_y} \tag{3.14}$$

当 $x \geqslant \varepsilon_b h_0$ 时,是超筋梁,说明所取截面偏小,需加大截面,如截面受限制也可采用双筋截面。取 $x_b = \varepsilon_b h_0$,此时

$$A_s = \frac{\alpha_1 f_c b x_b}{f_y} = \frac{\alpha_1 f_c b \varepsilon_b h_0}{f_y} \tag{3.15}$$

⑤验算最小配筋率：

$$A_s \geqslant \rho_{min} bh \text{ 或 } \rho \geqslant \rho_{min} \frac{h}{h_0} \tag{3.16}$$

⑥选择钢筋。如果依据 A_s 选出的钢筋直径合适而根数一排放不下时，就需要重新确定 h_0，重新计算 A_s。

3）截面设计的要求

设计的截面应经济合理、安全可靠，达不到这些要求时，要调整材料或截面尺寸重新设计。

4）截面设计示例

【例 3.5】如图 3.29 所示钢筋混凝土简支梁，结构安全等级 Ⅱ 级，承受恒荷载标准值 $g_k = 5$ kN/m，活荷载标准值 $q_k = 9$ kN/m，采用 C30 混凝土及 HRB400 级钢筋，试确定梁的截面尺寸并配置纵向受拉钢筋。

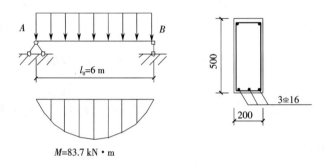

图 3.29　简支梁受力图

解：①查表得有关设计计算数据如下。

$f_c = 14.3$ N/mm²，$f_t = 1.43$ N/mm²，$f_y = 360$ N/mm²，结构重要性系数 $\gamma_0 = 1.0$，$\xi_b = 0.518$，

$\rho_{min} = 0.20\%$（取 0.2% 与 $\frac{45 \times f_t}{f_y}\% = \frac{45 \times 1.43}{360}\% = 0.179\%$ 中的较大值）。

荷载由可变荷载效应控制，荷载分项系数：$\gamma_G = 1.2$，$\gamma_Q = 1.4$。

②查表 3.18 选定截面尺寸：

$$h = \frac{l_0}{12} = \frac{6\,000}{12} = 500 \text{ mm}; b = \frac{h}{2.5} = \frac{500}{2.5} = 200 \text{ mm}$$

③内力计算。

由荷载效应设计值 $S = \gamma_0 (\gamma_G S_{G_k} + \gamma_Q \gamma_L S_Q)$ 得

$$M = 1.0 \times \left(1.2 \times \frac{1}{8} \times 5 \times 6^2 + 1.4 \times \frac{1}{8} \times 9 \times 6^2\right)$$

$$= 83.7 \text{ kN} \cdot \text{m}$$

④设纵向受拉钢筋按一排布置，则 $h_0 = h - a_s = 500 - 40 = 460$ mm。

⑤由式(3.13)得

$$x = h_0 - \sqrt{h_0^2 - 2\gamma_0 M/(\alpha_1 f_c b)} = 460 - \sqrt{460^2 - 2 \times 83.7 \times 10^6/(14.3 \times 200)}$$

$$= 68.8 \text{ mm} < \varepsilon_b h_0 = 0.518 \times 460 = 238.3 \text{ mm}$$

满足适用条件。

$$A_s = \frac{\alpha_1 f_c bx}{f_y} = \frac{14.3 \times 200 \times 68.8}{360} = 547 \text{ mm}^2$$

$$A_s = 547 \text{ mm}^2 > \rho_{min} bh = 0.20\% \times 200 \times 500 = 200 \text{ mm}^2$$

满足适用条件。

⑥选配 3 $\underline{\Phi}$ 16，实际配筋面积 $A_s = 603 \text{ mm}^2$，配筋图如图 3.29 所示。

5）系数法设计步骤

从例 3.5 可看出，用公式法设计截面，由于数值较大，运算不便。而将基本公式编成计算系数进行计算则较为方便。其编制过程及公式说明如下。

将 $\xi = x/h_0$ 代入式（3.10a）得

$$M = \alpha_1 f_c b \frac{x}{h_0} h_0 (h_0 - 0.5x) = \alpha_1 f_c b h_0^2 \xi(1 - 0.5\xi) = \alpha_1 \alpha_s f_c b h_0^2 \tag{3.17}$$

式中：$\alpha_s = \xi(1 - 0.5\xi)$，$\alpha_s$ 称为截面抵抗矩系数。

令 $\gamma_s = \dfrac{z}{h_0}$，即 $\gamma_s = 1 - 0.5\xi$，γ_s 称为内力臂系数。

由式（3.17）得

$$\alpha_s = \frac{M}{\alpha_1 f_c b h_0^2} \tag{3.18}$$

由式（3.13）得

$$\xi = 1 - \sqrt{1 - 2\alpha_s} \tag{3.19}$$

若 $\xi \leqslant \xi_b$，则

$$A_s = \frac{\alpha_1 f_c b \xi h_0}{f_y} \tag{3.20}$$

若 $\xi > \xi_b$，超筋，取 $\xi = \xi_b$，则

$$A_s = \frac{\alpha_1 f_c b \xi_b h_0}{f_y} \tag{3.21}$$

故用系数法设计截面的步骤如下：

①由式（3.18）求出 α_s；

②由式（3.19）求出 ξ，并判别；

③由式（3.20）或式（3.21）求出 A_s；

④验算适用条件；

⑤选择钢筋。

α_s、γ_s 均仅与受压区相对高度 ξ 有关，由其可制成表格以供查阅，详见表 3.23。

表 3.23　钢筋混凝土矩形和 T 形截面受弯构件强度计算表

ξ	γ_s	α_s	ξ	γ_s	α_s
0.01	0.995	0.010	0.32	0.840	0.269
0.02	0.990	0.020	0.33	0.835	0.273
0.03	0.985	0.030	0.34	0.830	0.282
0.04	0.980	0.039	0.35	0.825	0.289
0.05	0.975	0.048	0.36	0.820	0.295
0.06	0.970	0.058	0.37	0.815	0.301
0.07	0.965	0.068	0.38	0.810	0.309
0.08	0.960	0.077	0.39	0.805	0.314
0.09	0.955	0.085	0.40	0.800	0.320
0.10	0.950	0.095	0.41	0.795	0.326
0.11	0.945	0.104	0.42	0.790	0.332
0.12	0.940	0.113	0.43	0.785	0.337
0.13	0.935	0.121	0.44	0.780	0.343
0.14	0.930	0.130	0.45	0.775	0.349
0.15	0.925	0.139	0.46	0.770	0.354
0.16	0.920	0.147	0.47	0.765	0.359
0.17	0.915	0.155	0.48	0.760	0.365
0.18	0.910	0.164	0.49	0.755	0.370
0.19	0.905	0.172	0.50	0.750	0.375
0.20	0.900	0.180	0.51	0.745	0.380
0.21	0.895	0.188	0.518	0.741	0.384
0.22	0.890	0.196	0.52	0.740	0.385
0.23	0.885	0.203	0.53	0.735	0.390
0.24	0.880	0.211	0.54	0.730	0.394
0.25	0.875	0.219	0.55	0.725	0.400
0.26	0.870	0.226	0.56	0.720	0.403
0.27	0.865	0.234	0.57	0.715	0.408
0.28	0.860	0.241	0.58	0.710	0.412
0.29	0.855	0.248	0.59	0.705	0.416
0.30	0.850	0.255	0.60	0.700	0.420
0.31	0.845	0.262	0.614	0.693	0.426

注：$M = \alpha_s \alpha_1 f_c b h_0^2$，$\xi = \dfrac{x}{h_0} = \dfrac{A_s f_y}{a_1 f_c b h_0}$，$A_s = \dfrac{M}{\gamma_s f_y h_0}$ 或 $A_s = \xi b h_0 \dfrac{\alpha_1 f_c}{f_y}$。

6）系数法设计示例

【例 3.6】用系数法计算例 3.5 的纵向钢筋数量。

解：① 由式（3.18）求 α_s。

$$\alpha_s = M/(\alpha_1 f_c b h_0^2) = 83.7 \times 10^6/(1.0 \times 14.3 \times 200 \times 460^2) = 0.138$$

② 由式（3.19）求 ξ。

$$\xi = 1 - \sqrt{1 - 2\alpha_s} = 1 - \sqrt{1 - 2 \times 0.138} = 0.149$$

判别 ξ,$\xi = 0.149 \leqslant 0.518$,不超筋。

③将 ξ 代入式(3.20)中,得

$$A_s = \alpha_1 \xi b h_0 f_c / f_y = 1.0 \times 0.149 \times 200 \times 460 \times 14.3/360 = 545 \ \text{mm}^2$$

④验算最小配筋率。

$$A_s = 545 \ \text{mm}^2 > \rho_{min} bh = 0.20\% \times 200 \times 500 = 200 \ \text{mm}^2$$

满足最小配筋率要求。

⑤选筋:选配 3 ⊕ 16,实际配筋面积 $A_s = 603 \ \text{mm}^2$。

从例3.5和例3.6可以看出,用系数法求钢筋截面比较简单,并且两种方法计算的结果是一致的。因此,实际应用时多采用系数法进行设计计算。

技术提示:截面设计时,若求得 $\xi > \xi_b$,则应增大截面尺寸或提高混凝土强度等级;若求得 $A_s < \rho_{min} bh$,则应按 $A_s = \rho_{min} bh$ 配筋。

(2)承载力复核

已知:梁截面尺寸 $b \times h$,材料设计强度值 f_c、f_y,钢筋截面面积 A_s,求截面所能承受的最大弯矩 M_u;或已知设计弯矩 M,复核截面是否安全。

复核承载力步骤如下。

①求梁的有效截面高度 h_0。

②根据实际配筋求出截面的相对受压区高度 ξ。

③验算适用条件:$A_s > \rho_{min} bh$。

④若 $\xi \leqslant \xi_b$,计算出相应的 α_s 代入式(3.17)求出 M_u;若 $\xi > \xi_b$,表明配筋过多,为超筋梁,取 $M = \alpha_1 f_c b h_0^2 \xi_b (1 - 0.5\xi_b)$,将求出的 M_u 与设计弯矩 M 比较,确定正截面承载力是否安全。

【例3.7】已知梁截面尺寸 $b \times h = 250 \ \text{mm} \times 500 \ \text{mm}$,混凝土强度等级 C30,钢筋采用 HRB400 级,受拉钢筋为 4 ⊕ 18($A_s = 1\ 017 \ \text{mm}^2$),构件安全等级为 Ⅱ 级,弯矩设计值 $M = 106$ kN·m,试验算梁的正截面承载力是否安全。

解:①查表得 $f_c = 14.3 \ \text{N/mm}^2$,$f_y = 360 \ \text{N/mm}^2$,结构重要性系数 $\gamma_0 = 1.0$,$\xi_b = 0.518$,ρ_{min}

$= 0.20\%$(取 0.2% 与 $\dfrac{45 \times f_t}{f_y}\% = \dfrac{45 \times 1.43}{360}\% = 0.179\%$ 中的较大值)。

梁截面有效高度:

$$h_0 = h - a_s = 500 - 40 = 460 \ \text{mm}$$

②求相对受压区高度:

$$\xi = \frac{A_s f_y}{\alpha_1 f_c b h_0} = \frac{1\ 017 \times 360}{1.0 \times 14.3 \times 250 \times 460} = 0.223$$

③验算适用条件:

$$\xi = 0.223 < \xi_b = 0.518$$

$$A_s = 1\ 017 \ \text{mm}^2 > \rho_{min} bh = 0.20\% \times 250 \times 500 = 250 \ \text{mm}^2$$

④求 α_s：

$$\alpha_s = \xi(1 - 0.5\xi) = 0.223 \times (1 - 0.5 \times 0.223) = 0.198$$

则

$$M_u = \alpha_s \alpha_1 f_c b h_0^2 = 0.198 \times 1.0 \times 14.3 \times 250 \times 460^2 = 149.8 \times 10^6 \text{ N} \cdot \text{mm}$$

$$= 149.8 \text{ kN} \cdot \text{m} > M = 106 \text{ kN} \cdot \text{m}$$

故该梁正截面承载力满足要求。

【例3.8】 某钢筋混凝土雨篷，雨篷剖面图如图3.30(a)所示，采用 C30 混凝土，HPB300 级钢筋，雨篷板外端承受集中施工或检修活荷载标准值 $Q_k = 1$ kN/m，构件安全等级为 Ⅱ 级，试确定雨篷的配筋。

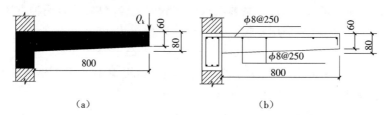

（a）　　　　　　　　　　　　（b）

图 3.30　雨篷

（a）剖面图　（b）配筋图

解： ①查表得 $f_c = 14.3$ N/mm²，$f_y = 270$ N/mm²，结构重要性系数 $\gamma_0 = 1.0$，$\xi_b = 0.576$，$\rho_{\min}$

$= 0.212\%$（取 0.2% 与 $\dfrac{45 \times f_t}{f_y}\% = \dfrac{45 \times 1.27}{270}\% = 0.212\%$ 中的较大值）

荷载分项系数：$\gamma_G = 1.2$，$\gamma_Q = 1.4$。

截面有效高度：

$$h_0 = h - 20 = 80 - 20 = 60 \text{ mm}$$

②内力计算：取板宽 $b = 1\,000$ mm 为计算单元，按平均板厚计算荷载。

	板厚	×材料密度×板宽	=线荷载
水泥砂浆抹灰：	0.02 m	×20 kN/m³×1 m	=0.4 kN/m
混凝土板自重：	(0.08 + 0.06)/2 m×24 kN/m³×1 m		=1.68 kN/m
石灰砂浆抹板底：	0.02 m	×17 kN/m³×1 m	=0.34 kN/m

恒荷载标准值：　$g_k = (0.4 + 1.68 + 0.34) \text{kN/m} = 2.42$ kN/m

活荷载标准值：　$Q_k = 1$ kN/m

弯矩设计值：

$$M = \gamma_0 \left(\frac{1}{2} \times \gamma_G g_k l_0^2 + \gamma_Q Q_k l_0 \right)$$

$$= 1.0 \times \left(\frac{1}{2} \times 1.2 \times 2.42 \times 0.8^2 + 1.4 \times 1 \times 0.8 \right) = 2.05 \text{ kN} \cdot \text{m}$$

③计算 α_s。

$$\alpha_s = M/(\alpha_1 f_c b h_0^2) = 2.05 \times 10^6/(1.0 \times 14.3 \times 1\,000 \times 60^2) = 0.040$$

④由式(3.19)求 ξ。

$$\xi = 1 - \sqrt{1 - 2\alpha_s} = 1 - \sqrt{1 - 2 \times 0.040} = 0.041$$

⑤将 ξ 代入式(3.20)中得

$$A_s = \alpha_1 \xi b h_0 f_c / f_y = 1.0 \times 0.041 \times 1\,000 \times 60 \times 14.3 / 270 = 130 \text{ mm}^2$$

⑥验算适用条件。

$$\xi = 0.041 < \xi_b = 0.576$$

$$A_s = 130 \text{ mm}^2 < \rho_{\min} bh = 0.212\% \times 1\,000 \times 80 = 169.6 \text{ mm}^2$$

取 $A_s = \rho_{\min} bh = 169.6 \text{ mm}^2$。

⑦选筋:查附表 C 选用 $\phi 8@250$,实际配筋面积 $A_s = 201 \text{ mm}^2$。

其配筋图如图 3.30(b)所示。

4. 双筋矩形截面梁计算

双筋截面即在截面的受压区配置纵向受压钢筋以补充受压能力的不足。梁中利用钢筋承担压力是不经济的。因此,双筋截面仅适用于以下三种情况。

①梁承受的弯矩设计值 M 较大,采用单筋矩形截面不能满足适用条件式(3.12)的要求,截面尺寸受到建筑净空的限制不能加高,而混凝土强度等级也受到施工条件限制不便提高,以致用单筋梁出现超筋。

②当梁的同一截面内受变向弯矩时。在这种构件中,为了承受正负弯矩分别作用时截面出现的拉力,必须在梁的顶部及底部设置钢筋,因而形成双筋截面。

③因构造要求在截面的受压区已配有受压钢筋时。配置一定数量的受压钢筋,可以改善截面的变形能力,有利于提高截面的延性,因而在抗震设计中要求框架梁必须配置一定比例的纵向受压钢筋。

试验表明,只要满足适筋梁的条件,双筋截面梁的破坏形式与单筋矩形截面适筋梁的塑性破坏特征基本相同,即受拉钢筋首先屈服,随后受压区边缘混凝土达到极限压应变而被压碎。

双筋矩形截面梁与单筋矩形截面梁的基本假定是相同的,且普通受压钢筋的抗压设计强度与其抗拉设计强度也相同,但应该采取相应措施保证受压钢筋充分发挥其作用。

(1)基本计算公式

基本计算公式见式(3.10a)至式(3.10d)。

(2)截面设计

矩形截面双筋梁的截面设计有两种情况。

1)情况一

已知截面尺寸 $b \times h$,材料强度等级 f_c、f_y、f'_y,弯矩设计值 M,求构件截面所需的纵向受压、受拉钢筋截面面积 A'_s 及 A_s。

由基本公式(3.10a)和(3.10b)知,这时有 x、A'_s 及 A_s 三个未知数,两个基本方程无法求解,应补充一个条件才能求解。为了节约钢筋,充分发挥混凝土的抗压性能,引入补充方程 $x = \xi_b h_0$ 或 $\xi = \xi_b$,代入基本公式可求得 A'_s 及 A_s,并使截面钢筋总量($A'_s + A_s$)为最少。

设计步骤如下。

①先按单筋矩形截面求 $\alpha_s = \dfrac{M}{\alpha_1 f_c b h_0^2}$,若 $\alpha_s \leq \alpha_{s,\max}$,说明此时不需要按双筋矩形截面设计,

按单筋矩形截面求出 A_s 即可。

②若 $\alpha_s > \alpha_{s,max}$，说明应按双筋矩形截面设计，补充方程 $x = \xi_b h_0$ 或 $\xi = \xi_b$ 代入基本方程可求得：

$$A'_s = \frac{M - \alpha_{s,max}\alpha_1 f_c b h_0^2}{f'_y(h_0 - a'_s)} \geqslant \rho'_{min} b h \tag{3.22}$$

$$A_s = \frac{\alpha_1 f_c \xi_b b h_0 + f'_y A'_s}{f_y} \geqslant \rho_{min} b h \tag{3.23}$$

2）情况二

已知截面尺寸 $b \times h$，材料强度等级 f_c、f_y、f'_y，纵向受压钢筋截面面积 A'_s，弯矩设计值 M，求构件截面所需的纵向受拉钢筋截面面积 A_s。

由基本公式(3.10a)和(3.10b)知，这时只有 x、A_s 两个未知数，可用基本公式直接求解。设计步骤如下。

①求 α_s。

$$\alpha_s = \frac{M - f'_y A'_s(h_0 - a'_s)}{\alpha_1 f_c b h_0^2} \tag{3.24}$$

②验算 $\alpha_s \leqslant \alpha_{s,max}$。若 $\alpha_s > \alpha_{s,max}$，说明给定的纵向受压钢筋 A'_s 太小，应按 A'_s 未知的情况一重新设计求 A'_s 及 A_s。

③若满足 $\alpha_s \leqslant \alpha_{s,max}$，由 α_s 查表 3.23 得 ξ，$x = \xi h_0$。

当 $x \geqslant 2a'_s$ 时，代入式(3.10a)求得

$$A_s = \frac{\alpha_1 f_c b \xi h_0 + f'_y A'_s}{f_y} \geqslant \rho_{min} b h \tag{3.25}$$

当 $x < 2a'_s$ 时，取 $x = 2a'_s$ 得

$$A_s = \frac{M}{f_y(h_0 - a'_s)} \tag{3.26}$$

【例 3.9】已知某梁截面尺寸 $b \times h = 250 \text{ mm} \times 500 \text{ mm}$，混凝土强度等级为 C30，采用 HRB400 级钢筋，该梁跨中截面承受弯矩设计值 $M = 320 \text{ kN} \cdot \text{m}$，试设计该梁截面配筋。

解：①验算是否用双筋。

查相关表得：$\alpha_1 = 1.0$，$f_c = 14.3 \text{ N/mm}^2$，$f_y = f'_y = 360 \text{ N/mm}^2$，$\xi_b = 0.518$。

假设钢筋排成两排，则 $h_0 = 500 - 60 = 440 \text{ mm}$，先按单筋矩形截面求 α_s。

$$\alpha_s = \frac{M}{\alpha_1 f_c b h_0^2} = \frac{320 \times 10^6}{1.0 \times 14.3 \times 250 \times 440^2} = 0.462 > \alpha_{s,max} = \xi_b(1 - 0.5\xi_b) = 0.384$$

故应采用双筋截面。

②按式(3.22)求 A'_s。

$$A'_s = \frac{M - \alpha_{s,max}\alpha_1 f_c b h_0^2}{f'_y(h_0 - a'_s)} = \frac{320 \times 10^6 - 0.384 \times 1.0 \times 14.3 \times 250 \times 440^2}{360 \times (440 - 40)}$$

$$= 376.6 \text{ mm}^2 > \rho'_{min} b h = 0.002 \times 250 \times 500 = 250 \text{ mm}^2$$

③按式(3.23)求 A_s。

$$A_s = \frac{\alpha_1 f_c b \xi_b h_0 + f_y' A_s'}{f_y} = \frac{1.0 \times 14.3 \times 250 \times 0.518 \times 440 + 360 \times 376.6}{360}$$

$$= 2\,640 \text{ mm}^2 > \rho_{min} bh = 0.002 \times 250 \times 500 = 250 \text{ mm}^2$$

④选用钢筋。受压钢筋 2 $\underline{\Phi}$ 16($A_s' = 402$ mm^2),受拉钢筋 4 $\underline{\Phi}$ 22 + 4 $\underline{\Phi}$ 20($A_s = 2\,776$ mm^2),配筋见图 3.31。

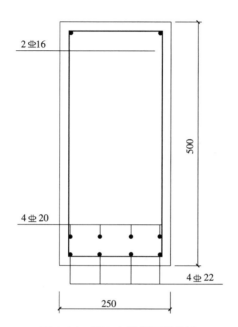

图 3.31　例 3.9 的截面配筋图

【**例 3.10**】已知数据同例 3.9,但在受压区已配有钢筋 3 $\underline{\Phi}$ 18($A_s' = 763$ mm^2),试计算该梁截面受拉钢筋的截面面积。

解:由式(3.24)得

$$\alpha_s = \frac{M - f_y' A_s'(h_0 - a_s')}{\alpha_1 f_c b h_0^2} = \frac{320 \times 10^6 - 360 \times 763 \times (440 - 40)}{1.0 \times 14.3 \times 250 \times 440^2} = 0.304 < \alpha_{s,max} = 0.384$$

由 α_s 查表 3.23 得 $\xi = 0.374$,$x = \xi h_0 = 164.56$ mm $> 2a_s' = 80$ mm。

由式(3.25)得

$$A_s = \frac{\alpha_1 f_c b \xi h_0 + f_y' A_s'}{f_y} = \frac{1.0 \times 14.3 \times 250 \times 0.374 \times 440 + 360 \times 763}{360} = 2\,397 \text{ mm}^2 \geqslant \rho_{min} bh$$

比较以上两例可以看出,例 3.9 充分利用混凝土的抗压性能,截面总钢筋用量 $A_s' + A_s$ = 376.6 + 2 640 = 3 016.6 mm^2,比例 3.10 的计算截面总钢筋用量 $A_s' + A_s$ = 763 + 2 397 = 3 160 mm^2 为省。

(3)截面复核

截面复核是在截面尺寸 $b \times h$,材料强度等级 f_c、f_y、f_y',纵向受拉、纵向受压钢筋截面面积 A_s、A_s' 均已知的情况下,求此截面所能承受的极限弯矩 M_u,验算 M_u 是否大于荷载设计值所产

生的作用效应 M。

基本步骤如下。

①由式(3.10b)求出 x。

$$x = \frac{f_y A_s - f'_y A'_s}{\alpha_1 f_c b} \qquad (3.27)$$

②验算 $2a'_s \leq x \leq \xi_b h_0$，并求 M_u。

情况一：当 $2a'_s \leq x \leq \xi_b h_0$ 时，

$$M_u = \alpha_1 f_c bx \left(h_0 - \frac{x}{2} \right) + f'_y A'_s (h_0 - a'_s)$$

情况二：若 $x > \xi_b h_0$，取 $x = \xi_b h_0$，则

$$M_u = \alpha_1 f_c b h_0^2 \xi_b (1 - 0.5\xi_b) + f'_y A'_s (h_0 - a'_s)$$
$$= \alpha_{s,max} \alpha_1 f_c b h_0^2 + f'_y A'_s (h_0 - a'_s) \qquad (3.28)$$

情况三：若 $x < 2a'_s$，取 $x = 2a'_s$，得

$$M_u = f_y A_s (h_0 - a'_s) \qquad (3.29)$$

③当 $M \leq M_u$ 时，截面承载力满足要求。

【例3.11】已知某梁截面尺寸 $b \times h = 250\ \text{mm} \times 450\ \text{mm}$，混凝土强度等级为 C30，采用 HRB400 级钢筋，已配受压钢筋 2 Φ 18($A'_s = 509\ \text{mm}^2$)，受拉钢筋 4 Φ 20($A_s = 1\ 256\ \text{mm}^2$)，属一类环境，试求该梁所能承受的最大弯矩设计值 M_u。

解：查相关表得 $\alpha_1 = 1.0$，$f_c = 14.3\ \text{N/mm}^2$，$f_y = f'_y = 360\ \text{N/mm}^2$，混凝土保护层厚度 $c = 20\ \text{mm}$，假设箍筋直径为 8 mm，纵向受力钢筋排成一排，则 $h_0 = 450 - 20 - 8 - 20/2 = 412\ \text{mm}$。

由式(3.27)求得

$$x = \frac{f_y A_s - f'_y A'_s}{\alpha_1 f_c b} = \frac{360 \times 1\ 256 - 360 \times 509}{1.0 \times 14.3 \times 250} = 75.2\ \text{mm}$$

$$x < \xi_b h_0 = 0.518 \times 412 = 213.42\ \text{mm}$$

$$x > 2a'_s = 2 \times (20 + 8 + 18/2) = 74\ \text{mm}$$

符合情况一，则

$$\begin{aligned} M_u &= \alpha_1 f_c bx \left(h_0 - \frac{x}{2} \right) + f'_y A'_s (h_0 - a'_s) \\ &= 1.0 \times 14.3 \times 250 \times 75.2 \times (412 - 75.2/2) + 360 \times 509 \times (412 - 37) \\ &= 169.37 \times 10^6\ \text{N} \cdot \text{mm} \\ &= 169.37\ \text{kN} \cdot \text{m} \end{aligned}$$

5. T 形截面梁计算

(1)T 形截面梁的认知

在矩形截面受弯构件的正截面承载力计算中，没有考虑受拉区混凝土的强度。对于截面宽度较大的矩形截面构件，可将受拉区两侧的混凝土挖去一部分(图3.31)形成 T 形截面，这样可节省混凝土、减轻构件自重，而承载力基本保持不变，取得较好的经济效果。

图3.32 中，T 形截面的伸出部分称为翼缘，其厚度为 h'_f、宽度为 b'_f，翼缘以下部分称为肋，

肋的宽度用 b 表示，T 形截面总高度用 h 表示。由于不考虑受拉区翼缘混凝土受力，因此 T 形截面按宽度为 b_f' 的矩形截面计算，倒 T 形截面按宽度为 b 的矩形截面计算，工字形截面按 T 形截面计算。

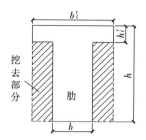

图 3.32　T 形梁的截面尺寸

常见的吊车梁、槽形板、预应力空心板、肋形楼盖中的梁等均为 T 形截面受弯构件，如图 3.33 所示。

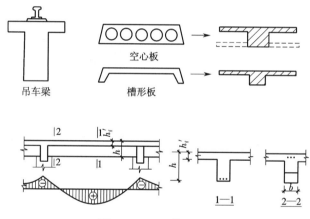

图 3.33　T 形截面构件

梁板整体现浇楼盖、肋形楼盖中的连续梁，其翼缘是由板形成的，对于跨中截面，翼缘位于截面受压区，按 T 形截面计算；而支座截面处由于承受负弯矩，翼缘位于截面受拉区，应按矩形截面计算。

试验及理论分析表明，T 形截面受力时，翼缘的压应力沿翼缘宽度方向的分布是不均匀的，距肋部越远翼缘参与受力越小，如图 3.34(a)、(c) 所示。因此，与肋部共同工作的翼缘宽度是有限的。为了简化计算，假定距肋部一定范围以内的翼缘全部参与工作，且在此宽度范围内的应力分布是均匀的，而在此范围以外的部分，完全不参与受力，如图 3.34(b)、(d) 所示。这个宽度称为翼缘的计算宽度 b_f'。《混凝土结构设计规范》规定，b_f' 应按表 3.22 中规定的最小值取用。

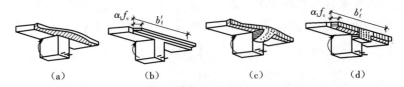

图 3.34　T 形截面翼缘的应力分布和计算宽度

（a）（c）受力图　（b）（d）简化图

（2）基本公式

1）T 形截面的计算类型

T 形截面受弯构件，根据中和轴所在位置的不同可分为两种类型。

第一类：中和轴在翼缘内，$x \leqslant h_\mathrm{f}'$，如图 3.35（a）所示。

第二类：中和轴在梁肋内，$x > h_\mathrm{f}'$，如图 3.35（b）所示。

为了判别 T 形截面受弯构件的两种不同类型，以中和轴恰好在翼缘下边缘的临界情况进行判别，如图 3.36 所示，即 $x = h_\mathrm{f}'$。

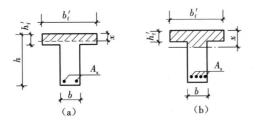

图 3.35　两类 T 形截面

（a）中和轴在翼缘内　（b）中和轴在梁肋内

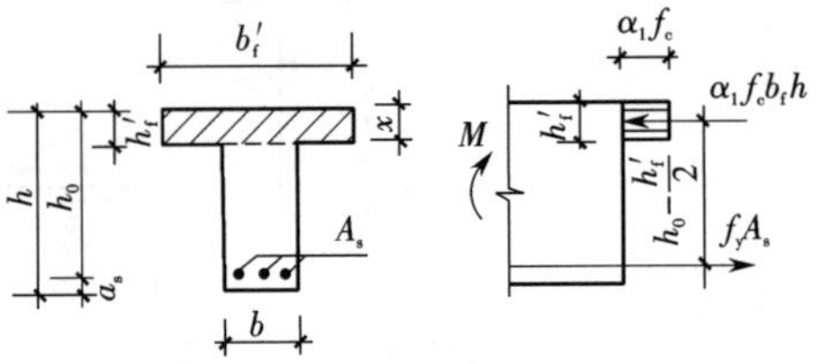

图 3.36　两类 T 形截面的界限

由平衡条件得

$$\sum N = 0 \qquad f_\mathrm{y} A_\mathrm{s} = \alpha_1 f_\mathrm{c} b_\mathrm{f}' h_\mathrm{f}' \tag{3.30}$$

$$\sum M = 0 \qquad M = \alpha_1 f_\mathrm{c} b_\mathrm{f}' h_\mathrm{f}' \left(h_0 - \frac{h_\mathrm{f}'}{2} \right) \tag{3.31}$$

判别 T 形截面梁的方法如下。

在截面设计时，若弯矩设计值已知，判别式如下。

第一类 T 形截面

$$M \leqslant \alpha_1 f_\mathrm{c} b_\mathrm{f}' h_\mathrm{f}' \left(h_0 - \frac{h_\mathrm{f}'}{2} \right) \tag{3.32a}$$

第二类 T 形截面

$$M > \alpha_1 f_\mathrm{c} b_\mathrm{f}' h_\mathrm{f}' \left(h_0 - \frac{h_\mathrm{f}'}{2} \right) \tag{3.32b}$$

在截面复核时，若截面配筋已知，判别式如下。

第一类 T 形截面

$$f_\mathrm{y} A_\mathrm{s} \leqslant \alpha_1 f_\mathrm{c} b_\mathrm{f}' h_\mathrm{f}' \tag{3.33a}$$

第二类 T 形截面

$$f_y A_s > \alpha_1 f_c b'_f h'_f \tag{3.33b}$$

2）第一类 T 形截面梁计算公式：

第一类 T 形截面梁计算简图如图 3.37 所示，由平衡条件可得如下基本公式：

$$f_y A_s = \alpha_1 f_c b'_f x \tag{3.34}$$

$$M = \alpha_1 f_c b'_f x \left(h_0 - \frac{x}{2} \right) \tag{3.35}$$

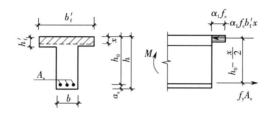

图 3.37　第一类 T 形截面计算简图

基本公式的适用条件：①$A_s \geqslant \rho_{\min} bh$；②$x \leqslant \xi_b h_0$。这两个条件一般都能满足，可不验算。

技术提示：T 形截面验算最小配筋率时应采用截面肋宽 b，而不是受压翼缘宽度 b'_f。

3）第二类 T 形截面梁计算公式

第二类 T 形截面梁计算简图如图 3.38 所示，由平衡条件可得基本公式如下：

$$f_y A_s = \alpha_1 f_c bx + \alpha_1 f_c (b'_f - b) h'_f \tag{3.36}$$

$$M = \alpha_1 f_c bx \left(h_0 - \frac{x}{2} \right) + \alpha_1 f_c (b'_f - b) h'_f \left(h_0 - \frac{h'_f}{2} \right) \tag{3.37}$$

基本公式的适用条件：①$A_s \geqslant \rho_{\min} bh$，此条件一般都能满足，可不验算；②$x \leqslant \xi_b h_0$，此条件需要验算。

与双筋矩形截面类似，T 形截面梁所承担的弯矩设计值 M_u 可分为两部分：第一部分是由受压区混凝土和与其相应的受拉钢筋 A_{s1} 所形成的承载力设计值 M_{u1}，如图 3.38（b）所示，相当于单筋矩形截面的受弯承载力；第二部分是由翼缘的受压混凝土和与其相应的受拉钢筋 A_{s2} 所形成的承载力设计值 M_{u2}，如图 3.38（c）所示。

（3）基本公式的应用

1）截面设计

截面设计时，构件截面承受的弯矩设计值 M 已经计算出，材料强度等级及构件截面尺寸可由设计者选用，要求计算构件截面所需的纵向受拉钢筋截面面积。

设计步骤如下。

①判别截面类型，当 $M \leqslant \alpha_1 f_c b'_f h'_f \left(h_0 - \frac{h'_f}{2} \right)$ 时为第一类 T 形截面，按截面为 $b'_f \times h$ 的单筋

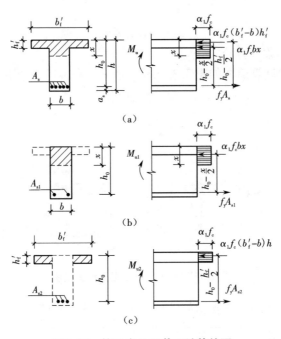

图 3.38 第二类 T 形截面计算简图

(a)T 形截面设计简图 (b)肋设计简图 (c)翼缘设计简图

矩形截面进行设计配筋。当 $M > \alpha_1 f_c b'_f h'_f \left(h_0 - \dfrac{h'_f}{2} \right)$ 时为第二类 T 形截面。

②当为第二类 T 形截面时,可取 $M = M_1 + M_2$,其中

$$M_1 = \alpha_1 f_c \left(b'_f - b \right) h'_f \left(h_0 - \frac{h'_f}{2} \right)$$

$$M_2 = M - M_1$$

$$A_{s1} = \frac{\alpha_1 f_c \left(b'_f - b \right) h'_f}{f_y}$$

$$\alpha_{s2} = \frac{M_2}{\alpha_1 f_c b h_0^2} \leqslant \alpha_{s,\max}$$

按单筋矩形截面计算方法,由 α_{s2} 查得 γ_{s2},则

$$A_{s2} = \frac{M_2}{f_y \gamma_{s2} h_0}$$

$$A_s = A_{s1} + A_{s2}$$

③若 $\alpha_{s2} > \alpha_{s,\max}$,可加大截面尺寸或提高材料强度等级,然后再重新设计;也可改成双筋截面。

【例 3.12】 已知一肋形楼盖的次梁,跨度为 6 m,间距为 2.4 m,截面尺寸如图 3.39 所示,跨中最大正弯矩设计值 $M = 95$ kN·m,混凝土强度等级为 C25,采用 HRB400 级钢筋,试计算该梁纵向受拉钢筋截面面积。

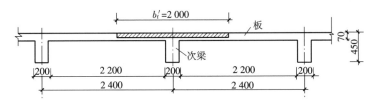

图 3.39 例 3.12 图

解:①查相关表格得 $\alpha_1 = 1.0$，$f_c = 11.9$ N/mm²，$f_y = f'_y = 360$ N/mm²，$\xi_b = 0.518$，$\rho_{min} = 0.2\%$。

②受压翼缘计算宽度。

由表 3.22 可得：

按梁跨度考虑

$$b'_f = l_0/3 = 6\ 000/3 = 2\ 000 \text{ mm}$$

按梁净距 s_n 考虑

$$b'_f = b + s_n = 200 + 2\ 200 = 2\ 400 \text{ mm}$$

按翼缘高度 h'_f 考虑

$$h_0 = 450 - 40 = 410 \text{ mm}$$

$h'_f/h_0 = 70/410 = 0.171 > 0.1$，故翼缘不受限制。

翼缘计算宽度 b'_f 取三者中的较小值，即 $b'_f = 2\ 000$ mm。

③判别 T 形截面的类型。

$$\alpha_1 f_c b'_f h'_f \left(h_0 - \frac{h'_f}{2} \right) = 1.0 \times 11.9 \times 2\ 000 \times 70 \times \left(410 - \frac{70}{2} \right)$$
$$= 624.75 \text{ kN} \cdot \text{m} > M = 95 \text{ kN} \cdot \text{m}$$

属第一类 T 形截面,按 $b'_f \times h$ 的单筋矩形截面进行设计配筋。

④求 A_s。

$$\alpha_s = \frac{M}{\alpha_1 f_c b'_f h_0^2} = \frac{95 \times 10^6}{1.0 \times 11.9 \times 2\ 000 \times 410^2} = 0.023\ 7$$

查表 3.23 得

$$\xi = 0.024 < \xi_b = 0.518$$

$$A_s = \frac{\alpha_1 f_c b'_f h_0}{f_y} \xi = \frac{1.0 \times 11.9 \times 2\ 000 \times 410}{360} \times 0.024 = 650.5 \text{ mm}^2$$

$$\rho = \frac{A_s}{bh_0} \times 100\% = \frac{650.5}{200 \times 410} \times 100\% = 0.79\% > \rho_{min} = \frac{h}{h_0} \times 0.2\% = \frac{450}{410} \times 0.2\% = 0.22\%$$

满足要求。

⑤选用受拉钢筋 3 Φ 18（$A_s = 763$ mm²）。

【例 3.13】已知某 T 形梁截面尺寸 $b'_f = 600$ mm，$h'_f = 120$ mm，$b = 300$ mm，$h = 700$ mm，混凝土强度等级为 C30（$f_c = 14.3$ N/mm²），采用 HRB400 级钢筋，该梁承受的弯矩设计值 $M =$

620 kN·m,试计算该梁受拉钢筋截面面积。

解: 判别 T 形截面的类型。

假设钢筋排成两排,则

$$h_0 = 700 - 60 = 640 \text{ mm}$$

$$\alpha_1 f_c b_f' h_f' \left(h_0 - \frac{h_f'}{2}\right) = 1.0 \times 14.3 \times 600 \times 120 \times \left(640 - \frac{120}{2}\right)$$

$$= 597.2 \times 10^6 \text{ N} \cdot \text{mm} < M = 620 \text{ kN} \cdot \text{m}$$

属第二类 T 形截面。

$$M_1 = \alpha_1 f_c (b_f' - b) h_f' \left(h_0 - \frac{h_f'}{2}\right)$$

$$= 1.0 \times 14.3 \times (600 - 300) \times 120 \times (640 - 120/2)$$

$$= 298.584 \times 10^6 \text{ N} \cdot \text{mm}$$

$$M_2 = M - M_1 = 620 \times 10^6 - 298.584 \times 10^6$$

$$= 321.416 \times 10^6 \text{ N} \cdot \text{mm}$$

$$A_{s1} = \frac{\alpha_1 f_c (b_f' - b) h_f'}{f_y} = \frac{1.0 \times 14.3 \times (600 - 300) \times 120}{360} = 1\,430 \text{ mm}^2$$

$$\alpha_{s2} = \frac{M_2}{\alpha_1 f_c b h_0^2} = \frac{321.416 \times 10^6}{1.0 \times 14.3 \times 300 \times 640^2} = 0.183 \leqslant \alpha_{s,max}$$

按单筋矩形截面计算方法,由 α_{s2} 查得 $\gamma_{s2} = 0.898$,则

$$A_{s2} = \frac{M_2}{f_y \gamma_{s2} h_0} = \frac{321.416 \times 10^6}{360 \times 0.898 \times 640} = 1\,553.5 \text{ mm}^2$$

$$A_s = A_{s1} + A_{s2} = 1\,430 + 1\,553.5 = 2\,983.5 \text{ mm}^2$$

选用受拉钢筋 8 Φ 22($A_s = 3\,041 \text{ mm}^2$),配筋图如图 3.40 所示。

2)截面复核

已知截面尺寸 $b \times h$,材料强度等级 f_c、f_y 及纵向受力钢筋截面面积 A_s,求截面所能承受的极限弯矩 M_u,或验算极限弯矩 M_u 是否大于荷载设计值产生的作用效应 M。

截面复核步骤如下。

①判别截面类型。当 $f_y A_s \leqslant \alpha_1 f_c b_f' h_f'$ 时为第一类 T 形截面,按截面为 $b_f' \times h$ 的单筋矩形截面进行复核;当 $f_y A_s > \alpha_1 f_c b_f' h_f'$ 时为第二类 T 形截面。

②当为第二类 T 形截面时,由式(3.37)得

$$x = \frac{f_y A_s - \alpha_1 f_c (b_f' - b) h_f'}{\alpha_1 f_c b}$$

③验算 $x \leqslant \xi_b h_0$。

④若 $x \leqslant \xi_b h_0$,则

$$M_u = \alpha_1 f_c b x \left(h_0 - \frac{x}{2}\right) + \alpha_1 f_c (b_f' - b) h_f' \left(h_0 - \frac{h_f'}{2}\right)$$

若 $x > \xi_b h_0$,取 $x = \xi_b h_0$,则

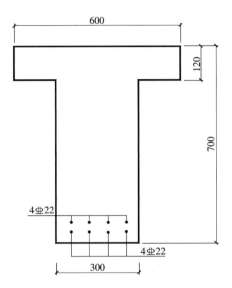

图 3.40　例 3.13 截面配筋图

$$M_{u} = \alpha_{1}f_{c}bh_{0}^{2}\xi_{b}(1 - 0.5\xi_{b}) + \alpha_{1}f_{c}(b_{f}' - b)h_{f}'\left(h_{0} - \frac{h_{f}'}{2}\right)$$

$$= \alpha_{s,max}\alpha_{1}f_{c}bh_{0}^{2} + \alpha_{1}f_{c}(b_{f}' - b)h_{f}'\left(h_{0} - \frac{h_{f}'}{2}\right)$$

⑤当 $M \leqslant M_{u}$ 时,截面承载力满足要求。

【例 3.14】已知 T 形梁截面尺寸 $b_{f}' = 500$ mm,$h_{f}' = 120$ mm,$b = 250$ mm,$h = 600$ mm,混凝土强度等级为 C25($f_{c} = 11.9$ N/mm^{2}),采用 HRB400 级钢筋($f_{y} = f_{y}' = 360$ N/mm^{2}),该梁已配受拉钢筋 6 Φ 22($A_{s} = 2\ 281$ mm^{2}),位于一类环境中,试求该梁所能承受的最大弯矩设计值 M_{u}。

解:①查相关表格得 $\alpha_{1} = 1.0$,混凝土保护层厚度 $c = 20$ mm,假设钢筋排成两排,则

$$h_{0} = 600 - 60 = 540 \text{ mm}$$

②判别 T 形截面的类型。

$$f_{y}A_{s} = 360 \times 2\ 281 = 821\ 160 \text{ N} \cdot \text{mm}$$

$$\alpha_{1}f_{c}b_{f}'h_{f}' = 1.0 \times 11.9 \times 500 \times 120 = 714\ 000 \text{ N} \cdot \text{mm} < 821\ 160 \text{ N} \cdot \text{mm}$$

所以 $f_{y}A_{s} > \alpha_{1}f_{c}b_{f}'h_{f}'$,属第二类 T 形截面。

由式(3.37)得

$$x = \frac{f_{y}A_{s} - \alpha_{1}f_{c}(b_{f}' - b)h_{f}'}{\alpha_{1}f_{c}b} = \frac{360 \times 2\ 281 - 1.0 \times 11.9 \times (500 - 250) \times 120}{1.0 \times 11.9 \times 250}$$

$$= 156.02 \text{ mm}$$

$$\xi_{b}h_{0} = 0.518 \times 540 = 279.72 \text{ mm} > 156.02 \text{ mm}$$

所以 $x < \xi_{b}h_{0}$。

③求取最大弯矩设计值 M_{u}。

$$M_{u} = \alpha_1 f_c bx \left(h_0 - \frac{x}{2} \right) + \alpha_1 f_c (b_f' - b) h_f' \left(h_0 - \frac{h_f'}{2} \right)$$

$$= 1.0 \times 11.9 \times 250 \times 156.02 \times (540 - 156.02/2) + 1.0 \times 11.9 \times$$

$$(500 - 250) \times 120 \times (540 - 120/2)$$

$$= 385\ 797\ 047.4\ \text{N} \cdot \text{mm}$$

$$= 385.8\ \text{kN} \cdot \text{m}$$

3.3.4 梁的斜截面承载力计算

受弯构件除了可能沿正截面发生破坏以外,在弯矩和剪力的共同作用下,也可能沿斜截面破坏。为了防止梁沿斜截面破坏,应使构件具有足够的截面尺寸,并配置一定数量的箍筋和弯起钢筋(通称梁的腹筋)。箍筋同纵向钢筋和架立钢筋绑扎(或焊接)在一起,形成钢筋骨架,使各种钢筋在施工时保证正确位置。下面将讨论斜裂缝产生的原因及梁内箍筋和弯起钢筋的计算和构造问题。

1. 斜截面的破坏形态

受弯构件在弯矩和剪力的共同作用下,横截面有正应力和剪应力,是二向应力状态,其主拉应力 σ_{pt} 和主压应力 σ_{pc} 分别为

$$\left. \begin{array}{l} \sigma_{pt} = \dfrac{\sigma}{2} + \sqrt{\dfrac{\sigma^2}{4} + \tau^2} \\[4mm] \sigma_{pc} = \dfrac{\sigma}{2} - \sqrt{\dfrac{\sigma^2}{4} + \tau^2} \end{array} \right\} \tag{3.38}$$

而主应力的作用方向与梁纵向轴线的夹角 α 为

$$\tan 2\alpha = -\frac{2\tau}{\sigma} \tag{3.39}$$

试验表明,当荷载较小时,主拉应力主要由混凝土承受;随着荷载增大,主拉应力也增大,当主拉应力超过混凝土的抗拉强度时,即 $\sigma_{pt} > f_t$ 时,混凝土便沿着垂直于主拉应力的方向出现斜裂缝,最终发生斜截面破坏。因此,需要进行斜截面承载力的计算。

影响斜截面承载力的主要因素有剪跨比(所谓剪跨比,就是集中荷载至支座的距离与梁的有效高度之比,用 λ 表示,$\lambda = a/h_0$)、混凝土的强度等级、箍筋的配箍率、纵筋的配筋率、截面的尺寸和形状等。其中,剪跨比对无腹筋梁的斜截面受剪破坏形态有决定性影响,对斜截面受剪承载力也有着极为重要的影响。

试验结果表明,梁斜截面破坏有下列三种形式。

(1)斜压破坏

当梁的箍筋配置过多过密或梁的剪跨比较小($\lambda \leq 1$)时,斜截面破坏极有可能是斜压破坏,破坏面在支座附近。由于受到支座反力和荷载引起的直接压应力的影响,破坏时形成许多斜向的平行裂缝。由于弯矩小、剪力大,最初的裂缝多从梁高的中部出现,破坏形状类似于倾斜短柱,故称为斜压破坏。斜压破坏时,梁腹部的混凝土被压碎,但箍筋往往尚未屈服,箍筋的作用未能充分发挥,属脆性破坏,如图 3.41(a)所示。

（2）剪压破坏

当构件内箍筋配置适当且处于中等剪跨比（$1 \leq \lambda \leq 3$）时的破坏形态为剪压破坏。在加载过程中，梁的下部将会出现垂直裂缝与斜裂缝。而斜裂缝是从先出现的垂直裂缝延伸而来的，并随着荷载的增加而伸向集中荷载的作用点；斜裂缝不止一条，当荷载增加到一定值时，在几条斜裂缝中形成一条主要的斜裂缝，称为临界斜裂缝。临界斜裂缝出现后，梁还能继续加载，直到与临界斜裂缝相交的箍筋达到屈服强度为止。同时，斜裂缝最上端剪压区的混凝土在剪应力和压应力的共同作用下，达到复合受力时的极限强度，梁的斜截面将因此而失去承载力。剪压破坏没有预先征兆，属于脆性破坏，如图 3.41（b）所示。

（3）斜拉破坏

斜拉破坏一般发生在箍筋配置过少或剪跨比较大（$\lambda > 3$）时，一旦斜裂缝出现，与斜裂缝相交的箍筋应力立即达到屈服强度，斜裂缝迅速延展到梁的受压区边缘，使构件被拉断成两部分而破坏。斜拉破坏时的荷载一般仅稍高于斜裂缝出现时的荷载，它是一种没有预兆的突然断裂，属于脆性破坏，如图 3.41（c）所示。

对于梁的三种斜截面受剪破坏形态，在工程设计中都应设法避免。对于剪压破坏，因其承载力变化幅度较大，必须通过计算来防止；对于斜压破坏，通常用控制截面最小尺寸的办法来防止；对于斜拉破坏，则用满足箍筋的最小配箍率条件及构造来防止。

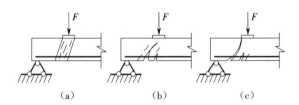

图 3.41　梁斜截面的三种破坏形式
（a）斜压破坏　（b）剪压破坏　（c）斜拉破坏

2. 影响梁斜截面承载力的主要因素

影响梁斜截面承载力大小的因素有很多，主要包括剪跨比、配箍率、箍筋强度、纵筋配筋率、混凝土强度等级及截面尺寸等。

（1）剪跨比

研究表明，随着 λ 减小，梁的抗剪能力显著提高。同时，对于无腹筋梁，其剪切破坏位置不在剪力最大的支座截面处，而是若剪跨比较小时破坏位置靠近跨中，反之则靠近支座，一般情况下，破坏位置多在离支座 1/4 跨度附近；对于有腹筋梁，剪跨比大小对低配箍率梁影响较大，而对高配箍率梁影响却较小。

（2）混凝土强度等级

梁的斜截面破坏是混凝土达到极限强度而发生的，故混凝土强度对梁的受剪承载力影响很大。

梁斜压破坏时，受剪承载力取决于混凝土的抗压强度；梁斜拉破坏时，取决于混凝土的抗拉强度，而抗拉强度的增加较抗压强度来得缓慢，故混凝土强度的影响就略小；梁剪压破坏时，混凝土强度的影响则介于上述两者之间。

梁的受剪承载力随混凝土抗拉强度 f_t 的提高而提高,大致呈线性关系。

（3）配箍率与箍筋强度

配箍率与箍筋强度对有腹筋梁的抗剪能力影响很大。当配箍量适当时,梁的抗剪承载力随着配箍量的增加、箍筋强度的提高而有较大幅度的增长。配箍量一般采用配箍率表示,即

$$\rho_{sv} = \frac{A_{sv}}{bs} = \frac{nA_{sv1}}{bs} \times 100\% \tag{3.40}$$

最小配箍率的限制条件为

$$\rho_{sv} = A_{sv} / (bs) \geqslant \rho_{sv,min} = 0.24 f_t / f_{yv} \tag{3.41}$$

式中　A_{sv}——配置在同一截面内箍筋各肢的全部截面面积,$A_{sv} = nA_{sv1}$；

　　　　A_{sv1}——单肢箍筋的截面面积；

　　　　n——同一截面内箍筋的肢数；

　　　　b——梁宽；

　　　　s——沿构件长度方向的箍筋间距。

（4）纵筋配筋率 ρ

纵向钢筋截面面积的增大可抑制斜裂缝的扩展,使斜裂缝上端剪压区的面积较大,从而能承受较大的剪力,同时纵向钢筋本身也能通过销栓作用承受一定的剪力。因而纵向钢筋的配筋量增大时,梁的受剪承载力也会有一定程度的提高。为了计算简便,《混凝土结构设计规范》中的抗剪计算公式忽略了这一影响。

3. 斜截面受剪承载力计算公式

（1）基本公式的建立

《混凝土结构设计规范》中斜截面的承载力计算公式是根据剪压破坏形态建立的。发生这种破坏时,剪压区混凝土达到强度极限,并假定与斜裂缝相交的箍筋应力达到屈服强度。图3.42为斜截面抗剪承载力计算图形。

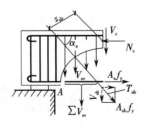

图3.42　斜截面受力示意图

由平衡条件得斜截面抗剪承载力通用计算公式为

$$\sum y = 0 \qquad V \leqslant V_u = V_c + V_{sv} + V_{sb} = V_{cs} + V_{sb} \tag{3.42}$$

式中　V——构件斜截面最大剪力设计值；

　　　　V_u——构件斜截面受剪承载力设计值；

V_c——剪压区混凝土受剪承载力设计值;

V_{sv}——与斜裂缝相交的箍筋受剪承载力设计值;

V_{sb}——与斜裂缝相交的弯起钢筋承受的剪力设计值;

V_{cs}——斜截面上混凝土和箍筋的受剪承载力设计值,$V_{cs} = V_c + V_{sv}$。

将所有的力对剪压区混凝土受压合力点取矩,可建立斜截面抗弯承载力计算公式,即

$$\sum M = 0 \qquad M \leqslant M_s + M_{sv} + M_{sb} \qquad (3.43)$$

式中 M——构件斜截面的弯矩设计值;

M_s——与斜截面相交的纵向受拉钢筋的抗弯承载力;

M_{sv}——与斜截面相交的箍筋的抗弯承载力;

M_{sb}——斜截面上弯起钢筋的抗弯承载力。

斜截面受弯承载力计算很难用公式精确表达,可通过构造措施来保证。因此,斜截面承载力计算就归结为受剪承载力的计算。

(2)斜截面受剪承载力的计算

第一,矩形、T 形和 I 形截面受弯构件的受剪截面应符合下列条件:

当 $h_w/b \leqslant 4$ 时

$$V \leqslant 0.25\beta_c f_c b h_0 \qquad (3.44a)$$

当 $h_w/b \geqslant 6$ 时

$$V \leqslant 0.2\beta_c f_c b h_0 \qquad (3.44b)$$

当 $4 < h_w/b < 6$ 时,按线性插值法确定。

式中 V——构件斜截面上的最大剪力设计值;

β_c——混凝土强度影响系数,当混凝土强度等级不超过 C50 时,取 $\beta_c = 1.0$,当混凝土强度等级为 C80 时,取 $\beta_c = 0.8$,其间按线性插值法确定;

b——矩形截面的宽度,T 形截面或 I 形截面的腹板宽度;

h_0——截面的有效高度;

h_w——截面的腹板高度,矩形截面取有效高度,T 形截面取有效高度减去翼缘高度,I 形截面取腹板净高。

注:①对 T 形截面或 I 形截面的简支受弯构件,当有实践经验时,式(3.44a)中的系数可改用 0.3;

②对受拉边倾斜的构件,当有实践经验时,其受剪截面的控制条件可适当放宽。

第二,计算斜截面受剪承载力时,剪力设计值的计算截面应按下列规定采用。

①支座边缘处的截面(图 3.43(a)、(b)中的 1—1 截面)。

②受拉区弯起钢筋弯起点处的截面(图 3.43(a)中的 2—2、3—3 截面)。

③箍筋截面面积或间距改变处的截面(图 3.43(b)中的 4—4 截面)。

④截面尺寸改变处的截面。

注:①受拉边倾斜的受弯构件,尚应包括梁的高度开始变化处、集中荷载作用处和其他不利的截面;

②箍筋的间距以及弯起钢筋前一排(对支座而言)的弯起点至后一排弯终点的距离,应符

合《混凝土结构设计规范》第 9.2.8 条和第 9.2.9 条的构造要求。

上述截面均为斜截面受剪承载力较薄弱的位置,在计算时应取其相应区段内的最大剪力作为剪力设计值。

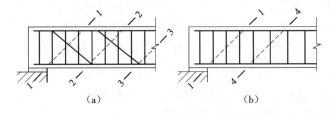

图 3.43　斜截面受剪承载力设计值的计算截面

(a) 弯起钢筋　(b)箍筋

1—1:支座边缘处的截面;2—2、3—3:受拉区弯起钢筋弯起点的截面;

4—4:箍筋截面面积或间距改变处的截面

第三,不配置箍筋和弯起钢筋的一般板类受弯构件,其斜截面受剪承载力应符合下列规定:

$$V \leqslant 0.7\beta_{\mathrm{h}}f_{\mathrm{t}}bh_0 \qquad (3.45\mathrm{a})$$

$$\beta_{\mathrm{h}} = \left(\frac{800}{h_0}\right)^{1/4} \qquad (3.45\mathrm{b})$$

式中　β_{h}——截面高度影响系数,当 $h_0 < 800$ mm 时,h_0 取 800 mm;当 $h_0 > 2\,000$ mm 时,h_0 取 2 000 mm。

第四,当仅配置箍筋时,矩形、T 形和 I 形截面受弯构件的斜截面受剪承载力应符合下列规定:

$$V \leqslant V_{\mathrm{cs}} + V_{\mathrm{p}} \qquad (3.46\mathrm{a})$$

$$V_{\mathrm{cs}} = \alpha_{\mathrm{cv}}f_{\mathrm{t}}bh_0 + f_{\mathrm{yv}}\frac{A_{\mathrm{sv}}}{s}h_0 \qquad (3.46\mathrm{b})$$

$$V_{\mathrm{p}} = 0.05N_{\mathrm{p0}} \qquad (3.46\mathrm{c})$$

式中　V_{cs}——构件斜截面上混凝土和箍筋的受剪承载力设计值;

V_{p}——由预应力所提高的构件受剪承载力设计值,计算合力 N_{p0} 时不考虑预应力弯起钢筋的作用。

α_{cv}——截面混凝土受剪承载力系数,对于一般受弯构件取 0.7,对集中荷载作用(包括作用有多种荷载,其中集中荷载对支座截面或节点边缘所产生的剪力值占总剪力的 75% 以上的情况)下的独立梁,取 $\alpha_{\mathrm{cv}} = \dfrac{1.75}{\lambda + 1}$,$\lambda$ 为计算截面的剪跨比,可取 $\lambda = a/h_0$,当 $\lambda < 1.5$ 时,取 1.5,当 $\lambda > 3$ 时,取 3,a 取集中荷载作用点至支座截面或节点边缘的距离;

f_{yv}——箍筋的抗拉强度设计值,见表 3.11 和表 3.12;

N_{p0}——计算截面上混凝土法向预应力等于零时的纵向预应力筋与普通钢筋的合力,按《混凝土结构设计规范》第 10.1.13 条计算,当 $N_{\mathrm{p0}} > 0.3f_{\mathrm{c}}A_0$ 时,取 $0.3f_{\mathrm{c}}A_0$,A_0 为

构件的换算截面面积。

注：①对合力 N_{p0} 引起的截面弯矩与外弯矩方向相同的情况以及预应力混凝土连续梁和允许出现裂缝的预应力混凝土简支梁，均应取 $V_p = 0$；

②先张法预应力混凝土构件，在计算合力 N_{p0} 时，应按《混凝土结构设计规范》第 10.1.9 条和第 7.1.9 条的规定考虑预应力筋传递长度的影响。

第五，当配置箍筋和弯起钢筋时，矩形、T 形和 I 形截面受弯构件的斜截面受剪承载力应符合下列规定：

$$V \leqslant V_{cs} + V_p + 0.8f_{yv}A_{sb}\sin\alpha_s + 0.8f_{py}A_{pb}\sin\alpha_p \qquad (3.47)$$

式中　V——配置弯起钢筋处的剪力设计值，按《混凝土结构设计规范》第 6.3.6 条的规定采用；

A_{sb}、A_{pb}——同一平面内的非预应力弯起钢筋、预应力弯起钢筋的截面面积；

α_s、α_p——斜截面上非预应力弯起钢筋、预应力弯起钢筋的切线与构件纵轴线的夹角。

第六，计算弯起钢筋时，截面剪力设计值可按下列规定取用，如图 3.43(a)所示。

①计算第一排（对支座而言）弯起钢筋时，取支座边缘处的剪力值。

②计算以后的每一排弯起钢筋时，取前一排（对支座而言）弯起钢筋弯起点处的剪力值。

第七，矩形、T 形和 I 形截面的一般受弯构件，当符合下式要求时，可不进行梁斜截面的受剪承载力计算，其箍筋的构造要求应符合《混凝土结构设计规范》第 9.2.9 条的有关规定。

$$V \leqslant \alpha_{cv}f_t bh_0 + 0.05N_{p0} \qquad (3.48)$$

4. 斜截面抗剪承载力计算方法与计算步骤

斜截面抗剪承载力计算，在正截面设计完成之后进行。实际工程中受弯构件斜截面承载力计算通常有两类问题，即截面设计和承载力复核。

（1）截面设计

当已知剪力设计值 V、截面尺寸和材料强度，要求确定箍筋和弯起钢筋的数量时，其计算步骤如下。

1）复核梁的截面尺寸

按式(3.44a)或式(3.44b)进行截面尺寸复核。若不满足要求，则应加大截面尺寸或提高混凝土的强度等级，并重新进行正截面承载力计算。

2）验算是否需要按计算配置腹筋

若满足式(3.48)的要求，可直接按构造要求设置箍筋和弯起钢筋。否则，应在满足构造要求的前提下，按计算配置腹筋。

3）腹筋的计算

受弯构件内的腹筋，通常有两种基本设置方法：其一是仅配置箍筋，不设弯起钢筋；其二是既配置箍筋，又配置弯起钢筋，让箍筋与弯起钢筋共同承担剪力。工程设计中，常优先采用第一种方法，必要时可考虑第二种方法。

Ⅰ. 仅配置箍筋的梁

对于一般的受弯构件，按下式计算。

$$\frac{A_{sv}}{S} = \frac{nA_{sv1}}{S} = \frac{V - 0.7f_t bh_0}{1.25f_{yv}h_0}$$

对于矩形、T 形及 I 形截面梁

$$\frac{A_{sv}}{s} = \frac{nA_{sv1}}{s} \geqslant \frac{V - \alpha_{sv}f_t bh_0}{f_{yv}h_0} \tag{3.49}$$

利用式(3.49)计算时,式中有箍筋肢数 n、单肢箍筋截面面积 A_{sv1} 和箍筋间距 s 三个未知数。设计中可先假定箍筋直径 d 和箍筋肢数 n,然后计算出箍筋的间距 s。若计算出的箍筋间距 s 符合表 3.19 的要求,即假定可行。

箍筋确定后,还应按式(3.42)验算箍筋的最小配筋率。若不满足,再做适当的调整。

Ⅱ. 同时配置有箍筋和弯起钢筋的梁

当剪力很大时,如果仅用箍筋和混凝土抵抗剪力,会使箍筋直径很大或间距很小,造成施工不便且不经济。在此条件下,当纵向受拉钢筋多于两根,且在受剪区段抵抗弯矩的纵向钢筋又有富余时,可以将靠近支座的若干根纵向钢筋弯起,来承担一部分剪力。但是,截面下部两侧的纵向钢筋不允许弯起。

首先,可按表 3.19 假定箍筋的肢数、直径及间距,初步确定 $V_{cs} = V_c + V_{sv}$ 的值,然后再按下式计算出弯起钢筋的截面面积。

$$A_{sb} = \frac{V - V_{cs} - V_p - 0.8f_{py}A_{pd}\sin \alpha_p}{0.8f_{yv}\sin \alpha_s} \tag{3.50}$$

一般情况下,构件底部纵筋在正截面承载力设计时已经选定,这也是斜截面抗剪承载力设计的前提条件。若预先确定弯起钢筋,则可按下式计算出构件配筋率,然后按仅配置箍筋的计算方法确定箍筋的直径及间距等。

$$\frac{A_{sv}}{s} = \frac{nA_{sv1}}{s} \geqslant \frac{V - \alpha_{sv}f_t bh_0 - 0.8f_y A_{sb}\sin \alpha_s}{f_{yv}h_0} \tag{3.51}$$

在设置多排弯起钢筋时,其布置应符合《混凝土结构设计规范》要求:第一排弯起钢筋距支座边缘的距离应满足 $50 \text{ mm} \leqslant s \leqslant s_{max}$,一般取 $s = 50 \text{ mm}$;最后一排弯起钢筋,对于均布荷载作用下的梁,其弯起点应在 V_{cs} 与剪力图相交点 C 处(图 3.44),对于集中荷载作用下的梁,则在 V_{cs} 与剪力图相交点 D 处,但弯起点间距不得大于表 3.19 中 $V > 0.7f_t bh_0 + 0.05N_{p0}$ 栏内的规定值(图 3.45)。

如果充分利用了构件底部可能弯起的纵筋作为弯起钢筋,仍不能满足构件抗剪承载力要求,则可再单独附设受剪的弯起钢筋,如鸭筋等。

(2)承载力复核

当已知构件截面尺寸、箍筋数量和弯起钢筋的截面面积,要求校核斜截面所能承受的剪力 V 时,其计算步骤如下。

①按下式计算受弯构件截面配箍率。

$$\rho_{sv} = \frac{A_{sv}}{bs} = \frac{nA_{sv1}}{bs} \tag{3.52}$$

②选择斜截面所能承受的最大剪力计算公式。

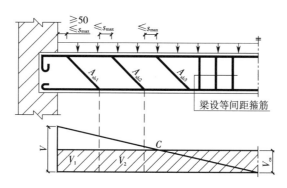

图 3.44　均布荷载的钢筋弯起

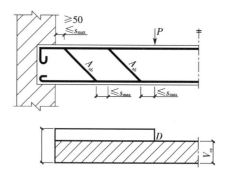

图 3.45　集中荷载的钢筋弯起

当 $\rho_{sv} \leqslant \rho_{sv,min} = 0.24 f_t / f_{yv}$ 时,按式(3.48)计算 V_u。

当 $\rho_{sv} > \rho_{sv,min}$ 时,按式(3.47)计算 V_u。

③斜截面安全性判断。当 $V_u > V_{u,max} = 0.25\beta_c f_c b h_0$ 时,取 $V_u = V_{u,max}$;当实际荷载作用产生的剪力 $V \leqslant V_u$ 时,则截面安全,否则不安全。

【例 3.15】图 3.46 所示简支梁,承受均布荷载,设计值为 $q = 45$ kN/m(含梁自重),截面尺寸为 $b \times h = 250$ mm $\times 500$ mm,混凝土强度等级 C30,配有纵筋 6 $\underline{\Phi}$ 20,箍筋采用 HPB300 级钢筋,构件安全等级为 Ⅱ 级,试根据斜截面抗剪承载力计算确定箍筋数量。

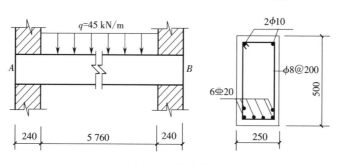

图 3.46　简支梁

解:①查阅相关表格得 $f_c = 14.3$ N/mm^2，$f_t = 1.43$ N/mm^2，$\beta_c = 1.0$，$\alpha_{cv} = 0.7$，$f_{yv} = 270$ N/mm^2。

②求支座边缘处截面的剪力。

梁的跨度：

$$l = 5\,760 + 120 + 120 = 6\,000 \text{ mm}$$

计算剪力时，取梁的净跨

$$l_n = 5.76 \text{ m}$$

$$V_A = V_B = \frac{1}{2}ql_n = \frac{1}{2} \times 45 \times 5.76 = 129.6 \text{ kN}$$

③验算截面尺寸。

两排钢筋

$$h_w = h_0 = h - a_s = 500 - 60 = 440 \text{ mm}$$

$$h_w/b = h_0/b = 440/250 = 1.76 < 4$$

由式(3.44a)得

$$0.25\beta_c f_c b h_0 = 0.25 \times 1.0 \times 14.3 \times 250 \times 440$$

$$= 393.3 \times 10^3 \text{ N} = 393.3 \text{ kN} > V_A = 129.6 \text{ kN}$$

截面尺寸满足要求。

④验算是否需要通过计算配置箍筋。

由式(3.48)得

$$\alpha_{cv} f_t b h_0 + 0.05 N_{p0} = 0.7 \times 1.43 \times 250 \times 440 + 0.05 \times 0$$

$$= 110.1 \times 10^3 \text{ N} = 110.1 \text{ kN} < V_A = 129.6 \text{ kN}$$

所以箍筋应按计算配置。

⑤计算箍筋用量。由式(3.51)得

$$\frac{A_{sv}}{s} \geq \frac{V - \alpha_{cv} f_t b h_0 - 0.8 f_y A_{sb} \sin \alpha_s}{f_{yv} h_0}$$

$$= \frac{129.6 \times 10^3 - 0.7 \times 1.43 \times 250 \times 440 - 0}{270 \times 440}$$

$$= 0.164 \text{ mm}^2/\text{mm}$$

选用双肢筋 $\phi6$（$A_{sv1} = 28.3$ mm^2），箍筋间距为

$$s \leq A_{sv}/0.164 = 2 \times 28.3/0.164 = 345 \text{ mm}$$

构造要求规定：$s_{max} = 200$ mm，取 $s = 200$ mm。实际配箍筋为双肢 $\phi6@200$。

⑥验算最小配箍率。

$$\rho_{sv} = \frac{A_{sv}}{sb} = \frac{2 \times 28.3}{200 \times 250} \times 100\% = 0.113\%$$

$$\rho_{sv} < \rho_{sv,min} = 0.24\frac{f_t}{f_{yv}} = 0.24 \times \frac{1.43}{270} \times 100\% = 0.127\%$$

不符合要求，改用双肢 $\phi8@200$（$A_{sv1} = 50.3$ mm^2）。

$$\rho_{sv} = \frac{A_{sv}}{sb} = \frac{2 \times 50.3}{200 \times 250} \times 100\% = 0.201\% > \rho_{sv,min} = 0.127\%$$

符合要求。

【例3.16】某矩形截面简支梁承受均布荷载设计值 $q = 70$ kN/m（含梁自重），截面尺寸 $b \times h = 250$ mm $\times 650$ mm，净跨 $l_n = 6.3$ m，采用 C25 混凝土，箍筋采用 HPB300 级钢筋，纵筋采用 HRB400 级钢筋。求此梁所需配置的腹筋。

解：查阅相关表格得，$\beta_c = 1.0$，$f_c = 11.9$ N/mm^2，$f_t = 1.27$ N/mm^2，$a_s = 60$ mm，$h_0 = h - a_s = 590$ mm，$f_{yv} = 270$ N/mm^2，$f_y = 360$ N/mm^2，净跨 $l_n = 6.3$ m，取计算跨度 $l = 6.3$ m。

（1）支座剪力设计值计算

$$V_1 = \frac{1}{2}ql_n = \frac{1}{2} \times 70 \times 6.3 = 220.5 \text{ kN}$$

绘制该梁的剪力图，如图3.47所示。

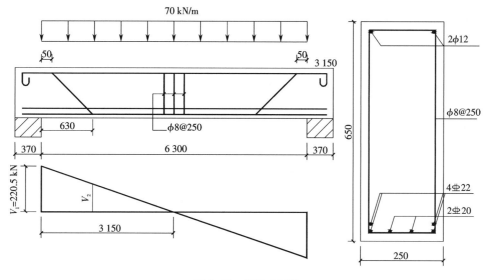

图 3.47　例 3.16 图

（2）验算截面尺寸

$\dfrac{h_w}{b} = \dfrac{590}{250} = 2.36 < 4$，按式（3.44a）得

$$0.25\beta_c f_c bh_0 = 0.25 \times 1.0 \times 11.9 \times 250 \times 590 = 438.8 \text{ kN} > V_1 = 220.5 \text{ kN}$$

截面尺寸满足要求。

（3）验算是否需要配置腹筋

由式（3.48）得

$$V_c = \alpha_{cv} f_t bh_0 + 0.05 N_{p0} = 0.7 \times 1.27 \times 250 \times 590 + 0 = 131.13 \text{ kN} < V_1 = 220.5 \text{ kN}$$

需要按计算配置腹筋。

（4）腹筋计算

采用箍筋与弯起钢筋共同承受剪力。

①计算斜截面上混凝土和箍筋的受剪承载力 V_{cs}。

按表 3.19 及有关构造要求,假定箍筋采用双肢 $\phi 8@250(A_{sv1}=50.3\ \text{mm}^2)$。

按式(3.52)得

$$\rho_{sv}=\frac{A_{sv}}{sb}=\frac{2\times 50.3}{250\times 250}\times 100\%=0.161\%$$

$$\rho_{sv}>\rho_{sv,\min}=0.24\frac{f_t}{f_{yv}}=0.24\times\frac{1.27}{270}\times 100\%=0.113\%$$

符合要求。

由式(3.46b)得

$$V_{cs}=\alpha_{cv}f_t bh_0+f_{yv}\frac{A_{sv}}{s}h_0=0.7\times 1.27\times 250\times 590+270\times\frac{2\times 50.3}{250}\times 590$$

$$=195.2\ \text{kN}<V_1=220.5\ \text{kN}$$

说明假定的 $\phi 8@250$ 双肢箍筋不能满足斜截面抗剪要求,应该设置弯起钢筋。

②计算弯起钢筋的截面面积。

该梁高度不大,可取弯起角 $\alpha_s=45°$,则第一排弯起钢筋的截面面积根据式(3.50)计算,即

$$A_{sb}=\frac{V_1-V_{cs}-V_p-0.8f_{py}A_{pd}\sin\alpha_p}{0.8f_{yv}\sin\alpha_s}=\frac{220.5\times 10^3-195.2\times 10^3-0}{0.8\times 360\times\sin 45°}=124.25\ \text{mm}^2$$

该梁底部受拉钢筋 2 $\underline{\Phi}$ 20 可作弯起钢筋,弯起一根 1 $\underline{\Phi}$ 20 钢筋($A_{sb}=314\ \text{mm}^2>124.25\ \text{mm}^2$),即符合要求。

③确定弯起钢筋排数。

按图 3.44 的要求,第一排弯起钢筋的弯起终点离支座边缘的距离取 50 mm,则弯起钢筋弯起点至支座边缘的水平距离为 $50+(650-2\times 25-20)=630$ mm,于是可由剪力图的相似三角形关系求得第二排弯起钢筋的最大剪力计算值。

$$V_2=V_1\times\frac{3.15-0.63}{3.15}=220.5\times\frac{3.15-0.63}{3.15}=176.4\ \text{kN}<V_{cs}=195.2\ \text{kN}$$

混凝土和箍筋的抗剪承载力已满足要求,故不需要再设置第二排弯起钢筋。

【例 3.17】某钢筋混凝土简支梁,支座截面处剪力设计值 $V=90$ kN,截面尺寸为 $b\times h=200\ \text{mm}\times 450\ \text{mm}$,采用 C25 混凝土,箍筋采用 HPB300 级钢筋,已配双肢箍筋 $\phi 6@150(A_{sv}=28.3\ \text{mm}^2)$,试验算斜截面承载力是否满足要求。

解:假设采用单排钢筋,则

$$h_0=h-a_s=450-40=410\ \text{mm}$$

①验算配箍率。

$$\rho_{sv}=\frac{A_{sv}}{sb}=\frac{2\times 28.3}{150\times 200}\times 100\%=0.189\%$$

$$\rho_{sv}>\rho_{sv,\min}=0.24\frac{f_t}{f_{yv}}=0.24\times\frac{1.27}{270}\times 100\%=0.113\%$$

符合要求。

②计算斜截面的受剪承载力 V_u，由式（3.47）得

$$V_u = V_{cs} + V_p + 0.8f_{yv}A_{sb}\sin\alpha_s + 0.8f_{py}A_{pb}\sin\alpha_p$$

$$= \alpha_{cv}f_t bh_0 + f_{yv}\frac{A_{sv}}{s}h_0 + V_p + 0.8f_{yv}A_{sb}\sin\alpha_s + 0.8f_{py}A_{pb}\sin\alpha_p$$

$$= 0.7 \times 1.27 \times 200 \times 410 + 270 \times \frac{2 \times 28.3}{150} \times 410 + 0$$

$$= 114.7 \times 10^3 \text{ N} = 114.7 \text{ kN}$$

③验算截面尺寸。

$$h_w/b = h_0/b = 410/200 = 2.05 < 4$$

$$V_{u,max} = 0.25\beta_c f_c bh_0 = 0.25 \times 1.0 \times 11.9 \times 200 \times 410 = 244.0 \times 10^3 \text{ N}$$

$$= 244 \text{ kN} > V_u = 114.7 \text{ kN}$$

截面尺寸满足要求。

④验算截面承载力。

$$V = 90 \text{ kN} < V_u = 114.7 \text{ kN}$$

满足要求。

【例 3.18】矩形截面简支梁，其跨度及荷载设计值如图 3.48 所示，梁截面尺寸 $b \times h = 250 \text{ mm} \times 600 \text{ mm}$，混凝土强度等级为 C25，箍筋采用 HPB300 级钢筋，纵筋按两排考虑，计算所需的箍筋数量。

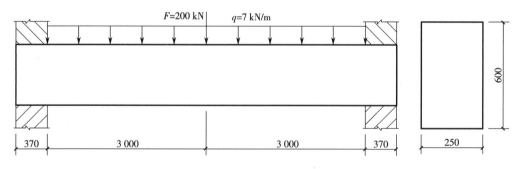

图 3.48　例 3.18 图

解：查阅相关表格得，$\beta_c = 1.0$，$f_c = 11.9 \text{ N/mm}^2$，$f_t = 1.27 \text{ N/mm}^2$，$a_s = 60 \text{ mm}$，$h_0 = h - a_s = 540 \text{ mm}$，$f_{yv} = 270 \text{ N/mm}^2$，净跨 $l_n = 6 \text{ m}$。

①计算剪力设计值。

均布荷载在支座边缘处产生的剪力设计值为

$$V_q = \frac{1}{2}ql_n = \frac{1}{2} \times 7 \times 6 = 21 \text{ kN}$$

集中荷载在支座边缘处产生的剪力设计值为

$$V_F = \frac{1}{2}F = \frac{1}{2} \times 200 = 100 \text{ kN}$$

支座处总剪力设计值为

$$V = V_q + V_F = 121 \text{ kN}$$

由于该梁受多种荷载作用,且集中荷载在支座截面产生的剪力值占支座截面处总剪力值的百分比为 $100/121 = 82.6\% > 75\%$,故该梁应按集中荷载作用下的独立梁计算公式计算斜截面的受剪承载力。

②截面尺寸验算。

根据斜截面限制条件规定,因 $\dfrac{h_w}{b} = \dfrac{540}{250} = 2.16 < 4$,按式(3.44a)得

$$0.25\beta_c f_c b h_0 = 0.25 \times 1.0 \times 11.9 \times 250 \times 540 = 401.63 \text{ kN} > V = 121 \text{ kN}$$

截面尺寸满足要求。

③验算是否需要按计算配置箍筋。

按式(3.48)规定,取 $\alpha_{sc} = \dfrac{1.75}{\lambda + 1}$,剪跨比 $\lambda = \dfrac{a}{h_0} = \dfrac{3\,000}{540} = 5.56 > 3$,取 $\lambda = 3$,则

$$\alpha_{sc} f_t b h_0 + 0.05 N_{p0} = \frac{1.75}{3+1} \times 1.27 \times 250 \times 540 + 0 = 75 \times 10^3 \text{ N} < V$$

需要按计算配置箍筋。

④箍筋用量计算。

按式(3.51)可计算出

$$\frac{A_{sv}}{s} = \frac{n A_{sv1}}{s} \geqslant \frac{V - \alpha_{sc} f_t b h_0 - 0.8 f_y A_{sb} \sin \alpha_s}{f_{yv} h_0} = \frac{121 \times 10^3 - \dfrac{1.75}{3+1} \times 1.27 \times 250 \times 540}{270 \times 540} = 0.315$$

根据表 3.19 的规定,可先假定箍筋为双肢 $\phi 8@250$($A_{sv1} = 50.3 \text{ mm}^2$),于是箍筋间距为

$$s = \frac{n A_{sv1}}{0.315} = \frac{2 \times 50.3}{0.315} = 319 \text{ mm}$$

取

$$s = 250 \text{ mm} = s_{max} = 250 \text{ mm}$$

符合要求。

⑤验算最小配筋率。

$$\rho_{sv} = \frac{n A_{sv1}}{bs} = \frac{2 \times 50.3}{250 \times 250} = 0.161\% > \rho_{sv,min} = 0.24 \times \frac{f_t}{f_{yv}} = 0.24 \times \frac{1.27}{270} = 0.113\%$$

配箍率符合要求,说明上述假设成立,故该梁箍筋可先用 $\phi 8@250$ 沿梁全长均匀布置。

3.3.5 变形、裂缝

钢筋混凝土构件即使满足了强度要求,还可能因变形过大或裂缝开展过宽,使得构件不能正常使用。因此,《混凝土结构设计规范》规定,根据使用要求,构件在进行强度计算后,还需要进行变形和裂缝宽度验算,即将构件的变形和裂缝宽度控制在容许值范围内,其设计表达式分别为

$$f \leqslant [f] \qquad\qquad (3.53a)$$

或

$$\omega \leqslant [\omega_{lim}] \qquad\qquad (3.53b)$$

式中　f——在荷载短期效应组合下,考虑荷载长期效应组合影响时,受弯构件的最大挠度;

　　　$[f]$——受弯构件的挠度限值,如表 3.24 所示;

　　　ω——在荷载短期效应组合下,考虑荷载长期效应组合影响时,受弯构件的最大裂缝宽度;

　　　$[\omega_{\text{lim}}]$——构件裂缝的宽度限值,如表 3.25 所示。

表 3.24　受弯构件的挠度限值

项次	构件类型	挠度限值[f]
1	吊车梁:手动吊车	$l_0/500$
	电动吊车	$l_0/600$
2	屋盖、楼盖及楼梯构件 当 $l_0<7$ m 时 当 7 m $\leqslant l_0 \leqslant 9$ m 时 当 $l_0>9$ m 时	$l_0/200(l_0/250)$ $l_0/250(l_0/300)$ $l_0/300(l_0/400)$

注:①表中 l_0 为计算跨度,可由《混凝土结构计算手册》查得。

②表中括号内的数值适用于使用上对挠度有较高要求的构件。

③如果构件制作时预先起拱,且使用上也允许,则在验算挠度时,可将计算所得的挠度值减去起拱值;对于预应力混凝土构件,尚应减去预应力所产生的反拱值。

④计算悬臂构件的挠度限值时,其计算跨度 l_0 按实际悬臂长度的 2 倍取用。

表 3.25　结构构件的裂缝宽度控制等级及最大裂缝宽度限值

环境类别	钢筋混凝土结构		预应力混凝土结构	
	裂缝控制等级	ω_{lim}(mm)	裂缝控制等级	ω_{lim}(mm)
一	三	0.3(0.4)	三	0.2
二	三	0.2	二	—
三	三	0.2	一	—

注:①表中的规定适用于采用热轧钢筋的钢筋混凝土构件和采用预应力钢丝、钢绞线及热处理钢筋的预应力混凝土构件;当采用其他类别的钢丝或钢筋时,其裂缝控制要求可按专门标准确定。

②对处于年平均相对湿度小于 60% 地区一类环境下的受弯构件,其最大裂缝宽度限值可采用括号内的数值。

③在一类环境下,对钢筋混凝土屋架、托架及需进行疲劳验算的吊车梁,其最大裂缝宽度限值应取为 0.2 mm;对钢筋混凝土屋面梁和托梁,其最大裂缝宽度限值应取为 0.3 mm。

④在一类环境下,对预应力混凝土屋面梁、托梁、屋架、屋面板和楼板,应按二级裂缝控制等级进行验算;在一类和二类环境下,对需进行疲劳验算的预应力混凝土吊车梁,应按一级裂缝控制等级进行验算。

⑤表中规定的预应力混凝土构件的裂缝控制等级和最大裂缝宽度限值仅适用于正截面的验算;预应力混凝土构件斜截面的裂缝控制验算详见本章预应力部分的规定。

⑥对于烟囱、筒仓和处于液体压力下的结构构件,其裂缝控制要求应符合专门标准的有关规定。

⑦对于处于四、五类环境下的结构构件,其裂缝控制要求应符合专门标准的有关规定。

⑧表中的最大裂缝宽度限值用于验算荷载作用引起的最大裂缝宽度。

1. 受弯构件变形的计算

结构构件受力后将在截面上产生内力,并使截面产生变形。构件截面抵抗变形的能力就是截面刚度。对于承受弯矩 M 的截面来说,抵抗截面转动的能力就是截面弯曲刚度。因此,截面弯曲刚度就是使截面产生单位曲率需要施加的弯矩值。

对于匀质弹性梁来说,由材料力学可知,跨中挠度的一般表达式为

$$f = S\frac{Ml_0^2}{EI} = S\phi l_0^2 \tag{3.54}$$

式中 f——梁跨中最大挠度值;

     S——与荷载形式、支承条件有关的荷载效应系数,如为均布荷载简支梁,$S = 5/48$;

     M——跨中最大弯矩,如为均布荷载简支梁,$M = ql_0^2/8$;

     l_0——受弯构件的计算跨度;

     EI——受弯构件的截面抗弯刚度;

     ϕ——截面曲率。

对于匀质弹性材料,$M - \phi$ 关系是不变的,故其截面抗弯刚度 EI 是常数,但是钢筋混凝土不是匀质弹性材料,钢筋混凝土受弯构件的正截面在其受力过程中,弯矩与曲率($M - \phi$)的关系是在不断变化的,所以截面抗弯刚度不是常数。

为了区别于匀质弹性材料受弯构件的抗弯刚度 EI,用字母 B 表示钢筋混凝土受弯构件的抗弯刚度,用 B_s 表示在荷载短期效应组合作用下受弯构件的刚度,即不考虑时间因素的短期截面抗弯刚度,称为短期刚度。

(1)钢筋混凝土梁出现裂缝后,在荷载短期效应组合作用下的短期刚度

在荷载效应的标准组合作用下,受弯构件的短期刚度可按下式计算:

$$B_s = \frac{E_s A_s h_0^2}{1.15\psi + 0.2 + \dfrac{6\alpha_E \rho}{1 + 3.5\gamma_f'}} \tag{3.55}$$

$$\gamma_f' = \frac{(b_f' - b)h_f'}{bh_0} \tag{3.56}$$

$$\psi = 1.1 - \frac{0.65 f_{tk}}{\rho_{te}\sigma_{sq}} \tag{3.57}$$

$$\rho_{te} = \frac{A_s}{0.5bh}（对矩形截面） \tag{3.58}$$

$$\sigma_{sq} = \frac{M_q}{0.87 h_0 A_s}（对受弯构件） \tag{3.59}$$

式中 E_s——受拉钢筋的弹性模量;

     A_s——受拉钢筋的截面面积;

h_0——截面有效高度；

ρ——纵向受拉钢筋的配筋率；

α_E——钢筋弹性模量与混凝土弹性模量的比值，即 $\alpha_E = E_s/E_c$；

γ'_f——受压区翼缘面积与腹板有效面积的比值；

b'_f、h'_f——受压区翼缘的宽度、高度，当 $h'_f > 0.2h_0$ 时，取 $h'_f = 0.2h_0$；

ψ——裂缝间纵向受拉钢筋应变不均匀系数，当 $\psi < 0.2$ 时，取 $\psi = 0.2$，当 $\psi > 1.0$ 时，取 $\psi = 1.0$；对直接承受重复荷载的构件，取 $\psi = 1.0$；

f_{tk}——混凝土轴心抗拉强度标准值；

ρ_{te}——按有效受拉混凝土截面面积 A_{te} 计算的纵向受拉钢筋配筋率，当算出的 $\rho_{te} < 0.01$ 时，取 $\rho_{te} = 0.01$；

σ_{sq}——按荷载效应的准永久组合计算的构件纵向受拉钢筋的应力；

M_q——按荷载效应的准永久组合计算的弯矩，取计算区段内的最大弯矩值。

（2）钢筋混凝土梁出现裂缝后（使用阶段），考虑部分荷载长期作用的长期刚度

钢筋混凝土受弯构件在长期荷载作用下，由于受压区混凝土在压应力持续作用下产生徐变、混凝土收缩、应力松弛以及受拉钢筋与混凝土的徐变滑移等，将使构件的变形随时间增长而逐渐增大，同时由于裂缝随时间增长不断向上发展，使其上部原来受拉的混凝土脱离工作，受压混凝土的塑性变形发展，使内力臂减小，也将引起钢筋应变的增加。这些情况都会导致曲率增加，刚度降低，使构件挠度增大。

在长期荷载作用下梁的挠度随时间增长而增大。在一般情况下，受弯构件挠度的增长，要经过 3～4 年时间后才能基本稳定。

《混凝土结构设计规范》规定，长期刚度 B 可按下式计算：

$$B = \frac{M_k}{M_k + (\theta - 1)M_q}B_s \tag{3.60}$$

式中　θ——考虑荷载长期作用对挠度增大的影响系数。

对钢筋混凝土受弯构件，当 $\rho' = 0$ 时，取 $\theta = 2.0$；当 $\rho' = \rho$ 时，取 $\theta = 1.6$；当 ρ' 为中间数值时，θ 按线性插值法取用。对翼缘位于受拉区的倒 T 形截面，θ 应增加 20%。对预应力混凝土受弯构件，取 $\theta = 2.0$。ρ、ρ' 分别为纵向受拉和纵向受压钢筋的配筋率。

从式 3.55 中可以看出，影响钢筋混凝土受弯构件刚度的主要因素是截面有效高度 h_0，当构件的挠度不满足要求时，可适当增大截面高度 h。

（3）受弯构件的挠度计算

由于受弯构件截面的刚度不仅随荷载的增大而减小，而且在某一荷载作用下，由于受弯构件各截面的弯矩不同，各截面的刚度也不同，即构件的刚度沿梁长分布是不均匀的，为了简化计算，《混凝土结构设计规范》规定，可取同号弯矩区段内弯矩最大截面的刚度作为该区段的抗弯刚度。显然，这种处理方法所算出的抗弯刚度值最小，通常把这种处理原则称为"最小刚度原则"。

所谓"最小刚度原则"，就是在简支梁全跨范围内，都可按弯矩最大处的截面抗弯刚度，亦即按最小的截面抗弯刚度，用材料力学方法中不考虑剪切变形影响的公式来计算挠度。当构

件上存在正、负弯矩时,取同号弯矩区段内$|M_{max}|$处的最小刚度计算挠度。

经过验算,当不满足式(3.44)的要求时,表示受弯构件的刚度不足,应设法予以提高,如增加截面高度h、提高混凝土强度等级、增加配筋数量、选用合理的截面(如T形或I形)等。其中以增大截面高度效果最为显著,应优先采用。

【例3.19】 某矩形截面简支梁,截面尺寸如图3.49所示,梁的计算跨度$l_0 = 6$ m,承受均布荷载,永久荷载标准值$g_k = 13$ kN/m(含梁自重),可变荷载标准值$q_k = 7$ kN/m,准永久值系数$\psi_q = 0.4$,由正截面受弯承载力计算已配置4$\oplus$18纵向钢筋($A_s = 1\ 017$ mm^2),混凝土强度等级为C25($E_c = 2.8 \times 10^4$ N/mm^2,$f_{tk} = 1.78$ N/mm^2),钢筋为HRB400级($E_s = 2 \times 10^5$ N/mm^2),梁的容许挠度$[f] = l_0/200$。试验算该梁的挠度。

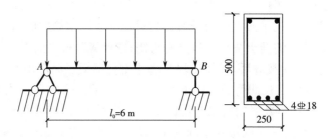

图3.49 例3.19图(矩形截面简支梁)

解:①计算梁内最大弯矩。

荷载效应标准组合作用下的跨中最大弯矩为

$$M_k = \frac{1}{8}(g_k + q_k)l_0^2 = \frac{1}{8}(13 + 7) \times 6^2 = 90 \text{ kN} \cdot \text{m}$$

荷载效应准永久组合作用下的跨中最大弯矩为

$$M_q = \frac{1}{8}(g_k + \psi_q q_k)l_0^2 = \frac{1}{8}(13 + 0.4 \times 7) \times 6^2 = 71.1 \text{ kN} \cdot \text{m}$$

②计算系数ψ。

$$\sigma_{sq} = \frac{M_q}{0.87 h_0 A_s} = \frac{71.1 \times 10^6}{0.87 \times 460 \times 1\ 017} = 174.7 \text{ N/mm}^2$$

$$\rho_{te} = \frac{A_s}{A_{te}} = \frac{1\ 017}{0.5 \times 200 \times 500} = 0.020\ 3 \geqslant 0.01$$

取 $$\rho_{te} = 0.020\ 3$$

$$\psi = 1.1 - \frac{0.65 f_{tk}}{\rho_{te} \sigma_{sq}} = 1.1 - \frac{0.65 \times 1.78}{0.020\ 3 \times 174.7} = 0.774$$

③计算短期刚度B_s。

$$\alpha_E = \frac{E_s}{E_c} = \frac{2 \times 10^5}{2.8 \times 10^4} = 7.14$$

$$\rho = \frac{A_s}{bh_0} = \frac{1\ 017}{200 \times 460} = 0.011\ 1$$

因该梁为矩形截面,所以 $\gamma_f' = 0$。

$$B_s = \frac{E_s A_s h_0^2}{1.15\psi + 0.2 + \dfrac{6\alpha_E \rho}{1 + 0.35\gamma_f'}} = \frac{2 \times 10^5 \times 1\,017 \times 460^2}{1.15 \times 0.774 + 0.2 + 6 \times 7.14 \times 0.011\,1} = 2.749 \times 10^{13} \ \text{N/mm}^2$$

④计算长期刚度 B。

$$\rho' = 0, \theta = 2$$

$$B = \frac{M_k}{M_k + (\theta - 1)M_q} B_s = \frac{90}{90 + (2 - 1) \times 71.1} \times 2.749 \times 10^{13} = 1.536 \times 10^{13} \ \text{N/mm}^2$$

⑤验算挠度 f。

$$f = \frac{5}{48} \times \frac{M_k l_0^2}{B} = \frac{5}{48} \times \frac{90 \times 10^6 \times 6\,000^2}{1.536 \times 10^{13}} = 21.97 \ \text{mm}$$

$$f < [f] = \frac{l_0}{200} = \frac{6\,000}{200} = 30 \ \text{mm}$$

满足要求。

2. 钢筋混凝土受弯构件裂缝宽度验算

钢筋混凝土受弯构件在正常使用阶段是处于开裂状态的,如果裂缝宽度过大,将会影响到构件的正常使用和耐久性,在设计中必须进行验算,当不满足规定要求时,应采用合理措施加以控制。经试验研究发现,裂缝间距和裂缝宽度的分布是不均匀的,但变化是有规律的。大量试验表明,裂缝宽度与混凝土保护层厚度、钢筋直径、纵向受拉钢筋以及钢筋与混凝土之间的黏结力有关。《混凝土结构设计规范》规定,最大裂缝宽度 ω_{max} 可按下式计算:

$$\omega_{max} = \alpha_{cr}\psi \frac{\sigma_{sq}}{E_s}\left(1.9c_s + 0.08\frac{d_{eq}}{\rho_{te}}\right) \tag{3.61}$$

式中 α_{cr}——构件受力特征系数,对钢筋混凝土构件,轴心受拉构件,取2.7,偏心受拉构件,取2.4,受弯和偏心受压构件,取1.9;

　　　c_s——最外层纵向受拉钢筋外边缘至受拉区底边的距离,当 $c_s \leqslant 20$ 时,取 $c_s = 20$,当 $c_s \geqslant 65$ 时,取 $c_s = 65$;

　　　d_{eq}——受拉区纵向钢筋的等效直径,$d_{eq} = \dfrac{\sum n_i d_i^2}{\sum n_i v_i d_i}$,$n_i$、$d_i$ 分别为受拉区第 i 种纵向钢筋的根数和直径,v_i 为第 i 种纵向钢筋相对黏结特性系数,光面钢筋 $v_i = 0.7$,带肋钢筋 $v_i = 1.0$。

其余符号意义同前。

【例3.20】 按例3.19所示条件,箍筋直径为 6 mm,验算梁的裂缝宽度,容许裂缝宽度 $[\omega_{lim}] = 0.3$ mm。

解:已知 $\psi = 0.774$,$\sigma_{sq} = 174.7$ N/mm²,$c = 25$ mm,$\rho_{te} = 0.020\,3$,将上述数据代入式(3.61)得

$$\omega_{max} = \alpha_{cr}\psi \frac{\sigma_{sq}}{E_s}\left(1.9c_s + 0.08\frac{d_{eq}}{\rho_{te}}\right)$$

$$= 1.9 \times 0.774 \times \frac{174.7}{2 \times 10^5} \times \left[1.9 \times (25 + 6) + 0.08 \times \frac{18}{0.020\ 3}\right]$$

$$= 0.167\ \text{mm} < 0.3\ \text{mm}$$

满足要求。

3.4 梁板的计算

3.4.1 普通板的截面形式及构造要求

1. 板的常见截面形式

板属于受弯构件。钢筋混凝土板的常用截面形式有矩形实心板、矩形空心板和槽形板,如图 3.50 所示。

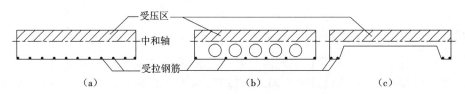

图 3.50 板的截面形式
（a）矩形实心板 （b）矩形空心板 （c）槽形板

2. 板的基本规定

（1）混凝土板的计算原则

①两对边支承的板应按单向板计算。

②四边支承的板应按下列规定计算:

a. 当长边与短边长度之比不大于 2.0 时,应按双向板计算;

b. 当长边与短边长度之比大于 2.0,但小于 3.0 时,宜按双向板计算;

c. 当长边与短边长度之比不小于 3.0 时,宜按沿短边方向受力的单向板计算,并应沿长边方向布置构造钢筋。

（2）现浇混凝土板的尺寸规定

①板的跨厚比:钢筋混凝土单向板不大于 30,双向板不大于 40;无梁支承的有柱帽板不大于 35,无梁支承的无柱帽板不大于 30,预应力板可适当增加;当板的荷载、跨度较大时宜适当减小。

②板的厚度:板的厚度与板的跨度及所受荷载有关,板的厚度应满足承载能力、刚度和裂缝的要求,同时也不应小于表 3.26 的规定。板厚以 10 mm 为模数。

表 3.26　现浇钢筋混凝土板的最小厚度　　　　　　　　　　（mm）

板的类别	单向板				双向板	密肋楼板		悬臂板（根部）		无梁楼板	现浇空心楼盖
	屋面板	民用建筑楼板	工业建筑楼板	行车道下的楼板		面板	肋高	悬臂长度不大于 500	悬臂长度不大于 1 200		
最小厚度	60	60	70	80	80	50	250	60	100	150	200

③板中受力钢筋的间距，当板厚不大于 150 mm 时，不宜大于 200 mm；当板厚大于 150 mm 时，不宜大于板厚的 1.5 倍，且不宜大于 250 mm。

④采用分离式配筋的多跨板，板底钢筋宜全部伸入支座；支座负弯矩钢筋向跨内延伸的长度应根据负弯矩图确定，并满足钢筋锚固的要求。简支板或连续板下部纵向受力钢筋伸入支座的锚固长度不应小于钢筋直径的 5 倍，且宜伸过支座中心线。当连续板内温度、收缩应力较大时，伸入支座的长度宜适当增加。

⑤现浇混凝土空心楼板的体积空心率不宜大于 50%。

采用箱形内孔时，顶板厚度不应小于肋间净距的 1/15 且不应小于 50 mm。当底板配置受力钢筋时，其厚度不应小于 50 mm。内孔间肋宽与内孔高度比不宜小于 1/4，且肋宽不应小于 60 mm，对预应力板不应小于 80 mm。

采用管形内孔时，孔顶、孔底板厚均不应小于 40 mm，肋宽与内孔径之比不宜小于 1/5，且肋宽不应小于 50 mm，对预应力板不应小于 60 mm。

（3）板的构造配筋

板中一般配置有两种钢筋——受力钢筋和分布钢筋，如图 3.51 所示。受力钢筋沿板跨方向配置于受拉区，承受由弯矩作用而产生的拉力，受力钢筋的直径大小由计算确定。分布钢筋与受力钢筋垂直，一般设置在受力钢筋的内侧，分布钢筋的直径大小由构造决定，其作用如下：一是将荷载均匀地传给受力钢筋；二是抵抗因混凝土收缩及温度变化在垂直于受力钢筋方向产生的拉力；三是固定受力钢筋的位置。

①按简支边或非受力边设计的现浇混凝土板，当与混凝土梁、墙整体浇筑或嵌固在砌体墙内时，应设置板面构造钢筋，并符合以下要求。

a. 钢筋直径不宜小于 8 mm，间距不宜大于 200 mm，且单位宽度内的配筋面积不宜小于跨中相应方向板底钢筋截面面积的 1/3。与混凝土梁、墙整体浇筑单向板的非受力方向钢筋截面面积尚不宜小于受力方向跨中板底钢筋截面面积的 1/3。

b. 钢筋从混凝土梁边、柱边、墙边伸入板内的长度不宜小于 $l_0/4$，如图 3.52 所示。砌体墙支座处钢筋伸入板边的长度不宜小于 $l_0/7$，其中计算跨度 l_0 对单向板按受力方向考虑，对双向板按短边方向考虑。

c. 在楼板角部，宜沿两个方向正交、斜向平行或放射状布置附加钢筋。

d. 钢筋应在梁内、墙内或柱内可靠锚固。

②当按单向板设计时，应在垂直于受力的方向布置分布钢筋，单位宽度上的配筋不宜小于

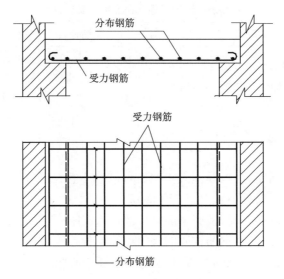

图 3.51　梁板式配筋

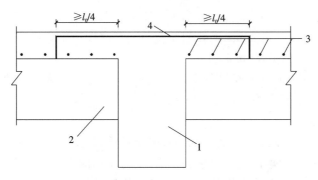

图 3.52　现浇板中与梁垂直的构造钢筋

1—主梁;2—次梁;3—板的受力钢筋;4—上部构造钢筋

单位宽度上受力钢筋的 15%,且配筋率不宜小于 0.15%;分布钢筋直径不宜小于 6 mm,间距不宜大于 250 mm;当集中荷载较大时,分布钢筋的配筋面积尚应增加,且间距不宜大于 200 mm。当有实际经验或可靠措施时,预制单向板的分布钢筋可不受本条规定的限制。

③在温度、收缩应力较大的现浇板区域,应在板的表面双向配置防裂构造钢筋。配筋率均不宜小于 0.10%,间距不宜大于 200 mm。防裂构造钢筋可利用原有钢筋贯通布置,也可另行设置钢筋并与原有钢筋按受力钢筋的要求搭接或在周边构件中锚固。楼板平面的瓶颈部位宜适当增加板厚和配筋,沿板的洞边、凹角部位宜加配防裂构造钢筋,并采用可靠的锚固措施。

④混凝土厚板及卧置于地基上的基础筏板,当板的厚度大于 2 m 时,除应沿板的上、下表面布置纵、横方向钢筋外,尚宜在板厚度不超过 1 m 范围内设置与板面平行的构造钢筋网片,网片钢筋的直径不宜小于 12 mm,纵横方向的间距不宜大于 300 mm。

⑤当混凝土板的厚度不小于 150 mm 时,对板无支承边的端部,宜设置 U 形构造钢筋,并

与板顶、板底的钢筋搭接,搭接长度不宜小于 U 形构造钢筋直径的 15 倍且不宜小于 200 mm;也可采用板面、板底钢筋分别向下、上弯折搭接的形式。

3.4.2　梁板结构设计

1. 概述

钢筋混凝土梁板结构是土木工程中应用最广泛的一种结构,主要由梁和板组成,其支承结构可为柱或墙体,广泛应用于建筑结构、桥梁结构及水工结构中,如图 3.53 所示。

楼(屋)盖是建筑结构的重要组成部分。在建筑结构中,混凝土楼(屋)盖的自重和造价均占有较大比例。楼(屋)盖是建筑结构中最典型的梁板结构。

①按楼(屋)盖的施工方法分类,有现浇式、装配式和装配整体式三种,其特点如下。

a. 现浇式。整体性好,刚度大,抗渗性好,防水性好,抗震性能强,易于适应各种特殊的情况;但需要现场支模和铺设钢筋,混凝土的浇筑和养护等劳动量大,且工期较长。

b. 装配式。节约劳动力和模板,施工进度快,便于工业化生产和机械化施工;但结构的整体性、抗震性、防水性和刚度较差,吊装运输不便。

c. 装配整体式。整体性和刚度比装配式好,又比现浇式支模工作量少;但焊接工作量较大,且需要二次浇筑混凝土,施工较烦琐。

②按楼(屋)盖的结构形式分类,有肋梁楼盖、井式楼盖和密肋楼盖、无梁楼盖四种,如图 3.54 所示。其特点如下。

a. 肋梁楼盖。如图 3.54(a)、(b)所示,用梁将楼板分成多个区格,从而形成整浇的连续板和连续梁,因板厚也是梁高的一部分,故梁的截面为 T 形,这种由梁、板组成的现浇楼盖通常称为肋梁楼盖。按照板区格平面尺寸比的不同,又可分成单向板肋梁楼盖和双向板肋梁楼盖。

b. 井式楼盖和密肋楼盖。如图 3.54(c)和(e)所示,在肋梁和无梁楼盖中,如果用模壳在板底形成规则的"挖空"部分,没有挖空的部分在两个方向形成高度相同的肋(梁),视肋(梁)的间距大小,可将这种形式的楼盖称作密肋楼盖或井式楼盖。密肋楼盖中肋的间距一般不大于 1.5 m,而井式楼盖中则通常采用 2~3 m 的网格。与普通肋梁楼盖相比,采用密肋楼盖或井式楼盖可以在不增加结构自重的前提下,增加板的结构高度,从而增大结构跨度。

c. 无梁楼盖。如图 3.54(d)所示,将板直接支承在柱上的楼盖称为无梁楼盖。其传力途径是荷载由板直接传至柱或墙。无梁楼盖与柱构成板柱结构。无梁楼盖的主要优点是结构高度小、板底平整、构造简单、施工方便;主要缺点是由于取消了肋梁,楼盖的抗弯刚度小,挠度增大,柱子周边的剪应力高度集中,可能会引起局部板的冲切破坏。

d. 扁梁楼盖。如图 3.54(f)所示,为了降低构件的高度,增加建筑的净高或提高建筑的空间利用率,将楼板的水平支撑梁做成扁平的形式,就像放倒的梁。

实际工程中究竟采用何种楼盖形式,应根据房屋的性质用途、平面尺寸、荷载大小、采光及技术经济等因素综合考虑。

2. 单向板肋梁楼盖的设计要点

单向板肋梁楼盖的设计步骤一般可归纳为:结构平面布置,初步拟定板厚和主、次梁的截

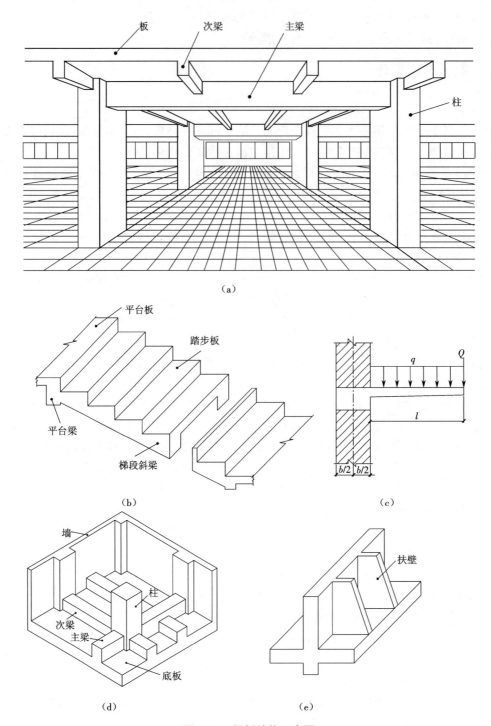

图 3.53 梁板结构示意图

(a)肋梁楼盖　(b)梁式楼梯　(c)雨篷　(d)地下室底板　(e)带扶壁挡土墙

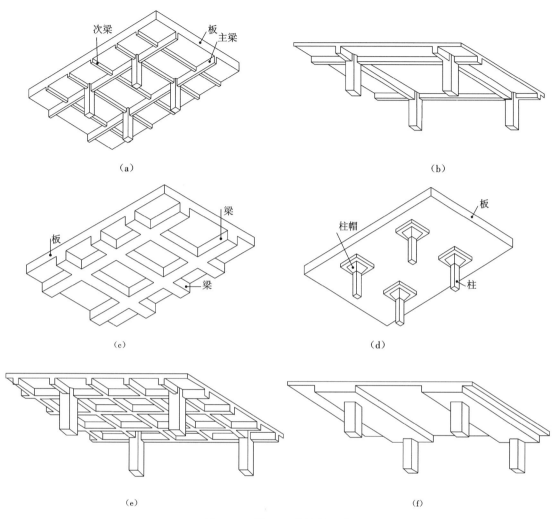

图 3.54　楼(屋)盖结构形式
(a)单向板肋梁楼盖　(b)双向板肋梁楼盖
(c)井式楼盖　(d)无梁楼盖　(e)密肋楼盖　(f)扁梁楼盖

面尺寸→荷载计算→确定梁、板的静力计算简图→梁、板的内力计算→截面配筋计算,配筋及构造处理→绘制施工图。

(1)结构平面布置

单向板肋梁楼盖由板、次梁和主梁组成,楼盖则支承在柱、墙等竖向构件上。其中,次梁的间距决定了板的跨度;主梁的间距决定了次梁的跨度;柱或墙的间距决定了主梁的跨度。

单向板常见的平面布置方案通常有以下三种。

①主梁横向布置,次梁纵向布置,如图 3.55(a)所示。其优点是主梁和柱形成横向框架,横向抗侧移刚度大,各榀横向框架间由纵向次梁相连,房屋的整体性好,对采光有利。

②主梁纵向布置,次梁横向布置,如图 3.55(c)所示。这种布置适用于横向柱距比纵向柱

距大得多的情况。其优点是减小了主梁的截面高度,增加了室内净高。

③只布置次梁,不布置主梁,如图3.55(b)所示。这种布置仅适用于有中间走道的砌体墙承重的混合结构。

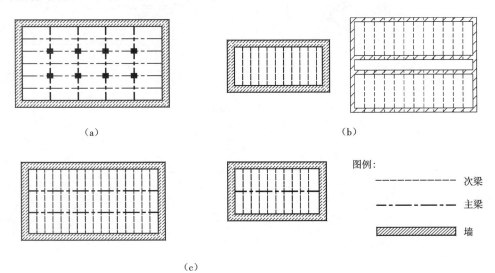

（a）

（b）

（c）

图例：
———————— 次梁

—·—·—·—·— 主梁

▨▨▨▨▨▨ 墙

图 3.55 单向板肋梁楼盖结构平面布置
(a)主梁横向布置,次梁纵向布置　(b)只布置次梁,不布置主梁
(c)主梁纵向布置,次梁横向布置

柱网和梁格的合理布置对楼盖的适用、经济以及设计和施工都有重要的意义。布置时,一般应注意以下几方面。

①柱网尺寸的确定首先应满足使用要求,同时应考虑到梁、板构件受力的合理性。

②梁的布置方向应考虑生产工艺、使用要求及支承结构的合理性,一般以主梁沿房屋的横向布置居多,这样可以提高房屋的侧向刚度,增加房屋抵抗水平荷载的能力,对采光也有利。

③梁格的布置应尽量规整和统一,减少梁、板跨度的变化,从而获得最佳的建筑效果和经济效果。

（2）荷载计算

作用于楼盖上的荷载有恒载和活载两种。恒载包括结构自重、构造层重(面层、粉刷层等)、隔墙和永久性设备重等。活载包括使用时的人群重和临时性设备重等。

对于屋盖来说,恒载还应包括保温或隔热层重;活载除按上人或不上人分别考虑外,北方地区的屋面还需考虑雪荷载,但雪荷载与屋面活载不同时考虑,两者中取较大值计算。

恒载标准值按实际构造情况计算(体积×重度)。活载标准值可查表1.15。

单向板肋梁楼盖各构件的荷载情况如图3.56所示。

单向板除承受板自重、抹灰荷载外,还要承受作用于其上的使用活荷载,通常取1 m宽板带作为荷载计算单元,如图3.56(a)所示。楼面上的恒荷载可由其重度折算为面荷载,而由规范查得的活荷载也为面荷载,单位为 kN/m^2,则板带线荷载(kN/m)＝板面荷载(kN/m^2)×1

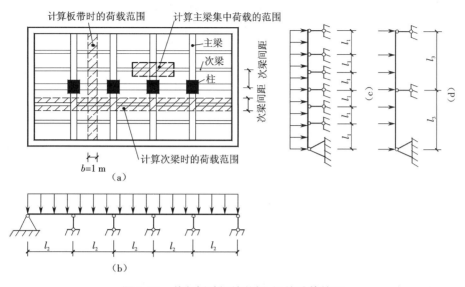

图 3.56　单向板肋梁楼盖板、梁的计算简图

(a)荷载计算单元　(b)次梁的计算简图　(c)板的计算简图　(d)主梁的计算简图

m,板的计算简图如图 3.56(c)所示。

次梁也承受均布线荷载,除承受次梁自重、抹灰荷载外,还要承受板传来的荷载,其受荷范围的宽度即为次梁间距。计算板传来的荷载时,取次梁两侧相邻板跨度的一半作为次梁的受荷宽度,则次梁承受板传来的荷载(kN/m) = 板面荷载(kN/m²) × 次梁的受荷宽度,次梁的计算简图如图 3.56(b)所示。

主梁除承受主梁自重、抹灰荷载外,还要承受次梁传来的集中荷载。为简化计算,主梁的自重也可以分段并入次梁传来的集中力。计算次梁传来的荷载时,不考虑次梁的连续性,取主梁两侧相邻次梁跨度的一半作为主梁的受荷宽度,则主梁所承受次梁传来的集中荷载 = 次梁荷载(kN/m) × 主梁的受荷宽度。由于主梁肋部自重与次梁传来的荷载相比很小,为简化计算,可将次梁间主梁肋部自重也折算成集中荷载,并假定作用于主、次梁的交接处,与次梁传来的荷载一并计算。作用在支座上的集中力认为直接传给支座,不引起梁的内力,所以计算梁的内力时可将其略去,主梁的计算简图如图 3.56(d)所示。

(3)计算简图

1)支承条件

当结构支承于砖墙上时,砖墙可视为结构的铰支座。板与次梁或次梁与主梁虽然浇筑在一起,但支座对构件的约束并不太强,一般可视为铰支座。当主梁与柱浇筑在一起时,则需根据梁与柱的线刚度比大小来选择合适的计算支座:当梁柱线刚度比大于 5 时,可视柱为主梁的铰支座;反之,则认为主梁与柱刚接,这时主梁不能视为连续梁,而与柱一起按框架结构计算。

2)计算跨度和计算跨数

①计算跨度。梁、板的计算跨度可按表 3.27 选用。

表 3.27　连续梁、板的计算跨度

支承情况	按弹性理论计算		按塑性理论计算	
	梁	板	梁	板
两端与梁（柱）整体连接	l_c	l_c	l_n	l_n
两端搁置在墙上	$1.05l_n \leqslant l_c$	$l_n + t \leqslant l_c$	$1.05l_n \leqslant l_c$	$l_n + t \leqslant l_c$
一端与梁整体连接，另一端搁置在墙上	$1.025l_n + b/2 \leqslant l_c$	$l_n + b/2 + t/2 \leqslant l_c$	$1.025l_n + b/2 \leqslant l_c$	$l_n + t/2 \leqslant l_c + a/2$

注：表中的 l_c 为支座中心线到中心线的距离，l_n 为净跨，t 为板厚，a 为板、梁在墙上的支承长度，b 为板、梁在梁或柱上的支承长度。

②计算跨数。不超过 5 跨时，按实际考虑；超过 5 跨，但各跨荷载相同且跨度相同或相近（误差不超过 10%）时，可按 5 跨计算。这时，去除左右端各两跨外，中间各跨的内力均认为相同。

（4）连续梁、板内力的计算方法（用调幅法）

1）弯矩调幅法的原则

《钢筋混凝土连续梁和框架考虑内力重分布设计规程》（CECS 51—1993）主要推荐用弯矩调幅法来计算钢筋混凝土连续梁、板和框架的内容。

所谓调幅法，就是对结构按弹性方法所求得的弯矩和剪力值进行适当的调整（降低），以考虑结构非弹性变形所引起的内力重分布。截面的弯矩调整幅度用弯矩调幅系数 β 来表示，即

$$\beta = 1 - \frac{M_a}{M_c} \tag{3.62}$$

式中　M_a——调整后的弯矩设计值；

　　　M_c——按弹性方法计算得到的弯矩设计值。

其主要原则如下。

①钢筋宜采用 HRB335、HRB400 级热轧带肋钢筋，也可采用 HPB300 级和 RRB400 级热轧光面钢筋，混凝土强度等级宜在 C20～C45 范围内。

②截面弯矩调幅系数 β 不宜超过 0.25，不等跨连续梁、板不宜超过 0.2。

③弯矩调幅后的截面相对受压区高度应满足 $0.1 \leqslant \xi \leqslant 0.35$。

④不等跨连续梁、板各跨中截面弯矩不宜调整。

⑤结构在正常使用阶段不应出现塑性铰，且变形和裂缝宽度应符合《混凝土结构设计规范》的规定。

⑥在可能产生塑性铰的区段，考虑弯矩调幅后，连续梁的下列区段按《混凝土结构设计规范》算得的箍筋用量一般应增加 20%，增加的范围为：对于集中荷载，取支座边缘至最近的一个集中荷载之间的区段；对于均布荷载，取支座边距支座边 $1.05h_0$ 的区段（h_0 为截面的有效高

度）。

⑦为了防止构件发生斜拉破坏,箍筋的配筋率应满足下式要求：

$$\rho_{sv} \geqslant 0.03 f_c / f_{yv} \tag{3.63}$$

⑧连续梁、板的弯矩经调整后仍应满足静力平衡条件,梁、板的任意一跨调整后的两支座弯矩的平均值与跨中弯矩之和,应略大于该跨按简支梁计算的弯矩值,且不小于按弹性方法求得的考虑活荷载最不利布置的跨中最大弯矩。

2）用调幅法计算等跨连续梁、板的内力

Ⅰ.承受均布荷载的等跨连续梁、板

根据弯矩调幅法的原则,经过内力调整,并且考虑计算方法,推导出等跨连续梁及连续板在均布荷载作用下内力的计算公式,设计时可直接利用这些计算公式计算内力。

①弯矩设计值。

$$M = \alpha_{mb}(g+q)l_0^2 \tag{3.64}$$

$$Q = \beta(g+q)l_n$$

式中　M——弯矩设计值;

　　　α_{mb}——连续梁、板考虑塑性内力重分布的弯矩系数,按表 3.28 采用;

　　　g——作用于连续梁、板上的均布永久荷载;

　　　q——作用于连续梁、板上的可变荷载;

　　　l_0——计算跨度,按表 3.27 确定。

表 3.28　连续梁、板考虑塑性内力重分布的弯矩系数 α_{mb}

支撑情况		截面					
		端支座	边跨跨中	离端第二内支座	离端第二跨跨中	中间支座	中间跨跨中
		A	Ⅰ	B	Ⅱ	C	Ⅲ
梁、板搁置在墙上		0	1/11	二跨连续： －1/10 三跨以上连续：1/11	1/16	－1/14	1/16
板	与梁整浇连接	－1/16	1/14				
梁		－1/24					
梁与柱整浇连接		－1/16					

注：①表中弯矩系数适用于恒荷载与活荷载之比 $q/g > 0.3$ 的等跨连续梁和连续单向板。

②连续梁或连续单向板的各跨长度不等,但相邻两跨的长跨与短跨之比小于 1.10 时,仍可采用表中弯矩系数值,计算支座弯矩时应取相邻两跨中的较长跨度值,计算跨中弯矩时应取本跨长度。

②剪力设计值。在均布荷载作用下,等跨连续梁的剪力设计值可按下式计算：

$$V = \alpha_{vb}(g+q)l_n \tag{3.65}$$

式中　V——剪力设计值;

　　　α_{vb}——剪力系数,按表 3.29 采用;

l_n——净跨度。

表 3.29   连续梁考虑塑性内力重分布的剪力系数 α_{vb}

荷载情况	边支座情况	截面				
		边支座右侧	第一内支座左侧	第一内支座右侧	中间支座左侧	中间支座右侧
均布荷载	搁置在墙上	0.45	0.60	0.55	0.55	0.55
	梁与梁(或)柱整体连接	0.50	0.55			
集中荷载	搁置在墙上	0.42	0.65	0.60	0.55	0.55
	与梁整体连接	0.50	0.60			

均布荷载作用下,$q/g > 0.3$ 时,对于边支座搁置在墙上的五跨连续梁,表 3.28 和表 3.29 中的 α_{mb}、α_{vb} 值如图 3.56 所示。

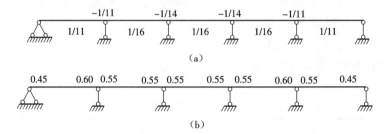

图 3.57   搁置在墙上的板和次梁考虑内力重分布的弯矩和剪力系数
(a)板和次梁的弯矩系数   (b)次梁的剪力系数

Ⅱ. 承受等间距、等大小集中荷载的等跨连续梁、板

①弯矩设计值。在间距相同、大小相等的集中荷载作用下,等跨连续梁的各跨跨中及支座截面的弯矩设计值可按下式计算:

$$M = \eta \alpha_{mb}(G + Q) l_0 \tag{3.66}$$

式中 η——集中荷载修正系数,依据一跨内集中荷载的不同情况按表 3.30 选用;

α_{mb}——连续梁、板考虑塑性内力重分布的弯矩系数,按表 3.28 选用;

G——一个集中恒荷载设计值;

Q——一个集中活荷载设计值;

l_0——计算跨度,按表 3.27 选用。

表 3.30　集中荷载修正系数 η

荷载情况	截面					
	端支座	边跨跨中	离端第二内支座	离端第二跨跨中	中间支座	中间跨跨中
	A	Ⅰ	B	Ⅱ	C	Ⅲ
在跨中二分点处作用有一个集中荷载时	1.5	2.2	1.5	2.7	1.6	2.7
在跨中三分点处作用有两个集中荷载时	2.7	3.0	2.7	3.0	2.9	3.0
在跨中四分点处作用有三个集中荷载时	3.8	4.1	3.8	4.5	4.0	4.8

②剪力设计值。在间距相同、大小相等的集中荷载作用下,等跨连续梁的剪力设计值可按下式计算:

$$V = \alpha_{vb} n (G + Q) \tag{3.67}$$

式中　V——剪力设计值;

　　　α_{vb}——剪力系数,按表 3.29 选用;

3)用调幅法计算不等跨连续梁、板的内力

相邻两跨的长跨与短跨之比小于 1.10 的不等跨连续梁、板,在均布荷载或间距相同、大小相等的集中荷载作用下,各跨跨中及支座截面的内力设计值仍可按上述等跨连续梁、板的规定选用。对于不满足上述条件的不等跨连续梁、板及各跨荷载值相差较大的等跨连续梁、板,现行规程提出了简化方法,可分别按下列步骤进行计算。

Ⅰ.不等跨连续梁

①按荷载的最不利布置,用弹性理论分别求出连续梁各控制截面的弯矩最大值 M。

②在弹性弯矩的基础上,降低各支座截面的弯矩,其调幅系数 β 不宜超过 0.2;在进行正截面受弯承载力计算时,连续梁各支座截面的弯矩设计值可按下列公式计算。

连续梁搁置在墙上:

$$M = (1 - \beta) M_e \tag{3.68}$$

连续梁两端与梁或柱整体连接:

$$M = (1 - \beta) M_e - V_0 b / 3 \tag{3.69}$$

式中　V_0——按简支梁计算的支座剪力设计值;

　　　M_e——支座截面的弯矩;

　　　b——支座宽度。

③连续梁各跨中截面的弯矩不宜调整,其弯矩设计值取考虑荷载最不利布置,并取按弹性

理论求得的最不利弯矩和按式(3.70)算得的弯矩之中的最大值。

$$M = 1.02M_0 - (M^l + M^r)/2 \tag{3.70}$$

式中　M_0——按简支梁计算的跨中弯矩设计值;

　　M^l、M^r——连续梁或连续单向板的左、右支座弯矩调幅后的设计值。

④连续梁各控制截面的剪力设计值,可按荷载最不利布置,根据调整后的支座弯矩用静力平衡条件计算,也可近似取考虑活荷载最不利布置按弹性理论算得的剪力值。

Ⅱ. 不等跨连续板

①从较大跨度板开始,在下列范围选定跨中的弯矩设计值。

边跨

$$\frac{(g+q)l_0^2}{14} \leq M \leq \frac{(g+q)l_0^2}{11} \tag{3.71}$$

中间跨

$$\frac{(g+q)l_0^2}{20} \leq M \leq \frac{(g+q)l_0^2}{16} \tag{3.72}$$

② 按照所选定的跨中弯矩设计值,由静力平衡条件来确定较大跨度的两端支座弯矩设计值,再以此支座弯矩设计值为已知值,重复上述条件和步骤确定相邻跨的跨中弯矩和相邻支座的弯矩设计值。

4)考虑内力重分布计算方法的适用范围

考虑内力重分布的计算方法是按构件能出现塑性铰的情况建立起来的一种计算方法,采用此法设计出来的构件,使用阶段的裂缝和挠度一般较大,下列情况下不宜采用。

①直接承受动荷载作用的构件。

②在使用阶段不允许出现裂缝或对裂缝有较严格限制的结构,如水池、自防水屋面等。

③要求有较高承载力储备的结构。

楼盖中的连续板和次梁,无特殊要求,一般采用塑性计算。但为了使其有较大的承载力储备,一般不考虑塑性内力重分布,而仍按弹性计算法计算。

(5)截面计算要点

梁、板内力确定后,即按《混凝土结构设计规范》所述方法,进行构件截面的承载力计算,并注意下述各点。

①对于四周与梁整体相连的多跨连续板,中间各跨的跨中截面和中间支座(从边支座算起的第二支座除外)截面,设计弯矩值可按计算所得弯矩降低20%采用。

②板的斜截面受剪承载力一般均能满足要求,设计时可不进行计算。

③在进行梁的正截面受弯承载力计算时,一般跨中截面承受正弯矩,按T形截面计算;支座截面则按矩形截面计算。

④在主梁的支座位置,板、次梁、主梁的负筋相互交叉通过。通常情况下,板的负筋放置在次梁负筋的上面,次梁的负筋放置在主梁负筋的上面,如图3.58所示。因此,支座截面次梁与主梁受拉钢筋合力点至梁顶面的距离 a_s 应按图中所示采用。

⑤在次梁与主梁交接处,应设置附加横向钢筋(吊筋或附加箍筋),以承受次梁传给主梁

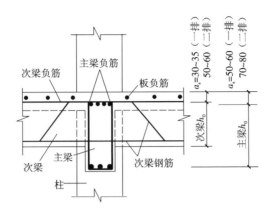

图 3.58　主梁支座处受力钢筋的布置

的集中荷载,防止主梁局部破坏。附加横向钢筋应布置在图 3.59 所示长度为 S 的范围内,并宜优先采用附加箍筋。

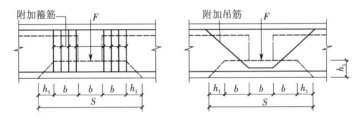

图 3.59　梁的附加横向钢筋的布置

附加横向钢筋的总截面面积应按下式计算:

$$A_{sv} \geqslant \frac{F}{f_{yv}\sin \alpha} \tag{3.73}$$

式中　A_{sv}——承受集中荷载所需的附加横向钢筋的总截面面积,当采用附加吊筋时,A_{sv} 应为左、右弯起段截面面积之和;

　　　F——作用在梁的下部或梁截面高度范围内的集中荷载设计值;

　　　α——附加横向钢筋与梁轴线间的夹角。

(6)单向板肋梁楼盖构造要求

单向板肋梁楼盖构件除应满足梁、板的一般构造要求外,还应满足下列构造要求。

①单向板肋梁楼盖中,板的厚度一般不应小于 $l_0/30$,次梁的截面高度不应小于 $l_0/20$,主梁的截面高度不应小于 $l_0/15$,l_0 为构件计算长度。通常情况下,板在砖墙上的支承长度为 120 mm,次梁在墙上的支承长度为 240 mm,主梁在墙上的支承长度为 370 mm。

②多跨连续板的配筋可采用弯起式和分离式两种方式,如图 3.60 所示。当采用弯起式配筋时,弯起钢筋的弯起角通常为 30°。由板中伸入支座的下部受力钢筋,其截面面积不应小于跨中受力钢筋截面面积的 1/3,间距不应大于 400 mm。

③简支板的下部纵向受力钢筋应伸入支座,其锚固长度 l_{as} 不应小于 $5d$,且宜伸过支座中

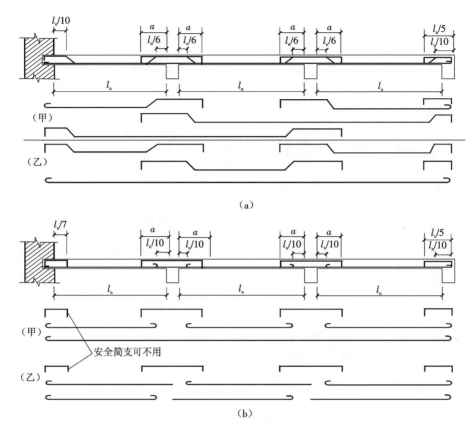

图 3.60　连续单向板的配筋

（a）弯起式配筋　（b）分离式配筋

a 值:当 $q/g<3$ 时, $a=l_n/4$;当 $q/g>3$ 时, $a=l_n/3$ (其中 q 为均布可变荷载, g 为均布永久荷载)。

心线,当采用焊接网配筋时,其末端至少应有一根横钢筋配置在支座边缘内(图 3.61(a));如不满足图 3.61(a)的要求,应将受力钢筋末端制成弯钩(图 3.61(b))或加焊附加的横向锚固钢筋(图 3.61(c))。

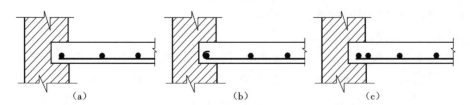

图 3.61　焊接网在板的自由支座上的锚固

（a）边缘内配 ∢1 根横钢筋　（b）制成弯钩　（c）附加锚固钢筋

④单向板中单位长度上的分布钢筋,其截面面积不应小于单位长度上受力钢筋截面面积的 15% ,其间距不应大于 250 mm。板的分布钢筋应配置在受力钢筋的内侧,并沿受力钢筋直线段均匀分布;受力钢筋的所有弯折处均应配置分布钢筋,但在梁的范围内不必配置,如图

3.62 所示。

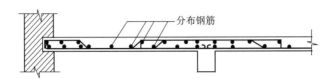

图 3.62　板的分布钢筋布置

⑤对嵌固在承重墙内的现浇板,在板的上部应配置直径$\not< 8$ mm、间距$\not> 200$ mm 的构造钢筋(包括弯起钢筋在内),其伸出墙边的长度$\not< l_1/7$(l_1为单向板的跨度);同时,沿受力方向配置的上部构造钢筋(包括弯起钢筋)的截面面积还不宜小于跨中受力钢筋截面面积的 1/3。对于两边均嵌固在墙内的板角部分,应在其上部双向配置 $\phi6@200$ 的构造钢筋,其伸出墙边的长度$\not< l_1/4$,如图 3.63 所示。

⑥主梁上部应沿主梁纵向配置不少于 $\phi6@200$ 且与梁肋垂直的构造钢筋;其单位长度内的总截面面积不应小于板中单位长度内受力钢筋截面面积的 1/3,伸入板中的长度从肋边算起每边不应少于 $l_0/4$(l_0为板的计算跨度),如图 3.64 所示。

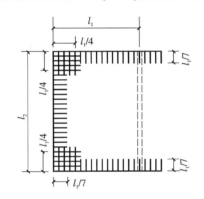

图 3.63　板嵌固在承重砖墙内时板边
上部构造钢筋的配置

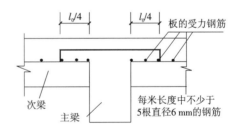

图 3.64　板中与梁肋垂直的构造钢筋

⑦梁中受力钢筋的弯起和截断,原则上应通过在弯矩包络图上作抵抗弯矩图来确定。但对于跨度差不超过 20% 且以承受均布荷载为主的多跨连续次梁,当可变荷载 q 与永久荷载 g 的比值 $q/g \leq 3$ 时,可以按照图 3.65 的构造规定布置钢筋,而不需按弯矩包络图确定纵向受力钢筋的弯起和截断。

(7)跨度及截面尺寸确定

主梁:跨度 $l = 5 \sim 8$ m,截面高度 $h = l/14 \sim l/8$,宽度 $b = h/3 \sim h/2$。

次梁:跨度 $l = 4 \sim 6$ m,截面高度 $h = l/18 \sim l/12$,宽度 $b = h/3 \sim h/2$,同时为方便施工,次梁的高度宜比主梁的高度小 50 mm 以上。

板:单向板的跨度 $l = 1.7 \sim 2.5$ m(荷载较大时取较小值),一般不宜超过 3 m;截面高度 $h = (1/40 \sim 1/30) l_{01}$,最小厚度见规范($l_{01}$为板的标志跨度,即次梁间距)。

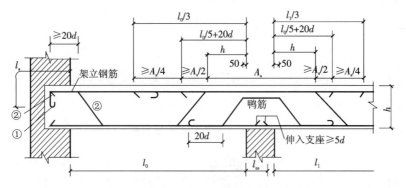

图 3.65　次梁的钢筋布置

（8）单向板肋梁楼盖施工图

在实际工程设计中，结构设计人员根据房屋的平面形状及尺寸、使用要求等，就可对楼盖进行结构设计，并将设计成果用图纸的形式表示出来，这就是楼盖结构施工图。

通常情况下，一套完整的楼盖结构施工图由结构平面布置图、结构构件配筋图、钢筋表及图纸说明等四个部分组成。

楼盖结构平面布置图，主要表示楼盖梁、板构件的平面位置、尺寸及相互之间的关系。

结构构件配筋图包括板、次梁及主梁的配筋图。一般应详细表示出构件尺寸、钢筋级别、直径、形式、尺寸、数量及钢筋编号等。通常板的配筋比较简单，一般是将板内不同形式的钢筋直接画在板的平面图上来表示其配筋。次梁的配筋应画出配筋立面及配筋断面图，两者之间相互对应。主梁的配筋较复杂，梁中纵向受力钢筋的弯起和截断应在弯矩包络图上作材料图来确定，并在此基础上画出钢筋立面图和配筋断面图。为避免识读时各钢号的钢筋相互混淆，当配筋复杂时，还需画出钢筋分离图。

材料图是按实际配筋画出的梁各正截面所能承受的弯矩图。画材料图的目的是为了更加合理、准确地确定梁中纵向受力钢筋的弯起和截断位置，使梁在保证各正截面都具有足够受弯承载力的前提下，获得最佳的经济效果。事实上，绘制材料图的过程，就是对梁各正截面受力钢筋的配置进行图解设计的过程。施工图中一般不给出材料图。

编制钢筋表的目的主要是为了统计钢筋用量、编制施工图预算、进行钢筋加工等。钢筋表一般应包括构件名称、数量、钢筋编号、钢筋简图以及钢筋级别、根数、直径、长度等内容。

图纸说明主要是对材料等级、结构对施工的要求以及对用图无法表示的内容等的说明。

建筑结构施工图的读图方法及内容详见《建筑工程图识读与绘制》。

【例 3.21】两跨等跨连续主梁，计算跨度 $l_0 = 6.9$ m，恒载 $G = 60$ kN，活荷载 $Q = 110$ kN，如图 3.66（a）所示，试绘出弯矩和剪力包络图。

解：（1）绘制恒载作用下的弯矩图

查阅附录 E，得集中荷载作用下等跨连续梁的内力系数：$K_1 = 0.222$，$K_2 = -0.333$。

在恒载作用下控制截面的最大正弯矩和负弯矩为

$$M_{1max} = K_1 G l_0 = 0.222 \times 60 \times 6.9 = 91.91 \text{ kN} \cdot \text{m}$$

$$M_{bmax} = K_2 G l_0 = -0.333 \times 60 \times 6.9 = -137.86 \text{ kN} \cdot \text{m}$$

恒载作用下的弯矩图如图 3.66(b)所示。

(2)绘制活载作用在 AB 跨时的弯矩图

查阅附录 E,得集中荷载作用下等跨连续梁的内力系数: $K_1 = 0.278, K_2 = -0.167$。

控制截面的最大正弯矩和负弯矩为:

$$M_{1\max} = K_1 G l_0 = 0.278 \times 110 \times 6.9 = 211.0 \text{ kN} \cdot \text{m}$$

$$M_{b\max} = K_2 G l_0 = -0.167 \times 110 \times 6.9 = -126.75 \text{ kN} \cdot \text{m}$$

活载作用在 AB 跨时的弯矩图如图 3.66(c)所示。

(3)绘制活载作用在 BC 跨时的弯矩图

弯矩图如图 3.66(d)所示。

(4)绘制活载满布在两跨时的弯矩图

查阅附录 E,得集中荷载作用下等跨连续梁的内力系数: $K_1 = 0.222, K_2 = -0.333$。

$$M_{1\max} = K_1 G l_0 = 0.222 \times 110 \times 6.9 = 168.5 \text{ kN} \cdot \text{m}$$

$$M_{b\max} = K_2 G l_0 = -0.333 \times 110 \times 6.9 = -252.75 \text{ kN} \cdot \text{m}$$

弯矩图如图 3.66(e)所示。

(5)绘制弯矩包络图

将恒载作用下的弯矩图和活荷载不同布置时的弯矩图分别叠加,可得 3 个弯矩图。其中正弯矩和负弯矩的外包线即为弯矩包络图,如图 3.66(g)所示。

(6)绘制剪力包络图

将恒载及活载不同布置时的剪力图分别叠加,可得 3 个剪力图及剪力包络图,如图 3.66(g)所示。

计算过程从略。

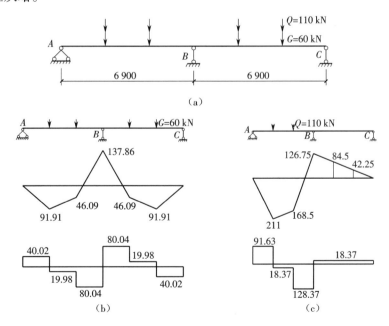

(a)

(b)　　　　　　　　　　　　　　　(c)

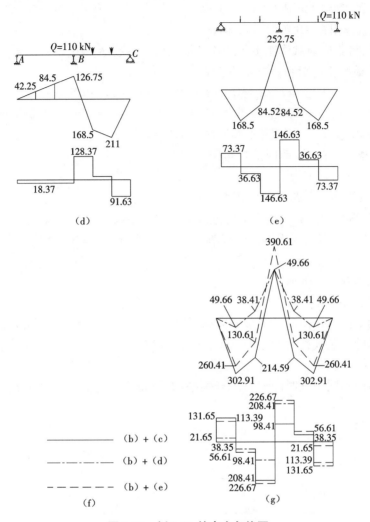

图 3.66　例 3.21 的内力包络图

(a)两跨等跨连续梁受力图　(b)恒载作用下的内力图
(c)活载作用在 AB 跨时的内力图　(d)活载作用在 BC 跨时的内力图
(e)活载满布两跨时的内力图　(f)叠加时的线型示例　(g)内力包络图

【例 3.22】钢筋混凝土现浇楼盖结构布置如图 3.67 所示。设计资料:一类环境,楼梯设置在旁边的附属用房内。楼面均布荷载标准值 $q_k = 5 \text{ kN/m}^2$,层高 5 m,楼盖采用现浇钢筋混凝土单向板肋形楼盖。楼面做法为 20 mm 厚水泥砂浆面层,钢筋混凝土现浇板,12 mm 厚纸筋石灰板底粉刷层。混凝土强度等级为 C30,板中钢筋为 HPB300 级,梁中纵向受力钢筋为 HRB400 级,其他钢筋为 HPB300 级。试对该楼盖进行结构设计。

解:(1)楼盖梁格布置及截面尺寸

①梁格布置如图 3.67 所示。

②截面尺寸。

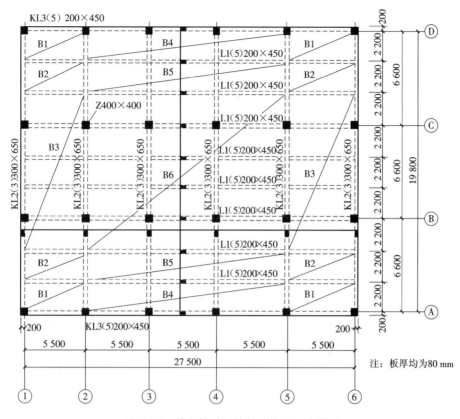

图 3.67　单向板肋形楼盖结构平面布置图

板厚 $h = 80$ mm, $l_0/40 = 2\,500/40 = 62.5$ mm。

次梁 $h = (1/18 \sim 1/12)l_0 = (1/18 \sim 1/12) \times 5\,500 = 306 \sim 458$ mm, 取 $h = 450$ mm, $b = 200$ mm。

主梁 $h = (1/14 \sim 1/8)l_0 = (1/14 \sim 1/8) \times 6\,600 = 471 \sim 825$ mm, 取 $h = 650$ mm。

(2) 楼板设计(按考虑塑性内力重分布计算方法设计)

①荷载计算。

20 mm 厚水泥砂浆面层重	$1.2 \times 20 \times 0.02 = 0.48$ kN/m²
80 mm 厚钢筋混凝土板重	$1.2 \times 25 \times 0.08 = 2.4$ kN/m²
12 mm 厚纸筋石灰板底粉刷层重	$1.2 \times 16 \times 0.012 = 0.23$ kN/m²
恒载设计值	$g = 1 \times (0.48 + 2.4 + 0.23) = 3.11$ kN/m
活载设计值	$q = 1 \times (1.3 \times 5.0) = 6.5$ kN/m
总荷载设计值	$g + q = 3.11 + 6.5 = 9.61$ kN/m

②计算简图。

板的计算简图如图 3.68 所示,计算跨度如下。

边跨　　　　　　　　$l_0 = l_n = 2\,200 - 200/2 = 2\,100$ mm

中间跨 $l_0 = l_n = 2\,200 - 200 = 2\,000$ mm

跨度差 $\dfrac{2\,100 - 2\,000}{2\,000} \times 100\% = 5\% < 10\%$，可按等跨计算。

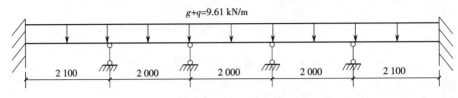

图 3.68　板计算简图

③弯矩设计值。

取 1 m 宽板带作为计算单元，按端支座是固定的五跨等跨连续板计算。中间区格板带中的中间区格板 B5 和 B6 的四个边都是与梁连接的，考虑拱的作用，将弯矩设计值降低 20%，边区格 B1、B2、B3 以及 B4 的弯矩设计值则不降低。采用 HPB300 级钢筋，弯矩及配筋计算如表 3.31 所示。采用分离式配筋，板配筋图如图 3.69 所示。

表 3.31　连续单向板按调幅法设计的截面弯矩及配筋计算表

截面		边区格板带 B1、B2、B3、B4（中间区格板带 B5、B6 弯矩降低 20%）				
		端支座	边跨跨中	第一内支座	中间跨支	中间支座
计算跨度（m）		2.1	2.1	2.0	2.0	2.0
弯矩系数 $\alpha_{\min}$		−1/16	1/14	−1/11	1/16	−1/14
弯矩（kN·m）	边区格板带	2.65	3.03	3.49	2.40	2.75
	中间区格板带			(2.79)	(1.92)	(2.2)
α_s	边区格板带	0.052	0.059	0.068	0.047	0.053
	中间区格板带			0.054	(0.037)	(0.043)
ξ	边区格板带	0.053	0.061	0.07	0.048	0.055
	中间区格板带			0.056	(0.038)	(0.044)
A_s（mm²）	边区格板带	168.4	193.8	223.9	153	174.8
	中间区格板带			(178)	(122)	(139.7)
配筋	边区格板带	$\phi6/8@200$	$\phi6/8@200$	$\phi8@200$	$\phi6/8@200$	$\phi6/8@200$
	中间区格板带			($\phi6/8@200$)	($\phi6@200$)	($\phi6@200$)
实配钢筋面积（mm²）	边区格板带	196	201	251	201	196
	中间区格板带			(196)	(141)	(141)

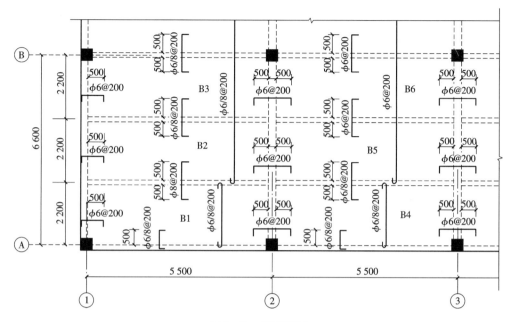

图 3.69 板配筋图

（3）次梁设计（CL1 按考虑塑性内力重分布计算法设计）

根据本工程楼盖的实际情况，楼面的次梁和主梁的可变荷载不考虑从属面积的荷载折减。

①荷载计算。

板传来的恒载设计值	$3.11 \times 2.2 = 6.84$ kN/m
次梁自重设计值	$1.2 \times 25 \times 0.2 \times (0.45 - 0.08) = 2.22$ kN/m
次梁侧面粉刷层自重设计值	$1.2 \times 16 \times (0.45 - 0.08) \times 0.012 \times 2 = 0.17$ kN/m
恒载总设计值	$g = 6.84 + 2.22 + 0.17 = 9.23$ kN/m
活载设计值	$q = 6.5 \times 2.2 = 14.3$ kN/m
	$g/q = 9.23/14.3 = 0.645 > 0.3$
总荷载设计值	$g + q = 9.23 + 14.3 = 23.53$ kN/m

②计算简图。

计算跨度：主梁截面为 250 mm × 650 mm，则计算跨度取净跨。

边跨 $\qquad l_{01} = l_n = 5\,500 - 50 - 250/2 = 5\,325$ mm

中间跨 $\qquad l_{02} = l_n = 5\,500 - 250 = 5\,250$ mm

边跨和中间跨的跨度差 $(5.325 - 5.25)/5.325 = 1.41\% < 10\%$，故次梁按端支座是固定的五跨等截面等跨度连续梁计算，次梁计算简图如图 3.70 所示。

③次梁内力计算。

弯矩设计值：由表 3.28 可查得弯矩系数 α_{mb}，按式 $M = \alpha_{mb}(g + q)l_0^2$ 计算次梁的弯矩。

$$M_A = \alpha_{mb}(g + q)l_{01}^2/24 = -23.53 \times 5.325^2/24 = -27.8 \text{ kN/m}$$

$$M_1 = \alpha_{mb}(g + q)l_{01}^2/14 = -23.53 \times 5.325^2/14 = -47.66 \text{ kN/m}$$

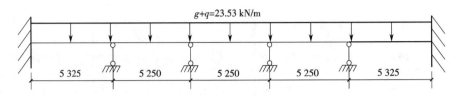

图 3.70　次梁计算简图

$$M_B = \alpha_{mb}(g+q)l_{01}^2/11 = -23.53 \times 5.325^2/11 = -60.66 \text{ kN/m}$$

$$M_2 = M_3 = \alpha_{mb}(g+q)l_{01}^2/16 = 23.53 \times 5.25^2/16 = 40.53 \text{ kN/m}$$

$$M_C = \alpha_{mb}(g+q)l_{01}^2/11 = -23.53 \times 5.25^2/14 = -46.32 \text{ kN/m}$$

剪力设计值：由表 3.29 可查得剪力系数 α_{vb}，按式 $V = \alpha_{vb}(g+q)l_0$ 分别计算次梁的剪力。

端支座截面剪力设计值：

$$V_A = \alpha_{vb}(g+q)l_0 = 0.5 \times 23.53 \times 5.325 = 62.65 \text{ kN}$$

第一内支座左侧截面剪力设计值：

$$V_B^l = \alpha_{vb}(g+q)l_0 = 0.55 \times 23.53 \times 5.325 = 68.92 \text{ kN}$$

第一内支座右侧截面剪力设计值：

$$V_B^r = \alpha_{vb}(g+q)l_0 = 0.55 \times 23.53 \times 5.25 = 67.94 \text{ kN}$$

④次梁正截面受弯承载力计算。

正截面受弯承载力计算时，跨内按 T 形截面计算，翼缘计算宽度取 $b_f' = l/3 = 5\,500/3 = 1\,833$ mm，$b_f' = b + s_n = 200 + 2\,000 = 2\,200$ mm，$b_f' = b + 12h_f' = 200 + 12 \times 80 = 1\,160$ mm 三者的较小值，故取 $b_f' = 1\,160$ mm。

环境类别一级，C30 混凝土，梁最小保护层厚度 $c = 20$ mm。梁高 $h = 450$ mm，支座、跨中均按布置一排纵筋考虑，故均取 $h_0 = 450 - 40 = 410$ mm。

C30 混凝土，$\alpha_1 = 1.0$，$\beta_c = 1.0$，$f_c = 14.3$ N/mm^2，$f_t = 1.43$ N/mm^2；纵向钢筋采用 HRB400 级钢筋，$f_y = 360$ N/mm^2；箍筋采用 HPB300 级钢筋，$f_{yv} = 270$ N/mm^2。

判别 T 形截面类型。

$$\alpha_1 f_c b_f' h_f' (h_0 - h_f'/2) = 1.0 \times 14.3 \times 1\,160 \times 80 \times (410 - 80/2) = 491 \text{ kN} \cdot \text{m}$$

比较弯矩设计值可知，各跨中截面均属于第一类截面，具体计算过程及配筋见表 3.32 所示。

表 3.32　次梁正截面承载力计算

截面	端支座	边跨中	第一内支座	中间跨中	中间支座
$b \times h_0$（或 $b_f' \times h_0$）（mm）	200×410	$1\,160 \times 410$	200×410	$1\,160 \times 410$	200×410
α_{mb}	$-1/24$	$1/14$	$-1/11$	$1/16$	$1/14$
弯矩设计值（kN·m）	-27.80	47.66	-60.66	40.53	-46.32
$\alpha_s = M/(\alpha_1 f_c b h_0^2)$	0.058	0.017	$0.126\,2$	$0.009\,6$	0.096

截面	端支座	边跨中	第一内支座	中间跨中	中间支座
ξ	0.059 8	0.017 3	0.135 4 < 0.35	0.009 7	0.102
$A_s = \xi\alpha_1 f_c bh_0/f_y (\text{mm}^2)$	194.78	326.8	441	276.5	332
配筋	2 Φ 14	2 Φ 16	3 Φ 14	2 Φ 14	3 Φ 14
实际配筋面积 $A_s (\text{mm}^2)$	308 > $\rho_{min} bh$ = 180	402	461	308	461

⑤次梁斜截面承载力计算。

验算截面尺寸：$h_w = h_0 - h_f = 410 - 80 = 330$ mm，$h_w/b = 330/200 = 1.65 < 4$。

$0.25\beta_c bf_c h_0 = 0.25 \times 1.0 \times 14.3 \times 200 \times 410 = 293.15$ kN $> V_{max} = V_B^l = 68.92$ kN，说明截面尺寸满足要求。

设只配双肢箍筋不配弯起钢筋，则

$$V \leqslant 0.7f_t bh_0 + f_{yv}\frac{A_{sv}}{s}h_0$$

$$\frac{A_{sv}}{s} \geqslant \frac{V_B^l - 0.7f_t bh_0}{f_{yv}h_0} = \frac{68\ 920 - 0.7 \times 1.43 \times 200 \times 410}{210 \times 410} = -0.153 \text{ mm} < 0$$

按构造要求配置箍筋，采用 $\phi 6@200$。

配筋率 $\rho_{sv} = \frac{A_{sv}}{bs} = \frac{56.6}{200 \times 200} = 0.14\% > \rho_{sv,min} = 0.24 \times 1.43/270 = 0.127\%$，满足最小配箍率要求。次梁配筋如图3.69(a)所示。

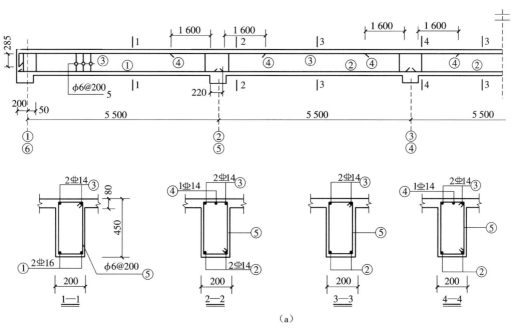

(a)

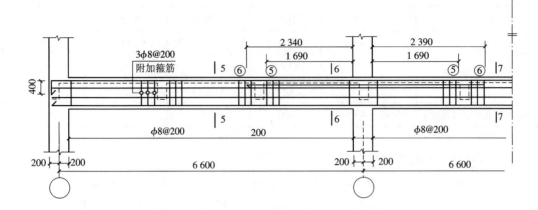

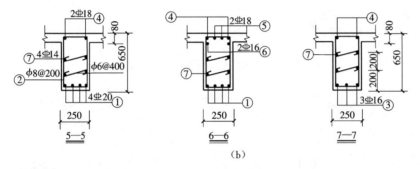

施工说明：

1.本工程设计使用年限50年，环境类别为一级。

2.采用下列规范：

（1）《混凝土结构设计规范》（GB 50010—2010）；

（2）《建筑结构荷载规范》（GB 50009—2012）。

3.荷载取值：楼面活载5.0 kN/m。

4.混凝土强度等级C30；梁内钢筋采用HRB400级，用Φ表示；板内钢筋采用HPB300级，用ϕ表示。

5.板纵向钢筋的保护层厚度15 mm，梁最外层钢筋的保护层厚度20 mm。

（c）

图 3.71　梁配筋图

（a）L1（次梁）配筋图　　（b）KL1（主梁）配筋图　　（c）施工说明

（4）主梁设计（KL1）

主梁按弹性方法设计。

1）荷载设计值

为简化计算，将主梁自重等效为集中荷载。

次梁传来的集中荷载：　　$9.23 \times 5.5 = 50.77$ kN

主梁自重：　　$1.2 \times 25 \times 0.25 \times (0.65 - 0.08) \times 2.2 = 9.41$ kN

主梁粉刷层自重：　　$1.2 \times 16 \times 0.012 \times (0.65 - 0.08) \times 2 \times 2.2 = 0.58$ kN

恒荷载设计值：　　$G = 50.77 + 9.41 + 0.58 = 60.76$ kN

活荷载设计值：　　$Q = 14.3 \times 5.5 = 78.65$ kN

2）计算简图

因主梁的线刚度与柱线刚度之比大于 5，按弹性理论设计，计算跨度取柱轴线间的距离，l_0 = 6 600 mm。主梁的计算简图如图 3.72 所示。可利用附录 E 计算内力。

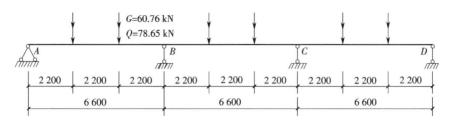

图 3.72　主梁计算简图

3）主梁的内力计算

①弯矩设计值。恒荷载、活荷载 1、活荷载 2、活荷载 3 作用下主梁的弯矩设计值按 $M = KGl_0$ 计算。其中系数 K 由附录 E 相应栏内查得。主梁弯矩图如图 3.73 所示。

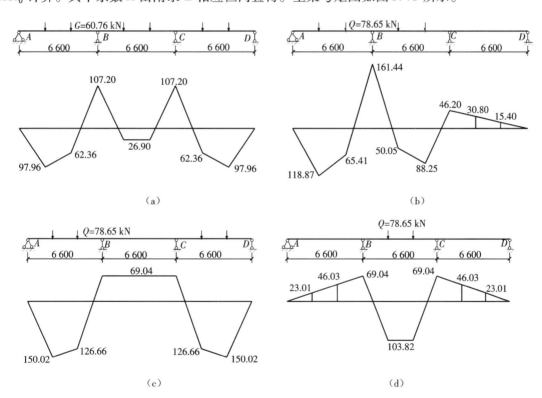

图 3.73　主梁弯矩图

（a）恒荷载弯矩图　（b）活荷载 1 弯矩图　（c）活荷载 2 弯矩图　（d）活荷载 3 弯矩图

②弯矩包络图。第 1、2 跨有可变荷载，第 3 跨没有可变荷载，如图 3.73（b）所示；第 1、3 跨有可变荷载，第 2 跨没有可变荷载，如图 3.73（c）所示；第 1、3 跨没有可变荷载，第 2 跨有可

变荷载,如图 3.73(d)所示。将上述活荷载作用下的弯矩图分别与恒荷载作用下的弯矩图(图 3.73(a))叠加,可得主梁弯矩包络图,如图 3.74(a)所示。

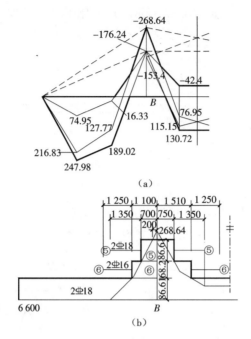

图 3.74　主梁的弯矩包络图和抵抗弯矩图

(a)弯矩包络图(kN·m)　(b)抵抗弯矩图

跨内按 T 形截面计算,因跨内设有间距小于主梁间距的次梁,翼缘计算宽度取 $l/3 = 6\ 600/3 = 2\ 200$ mm 和 $b + s_n = 5\ 750$ mm 中的较小值,取 $b'_f = 2\ 200$ mm。

弯矩最大值为

$$M_{1max} = (0.067 \times 60.76 + 0.2 \times 78.65) \times 6.6 = 130.67 \text{ kN} \cdot \text{m}$$

$$M_{2max} = (0.224 \times 60.76 + 0.289 \times 78.65) \times 6.6 = 239.84 \text{ kN} \cdot \text{m}$$

$$M_{Bmax} = (-0.267 \times 60.76 - 0.311 \times 78.65) \times 6.6 = -268.51 \text{ kN} \cdot \text{m}$$

③剪力设计值。

$$V = K_3 G + K_4 Q$$

系数 K_3、K_4 由附录 E 相应栏内查得。

$$V_{A,max} = 0.733 \times 60.76 + 0.866 \times 78.65 = 112.65 \text{ kN}$$

$$V_{B,max}^l = -1.267 \times 60.76 - 1.311 \times 78.65 = -180.09 \text{ kN}$$

$$V_{B,max}^r = 1.0 \times 60.76 + 1.222 \times 78.65 = 156.87 \text{ kN}$$

4)主梁正截面受弯承载力计算

主梁混凝土保护层厚度的要求以及跨内截面有效高度的计算方法同次梁,支座截面因存在板、次梁、主梁上部钢筋的交叉重叠,截面有效高度的计算方法有所不同,板混凝土保护层厚度 15 mm,板上部纵筋直径 8 mm,次梁纵筋直径 14 mm。假定主梁上部纵筋直径 25 mm,则一

排钢筋时 $h_0 = 650 - 15 - 8 - 14 - 25/2 = 600.5$ mm，取 $h_0 = 600$ mm；两排钢筋时 $h_0 = 600.5 - 25 = 575.5$ mm，取 $h_0 = 575$ mm。

纵向受力钢筋除 B 支座截面为两排外，其余均为一排。跨内截面经判别都属于第一类 T 形截面。B 支座边的弯矩设计值 $M_B = M_{Bmax} - V_0 b/2 = -268.51 + 180.09 \times 0.25/2 = -246.00$ kN·m。正截面受弯承载力计算过程列于表 3.33 中。主梁配筋如图 3.71(b)所示。

表 3.33　主梁正截面承载力计算

截面	边跨中	支座 B	中间跨跨中	
$b \times h_0$（或 $b'_f \times h_0$）(mm)	1 210 × 600	250 × 575	1 210 × 600	250 × 600
弯矩设计值(kN·m)	130.67	246.00	239.84	42.4
截面类型	第一类 T 形截面		第一类 T 形截面	
$\alpha_s = M/(\alpha_1 f_c b h_0^2)$	0.039 8	0.208	0.021	0.032 9
ξ	0.048	0.236	0.021	0.033 2
$A_s = \xi \alpha_1 f_c b h_0/f_y$ (mm)	1 384.24	1 347.58	605.61	197.82
配筋	4 ⊈ 22	4 ⊈ 18 + 2 ⊈ 16	3 ⊈ 18	2 ⊈ 12
实际配筋面积 A_s (mm²)	1 520	1 419	763	226
ρ(%)	0.19	0.87	0.097	0.14 > ρ_{min}

5）主梁的斜截面受剪承载力计算

①截面验算（按最大剪力截面验算）。

$$0.25\beta_c f_c b h_0 = 0.25 \times 1.0 \times 14.3 \times 250 \times 575 = 513.9 \text{ kN} > 180.09 \text{ kN}$$

符合要求。

②设只配双肢箍筋不配弯起钢筋，则

$$V \geq 0.7 f_t b h_0 + f_{yv} \frac{A_{sv}}{s} h_0$$

$$\frac{A_{sv}}{s} \geq \frac{V_B^1 - 0.7 f_t b h_0}{f_{yv} h_0} = \frac{180.09 \times 10^3 - 0.7 \times 1.43 \times 250 \times 575}{270 \times 575} = 0.234 \text{ mm}$$

现选用直径 6 mm 的双肢筋，$A_{sv} = 2 \times 28.3 = 56.6$ mm²，则

$$s = A_{sv}/0.234 = 56.6/0.234 = 241.9 \text{ mm}$$

取 $s = 200$ mm，即采用 $\phi6@200$。

6）主梁附加箍筋的计算

在支承次梁处只设置附加箍筋，不设置吊筋。

次梁传来的集中荷载

$$F_1 = 60.76 + 78.65 = 139.47 \text{ kN}$$

$$h_1 = 650 - 450 = 200 \text{ mm}$$

附加箍筋布置范围 $s = 2h_1 + 3b = 2 \times 200 + 3 \times 200 = 1\,000$ mm。取附加箍筋 $\phi 8$ 双肢，则在长度 s 范围内布置箍筋的排数 $m = 1\,000/200 + 1 = 6$，次梁两侧各布置 3 排。

用 $\phi 8$ 双肢箍筋，$n = 2$，$A_{sv} = nA_{sv1} = 2 \times 50.3 = 100.6$ mm²，所以双肢管的道数为：

$$m \geqslant \frac{F}{f_{yv}A_{sv}} = \frac{180.09 \times 10^3}{270 \times 100.6} = 6.63 \text{ 道}$$

采用在次梁的两侧各设 4 道 $\phi 8$ 双肢箍筋，满足要求。

因主梁的腹板高度大于 450 mm，需在梁侧设置纵向构造箍筋，每侧纵向钢筋的面积不小于腹板面积的 0.1%，且其间距不大于 200 mm。现每侧设置 2 $\oplus$ 14，$308/(250 \times 575) = 0.21\% > 0.1\%$，满足要求。

（5）绘制施工图

楼盖施工图包括施工说明、结构平面布置图、板配筋图、次梁和主梁配筋图。

1）施工说明

施工说明是施工图的重要组成部分，用来说明无法用图表示或者图中没有表示的内容。完整的施工说明应包括：设计依据（采用的规范标准、结构设计有关的自然条件（如风荷载、雪荷载等）的级别）以及工程地质简况等），结构设计一般情况（建筑的安全等级、设计使用年限和建筑抗震设防类别），上部结构选型概述，采用的主要结构材料及特殊材料，基础选型以及需要特别提醒施工注意的问题。

本设计示例楼盖仅仅是整体结构的一部分，施工说明可以简单些，详见图 3.71（c）。

2）结构平面布置图

结构平面布置图应表示梁、板、柱、墙等所有结构构件的平面位置、截面尺寸、水平构件的竖向位置及编号，构件编号由代号和序号组成，相同的构件可以用一个序号。楼盖的平面布置简图如图 3.67 所示，图中柱、梁、板的代号分别用"Z""KL""L"和"B"表示，主、次梁的跨数写在括号内。

3）板配筋图

板配筋采用分离式，板面钢筋从支座边伸出长度 $a = l_n/4 = 2\,000/4 = 500$。板配筋图见图 3.69。

4）次梁配筋图

次梁支座截面上部钢筋的第一批截断点要求离支座边 $l_n/5 + 20d = 6\,350/5 + 20 \times 14 = 1\,550$ mm，现取 1\,600 mm；切断面积要求小于总面积的 $1/2$，B、C 支座，支座切断 1 $\oplus$ 14，$153.9/461 = 0.33 < 0.5$，均满足要求；剩余 2 $\oplus$ 14 兼作架立筋。端支座上部钢筋伸入主梁长度 $l_a = (0.14 \times 360/1.43)d = 493$ mm，取 500 mm。下部纵向钢筋在中间支座的锚固长度 $l_{as} \geqslant 12d = 168$ mm，取 200 mm。次梁配筋图如图 3.71（a）所示。

5）主梁配筋图

主梁纵向钢筋的弯起和切断需按弯矩包络图确定。底部纵向钢筋全部伸入支座，不配置弯起钢筋，所以仅需要确定 B 支座上部钢筋的切断点。截取负弯矩的包络图如图 3.74（b）所示。将 B 支座的④、⑤、⑥号筋按钢筋的面积比确定各自抵抗的弯矩，如④号筋（2 $\oplus$ 18，$A_s = 509$ mm²）抵抗的弯矩 $M_4 = 240.74 \times \dfrac{509}{1\,419} = 86.35$ kN·m。钢筋的充分利用点和不需要点的位置可按几何关系求得,如图3.74(b)所示。第一批拟截断⑤号筋(2 $\underline{\Phi}$ 18, $A_s = 509$ mm²),因截断点位于受拉区,离该钢筋的充分利用点的距离应大于 $1.2l_a + 1.7h_0 = 1.2 \times (35 \times 18) +$ $1.7 \times 570 = 1\,725$ mm,截断点离该钢筋不需要点的距离大于 $1.3h_0$(741 mm)和20d(360 mm)。⑤号筋截断点离 B 支座中心线的距离按第一个条件控制。⑥号筋的截断点同理可确定。

如前所述,主梁的计算简图取为连续梁,忽略了柱对主梁弯曲转动的约束作用,梁柱的线刚度比越大,这种约束作用越小。内支座因节点不平衡故弯矩较小、约束作用较小,可忽略不计;边支座的约束作用不可忽略。

主梁边跨的固端弯矩:

$$M_{AB}^g = \frac{4(G+Q)l_{01}}{27} = \frac{4 \times (60.76 + 78.65) \times 6.6}{27} = 136.31 \text{kN} \cdot \text{m}$$

梁、柱线刚度比 $i = 5.36$,则主梁端支座的最终弯矩:

$$M_{AB} = -M_{AB}^g + \frac{i}{i + 2 \times 1}M_{AB}^g = -136.31 + \frac{5.36}{5.36 + 2} \times 136.38 = -37.00 \text{ kN} \cdot \text{m}$$

将④号筋贯通,可承受负弯矩86.35 kN·m $> M_{AB} = -37.00$ kN·m,满足要求。

因主梁的腹板高度 $h_w = 610 - 80 = 530$ mm > 450 mm,需要在梁的两侧配置纵向构造钢筋。现每侧配置 2 $\underline{\Phi}$ 14,配筋率 $308/(250 \times 530) = 0.23\% > 0.1\%$,满足要求。主梁配筋图如图3.71(b)所示。

目前建筑工程结构施工图多用平面整体表示法,图3.75是主、次梁配筋图的平法表示。

注:图3.71(a)、(b)的主、次梁配筋是传统表示法,只是为了满足教学要求而给出的,实际施工中是不必给出的。

3. 现浇双向板肋梁楼盖设计

对于四边支承板,若板在荷载作用下沿两个正交方向受弯并且都不可忽略时称为双向板。

双向板与四边支承单向板的区别:板在长跨方向的弯矩值与短跨方向的弯矩值相比不能忽略不计。两个方向的边长越接近,其两个方向的内力也越接近。双向板的受力筋应沿两个方向配置。

(1)双向板的受力特点及破坏情况

特点:板底部裂缝沿45°方向分布;板顶裂缝沿支承边发展呈椭圆形(图3.76)。

破坏过程:随着荷载增加,首先在板底中央出现裂缝,然后裂缝沿对角线方向向板角扩展,在板接近破坏时板四角处顶面亦出现圆弧形裂缝,它使板底对角线裂缝处截面受拉钢筋达到屈服点,混凝土达到抗压强度,双向板破坏。

不论是简支的方形板或矩形板,当受到荷载作用时,板的四角受到墙体向下的约束不能自由上翘,如图3.77所示,因而在板面的四角产生环状裂缝。

(2)按弹性理论计算方法计算双向板的内力

双向板的计算方法:①弹性理论计算方法;②塑性理论计算法。本书仅介绍弹性理论计算方法。

1)单跨双向板的内力计算

单跨双向板根据其四周支承条件的不同,可划分为六种不同边界条件的双向板:①四边简

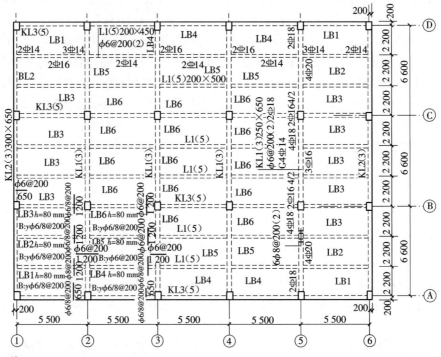

注:
1. L1内支座上部第一批非通长钢筋自支座边伸出1 600 mm。
2. KL1内支座上部第一批非通长钢筋自支座边伸出1 690 mm;第二排非通长钢筋自支座边伸出,
 且左侧2 340 mm,右侧2 390 mm。
3. KL2配筋与KL1配筋相同,KL3配筋与L1配筋相同。
4. L1、KL1下部纵向钢筋全部伸入支座,伸入长度$l_{aa} \geqslant 12d$。
5. 混凝土强度等级为C30,梁内纵向钢筋采用HRB400级,用 ⥮ 表示,箍筋采用HPB300级,用 φ
 表示,梁最外层钢筋的混凝土保护层厚度为25 mm。
6. G4 ⥮14为纵向构造钢筋。
7. 板分布钢筋φ 6@250。

图 3.75 +4.98 楼面梁、板平法施工图

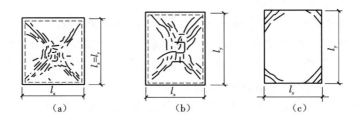

图 3.76 均布荷载作用下四边简支双向板的裂缝分布

(a)方形板板底裂缝分布 (b)矩形板板底裂缝分布
(c)矩形板板面裂缝分布

支;②一边固定、三边简支;③两对边固定、两对边简支;④两邻边固定、两邻边简支;⑤三边固
定、一边简支;⑥四边固定。

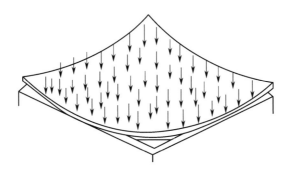

图 3.77　双向板在均布荷载作用下板角自由上翘

在均布荷载作用下,由弹性力学可计算出每一种边界条件板的内力及变形。实际工程中只需得到板的跨中弯矩、支座弯矩以及跨中挠度,就可进行截面配筋设计。因此,为计算方便,工程中已有现成表格(附录 D)。计算时,只需根据支承情况和短长跨之比直接查出弯矩系数,即可算得截面弯矩。

根据上述不同的计算简图,可在附录 D 中直接查得弯矩系数。附录 D 中的系数是按泊松比为 0 给出的。双向板的跨中弯矩或支座弯矩可按下式计算:

$$M_x = m_x + \nu m_y \tag{3.74}$$

$$M_y = m_y + \nu m_x \tag{3.75}$$

$$m_x = 附录 D 中的弯矩系数 \times (g+q)l^2 \tag{3.76}$$

$$m_y = 附录 D 中的弯矩系数 \times (g+q)l^2 \tag{3.77}$$

式中　M_x、M_y——钢筋混凝土板平行于 l_{ox}、l_{oy} 方向跨中或支座单位宽度内的弯矩;

　　　　m_x、m_y——平行于 l_{ox}、l_{oy} 方向跨中或支座单位板宽内的弯矩($\nu = 0$);

　　　　g、q——板上的恒荷载及活荷载;

　　　　l——板的较小计算跨度;

　　　　ν——泊松比,对于钢筋混凝土可取 $\nu = \dfrac{1}{6}$ 或 0.2。

2)多跨连续双向板的实用计算

连续双向板内力的精确计算是很复杂的,为了便于计算,在实用计算法中,对双向板上活荷载的最不利布置以及支承情况等,提出了既接近实际情况又便于计算的原则,从而很方便地应用单块双向板的计算系数进行计算。当两个方向各为等跨或在同一方向区格的跨度相差不超过 20% 的不等跨时,可采用下列的实用计算方法。

Ⅰ. 跨中最大正弯矩

当求连续区格某跨跨中的最大正弯矩时,其活荷载的最不利布置如图 3.78(a)、(e)所示,即在该区格及其左右前后每隔一区格布置活荷载,通常称之为棋盘形荷载布置。为了能利用单跨双向板的内力计算表格,在保证每一区格荷载总值不变的前提下,将棋盘式荷载作用(图 3.78(a))满布各跨的恒荷载 g 和隔跨布置的活荷载 q 分解为各跨的 $g+q/2$(图 3.78(c))和隔跨交替布置的 $\pm q/2$ 两部分(图 3.78(d))。

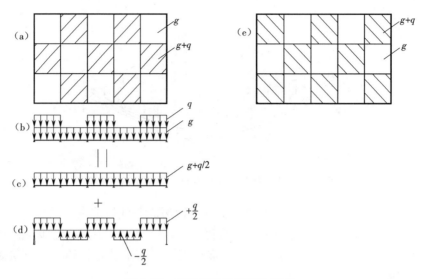

图 3.78　活荷载的最不利布置图

$(a)(e)$活载最不利布置　$(b)q+q$　$(c)g+\dfrac{q}{2}$　$(d)\pm\dfrac{q}{2}$

当双向板各区格均作用有 $g+q/2$ 时(图 3.78(c)),由于板的各内支座上转动变形很小,可近似地认为转角为零,故内支座可近似地看作嵌固边,因而所有中间区格板均可按四边固定的单跨双向板来计算其跨中弯矩。如边支座为简支,则边区格为三边固定、一边简支的支撑情况;而角区格为两邻边固定、两邻边简支的情况。

当双向板各区格均作用有 $\pm q/2$ 时(图 3.78(d)),板在中间支座处转角方向一致。大小相等,接近于简支板的转角,即内支座处为板带的反弯点,弯矩为零,因而所有内区格均可按四边简支的单跨双向板来计算其跨中弯矩。

最后,将以上两种结果叠加,即可得多跨连续板的最大跨中弯矩。

Ⅱ. 支座最大弯矩

为简化计算,假定全板各区格均作用有活荷载时求得的支座弯矩即为支座最大弯矩。这样,对内区格可按四边固定的双向板计算其支座弯矩。至于边区格,其外边界条件按实际情况考虑,计算其支座弯矩。

3)双向板截面配筋计算

①双向板截面的有效高度 h_0。双向板由于板内钢筋是两个方向布置的,跨中沿弯矩较大方向(短跨方向)的板底钢筋宜放在沿长边方向板底钢筋的下面,计算时在两个方向应采用各自的有效高度。短跨方向跨中截面的有效高度 $h_{0x}=h-20$,长跨方向跨中截面的有效高度 $h_{0y}=h_{0x}-d$(d 为板中钢筋直径)。

②当双向板内力按考虑塑性计算时,宜采用 HPB300、HRB335、HRB400 级钢筋,相对受压区高度应满足 $0.1\leqslant\xi\leqslant0.35$。

③试验结果表明,不管用哪种方法计算,双向板实际的承载力往往大于设计计算的承载力。这主要是计算简图与实际受力情况不符的结果。双向板在荷载作用下,由于跨中下部和

支座上部裂缝不断出现与展开,同时由于支座的约束,因而在板的平面内逐渐产生相当大的水平推力,从而使板的跨中弯矩减小,这就提高了板的承载能力。因此,截面配筋计算中,与单向板一样,也应考虑这种有利的影响。对于四边与梁整体连接的板,其计算弯矩可根据表 3.34 的情况予以折减。

表 3.34　折减系数表

序号	项　目		折减系数
1	中间区格跨中截面及中间支座截面		0.8
2	边区格跨中截面及楼板边缘算起的第二支座上	$l_b/l_0 < 1.5$	0.8
3		$1.5 \leqslant l_b/l_0 \leqslant 2$	0.9
4	楼板的角区格不应折减		

注:l_b——沿楼板边缘方向的计算跨度,mm,如图 3.79 所示;

l_0——垂直于楼板边缘方向的计算跨度,mm。

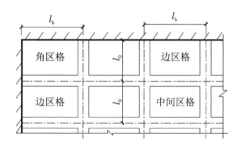

图 3.79　双向板的区格

(3)双向板肋梁楼盖的构造要求

1)双向板的构造要求

Ⅰ.双向板的厚度

双向板的厚度应满足刚度要求,对于四边简支板,$h \geqslant l_x/45$;对于连续板,$h \geqslant l_x/50$(l_x 为板的短向计算跨度);且 $h \geqslant 80$ mm,一般取 $h = 80 \sim 160$ mm。

Ⅱ.钢筋的布置

双向板的受力钢筋一般沿双向布置,沿短向的受力钢筋放在沿长向受力钢筋的外侧。配筋方式类似于单向板,有弯起式与分离式两种。

按弹性理论分析时,所求得的钢筋数量是板的中间板带部分所需的量。靠近边缘板的板带,其弯矩已减少很多,故配筋可予以减少。因此,$l_1 \geqslant 2\,500$ mm(l_1 为短向计算跨度)时,配筋采用分带布置方法,将板的两个方向都分为两个宽为 $l_1/4$ 的边缘板带和一个中间板带。边缘板带的配筋量为中间板带的 50%,且每米宽度内不少于 3 根。支座负弯矩钢筋按计算配置,边板带中不减少。至于受力钢筋的直径、间距及起弯点、切断点的位置详见单向板的有关规定。当 $l_1 < 2\,500$ mm 时,则不分板带,全部按计算配筋,如图 3.80 所示。

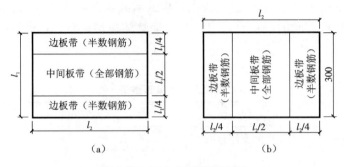

图 3.80　双向板配筋示意图

(a)平行于 l_2 的钢筋 A_{s2}　(b)平行于 l_1 的钢筋 A_{s1}

按塑性理论计算时,则根据设计假定,均匀布置钢筋,跨中钢筋的全部或一半伸入支座而不分板带。

沿墙边及墙角的板内构造钢筋与单向板楼盖中相同。

2)支承梁的构造要求

支承梁的截面尺寸和配筋方式一般参照次梁,但当柱网中设井字梁时应参照主梁。

井字梁的截面高度可取为 $(1/18 \sim 1/12)l$,l 为短梁的跨度;纵筋通长布置。考虑到活荷载仅作用在某一梁上时,该梁在节点附近可能出现负弯矩,故上部纵筋数量不宜小于 $A_s/4$,且不小于 2 Φ12。在节点处,纵、横梁均宜设置附加箍筋,防止活荷载作用在某一方向的梁上时,对另一方向的梁产生间接加荷作用。

(4)双向板支承梁的内力计算

1)荷载情况

双向板传给支承梁的荷载一般按图 3.81 所示近似确定:从每一个区格的四角作 45°分角线,与平行于长边的中线相交,将整个板块分成四块,作用在每块面积上的荷载即为分配给支承梁的荷载。因此,传给短向梁的荷载形式是三角形,传给长向梁的荷载形式是梯形。

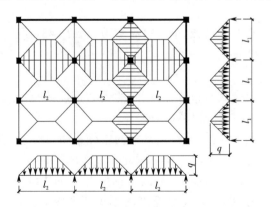

图 3.81　双向板楼盖支承梁所承受的荷载

2)内力计算

梁的荷载确定后,梁的内力(弯矩、剪力、轴力)可按结构力学的方法计算。当梁为单跨时,可按实际荷载直接计算内力。当梁为多跨连续梁并且跨度相等或跨度差不超过10%时,可将梁上的三角形或梯形荷载根据固定端弯矩相等的条件折算成等效均布荷载 g',即三角形荷载 $q' = 5q/8$,梯形荷载 $q' = \left[1 - 2\left(\dfrac{l_1}{2}\right)^2 + \left(\dfrac{l_1}{2}\right)^3\right]q$;然后利用附录 D 查得弯矩系数,从而计算出支座弯矩,最后用取隔离体的方法,按实际荷载分布情况计算出跨中弯矩。

(5)双向板肋梁楼盖设计例题

【例 3.23】 某报告厅双向板肋梁楼盖结构平面布置如图 3.82 所示,楼面均布活荷载的设计值 $q = 6\ kN/m^2$,楼板厚度 120 mm,梁的截面均为 250 mm × 250 mm。采用 C20 混凝土($f_c = 9.6\ N/mm^2$)、HPB300 级钢筋($f_y = 270\ kN/mm^2$)。试按弹性法理论设计此楼盖,并绘出配筋图。

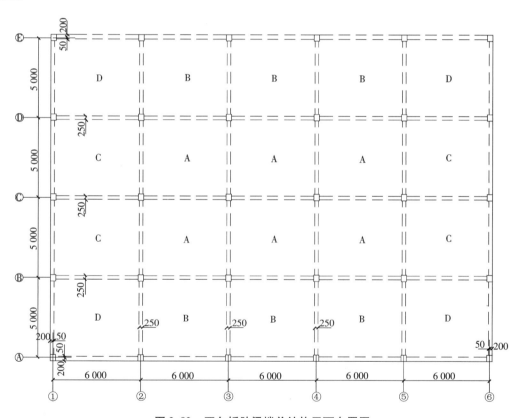

图 3.82　双向板肋梁楼盖结构平面布置图

解: 根据板的支承情况,可将楼盖的区格分成四种类型,即 A、B、C、D,图 3.82 所示。

(1)荷载设计值

①活荷载。

由于活荷载标准值大于 $4.0\ kN/m^2$,故荷载分项系数为 1.3。

$$q = 1.3 \times 6 = 7.8 \text{ kN/m}^2$$

②恒荷载。

面层	25 mm 厚水磨石	$25 \times 0.025 = 0.625 \text{ kN/m}^2$
	20 mm 厚水泥砂浆找平层	$20 \times 0.020 = 0.400 \text{ kN/m}^2$
板自重	120 mm 厚钢筋混凝土板	$25 \times 0.120 = 3.000 \text{ kN/m}^2$
板底抹灰	15 mm 厚石灰砂浆	$17 \times 0.015 = 0.255 \text{ kN/m}^2$

$$g = 1.2 \times (0.625 + 0.400 + 3.000 + 0.255) = 5.136 \text{ kN/m}^2$$

$$g + q = 5.136 + 7.8 = 12.936 \text{ kN/m}^2$$

$$g + q/2 = 5.136 + 7.8/2 = 9.036 \text{ kN/m}^2$$

$$q/2 = 7.8/2 = 3.9 \text{ kN/m}^2$$

（2）计算跨度

①中间跨 $l_0 = l_c$，l_c 为轴线间的距离。

②边跨 $l_0 = l_n + b$，l_n 为净跨，b 为净宽。

（3）弯矩计算

由前面内容可知，跨中最大正弯矩发生在活荷载为棋盘式布置时，它可简化为当支座固定时 $g + q/2$ 作用下的跨中弯矩值与当支座为简支时 $\pm q/2$ 作用下的跨中弯矩值之和。支座最大负弯矩可近似按活荷载满布求得，即内支座固定时 $g + q$ 作用下的支座弯矩。

注：在本例题中，楼盖边梁对板的作用视为固定支座。

各区格板的弯矩计算如表 3.35 所示。

表 3.35　各区格板的弯矩计算

区格	A	B	C	D
l_{01}(m)	5.0	$5.0 - 0.125 - 0.05 + 0.250 = 5.075$	5.0	5.075
l_{02}(m)	6.0	6.0	6.075	6.075
l_{01}/l_{02}	0.833	0.846	0.823	0.835
m_1(kN·m/m)	$(0.0255 + 0.2 \times 0.0152) \times 9.036 \times 5.0^2 + (0.0525 + 0.2 \times 0.0343) \times 3.9 \times 5.0^2 = 12.23$	$(0.0248 + 0.2 \times 0.0155) \times 9.036 \times 5.075^2 + (0.0510 + 0.2 \times 0.0347) \times 3.9 \times 5.075^2 = 12.31$	$(0.0261 + 0.2 \times 0.0150) \times 9.036 \times 5.0^2 + (0.0536 + 0.2 \times 0.0340) \times 3.9 \times 5.0^2 = 12.46$	$(0.0254 + 0.2 \times 0.0152) \times 9.036 \times 5.075^2 + (0.0523 + 0.2 \times 0.0344) \times 3.9 \times 5.075^2 = 12.56$
m_2(kN·m/m)	$(0.0152 + 0.2 \times 0.0255) \times 9.036 \times 5.0^2 + (0.0343 + 0.2 \times 0.0525) \times 3.9 \times 5.0^2 = 8.95$	$(0.0155 + 0.2 \times 0.0248) \times 9.036 \times 5.075^2 + (0.047 + 0.2 \times 0.0510) \times 3.9 \times 5.075^2 = 10.51$	$(0.0150 + 0.2 \times 0.0261) \times 9.036 \times 5.0^2 + (0.0340 + 0.2 \times 0.0536) \times 3.9 \times 5.0^2 = 8.93$	$(0.0152 + 0.2 \times 0.0254) \times 9.036 \times 5.075^2 + (0.0344 + 0.2 \times 0.0523) \times 3.9 \times 5.075^2 = 9.23$

区格	A	B	C	D
$m_1'(\text{kN}\cdot\text{m/m})$	$-0.063\,9\times12.936\times$ $5.0^2=-20.67$	$-0.062\,9\times12.936\times$ $5.075^2=-20.96$	$-0.064\,7\times12.936\times$ $5.0^2=-20.92$	$-0.063\,7\times12.936\times$ $5.075^2=-21.22$
$m_1''(\text{kN}\cdot\text{m/m})$	-20.67	-20.96	-20.92	-21.22
$m_2'(\text{kN}\cdot\text{m/m})$	$-0.055\,4\times12.936$ $\times5.0^2=-17.92$	$-0.055\,2\times12.936$ $\times5.075^2=-18.39$	$-0.055\,5\times12.936$ $\times5.0^2=-17.95$	$-0.055\,3\times12.936$ $\times5.075^2=-18.42$
$m_2''(\text{kN}\cdot\text{m/m})$	-17.92	-18.39	-17.95	-18.42

A 区格板的计算:

$$\frac{l_{01}}{l_{02}}=\frac{5}{6}=0.833$$

计算板的跨中弯矩,其中 $g+q/2$ 作用下查附录 D 中④, $\pm q/2$ 作用下查附录 D 中①;板的支座负弯矩按 $g+q$ 作用下查附录 D 中④计算。

$$m_1=(0.025\,5+0.2\times0.015\,2)\times\left(g+\frac{q}{2}\right)l_{01}^2+(0.052\,5+0.2\times0.034\,3)\times\frac{q}{2}l_{01}^2$$
$$=0.028\,5\times9.036\times5.0^2+0.059\,4\times3.9\times5.0^2$$
$$=12.23\ \text{kN}\cdot\text{m/m}$$

$$m_2=(0.015\,2+0.2\times0.025\,5)\times\left(g+\frac{q}{2}\right)l_{01}^2+(0.034\,3+0.2\times0.052\,5)\times\frac{q}{2}l_{01}^2$$
$$=0.020\,3\times9.036\times5.0^2+0.044\,8\times3.9\times5.0^2$$
$$=8.95\ \text{kN}\cdot\text{m/m}$$

$$m_1'=m_1''=-0.063\,9\times(g+q)l_{01}^2$$
$$=-0.063\,9\times12.936\times5.0^2$$
$$=-20.67\ \text{kN}\cdot\text{m/m}$$
$$m_2'=m_2''=-0.055\,4\times(g+q)l_{01}^2$$
$$=-0.055\,4\times12.936\times5.0^2$$
$$=-17.92\ \text{kN}\cdot\text{m/m}$$

B、C、D 区格的弯矩计算与 A 类似,只是边界条件与计算跨度有所不同。其中 $\pm q/2$ 作用下,B、C 和 D 区格板的跨中弯矩分别查附录 D 中②、③和⑤,计算结果如表 3.35 所示。

(4)截面设计

截面有效高度: l_{01}(短跨)方向跨中截面的 $h_{01}=h-a_s=120-20=100$ mm, l_{02}(长跨)方向跨中截面的 $h_{02}=h_{01}-10=100-10=90$ mm。支座处 h_0 均为 100 mm。

①截面弯矩设计值:板四周均与梁整体浇筑,弯矩设计值应按表 3.34 进行折减。

②A 区格的跨中截面与 A—A 支座截面折减 20%。

③B、C 区格的跨中截面与 A—A、A—C 支座截面折减 20%(两板的 l_b/l_0 均大于 1.5)。

④D 区格不折减。

计算配筋时,取内力臂系数 $\gamma_s = 0.95$，$A_s = \dfrac{m}{0.95h_0f_y}$。截面配筋计算结果如表 3.36 所示。配筋如图 3.83 所示。

表 3.36　板的配筋计算

截面			$h_0(mm)$	$m(kN \cdot m/m)$	$A_s(mm^2)$	配筋	实际配筋面积 (mm^2)
跨中	A 区格	l_{01}方向	100	$12.23 \times 0.8 = 9.784$	381.45	$\phi10@200$	393
		l_{02}方向	90	$8.95 \times 0.8 = 7.16$	310.15	$\phi10@200$	393
	B 区格	l_{01}方向	100	$12.31 \times 0.8 = 9.848$	383.93	$\phi10@200$	393
		l_{02}方向	90	$9.27 \times 0.8 = 7.416$	321.25	$\phi10@200$	393
	C 区格	l_{01}方向	100	$12.46 \times 0.8 = 9.968$	388.62	$\phi10@200$	393
		l_{02}方向	90	$8.93 \times 0.8 = 7.144$	309.46	$\phi10@200$	393
	D 区格	l_{01}方向	100	12.56	489.67	$\phi10@150$	523
		l_{02}方向	90	9.23	399.82	$\phi10@150$	523
支座	A—A(l_{01}方向)		100	$-20.67 \times 0.8 = -16.54$	644.83	$\phi12@150$	754
	A—A(l_{02}方向)		100	$-17.92 \times 0.8 = -14.34$	559.07	$\phi12@150$	754
	A—B		100	$-20.96 \times 0.8 = -16.77$	653.80	$\phi12@150$	754
	A—C		100	$-17.95 \times 0.8 = -14.36$	559.84	$\phi12@150$	754
	B—B		100	-18.39	716.96	$\phi12@150$	754
	B—D		100	-18.42	718.13	$\phi12@150$	754
	C—C		100	-20.92	815.59	$\phi12@120$	905
	C—D		100	-21.22	827.29	$\phi12@120$	905
	B 边支座		100	-20.96	817.16	$\phi12@120$	905
	C 边支座		100	-17.95	699.81	$\phi12@150$	754
	D 边支座(l_{01}方向)		100	-21.22	827.29	$\phi12@120$	905
	D 边支座(l_{02}方向)		100	-18.42	718.13	$\phi12@150$	754

3.5　楼梯、雨篷设计

3.5.1　楼梯设计

楼梯是多层、高层建筑的重要组成部分,是房屋建筑的竖向通道。目前,绝大多数多层、高

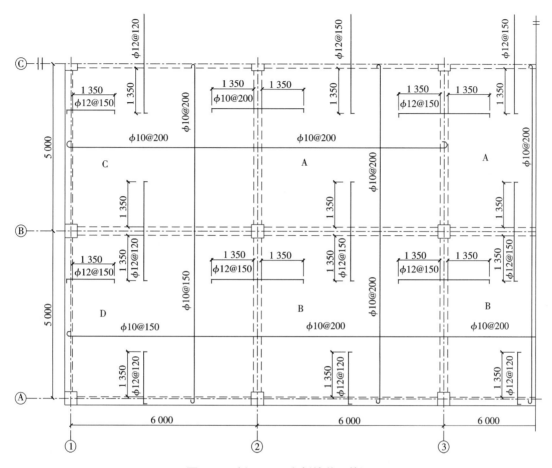

图 3.83 例 3.23 双向板楼盖配筋图

层建筑均采用钢筋混凝土楼梯,它是一种斜向搁置的钢筋混凝土梁板结构。

楼梯按施工方法的不同可分为装配式楼梯和现浇式(整体式)楼梯。现浇式楼梯的整体刚性好,应用较为广泛。

根据楼梯结构形式和受力特点的不同可分为板式楼梯和梁式楼梯。一些公共建筑也采用悬挑(剪刀)式和螺旋式等特种楼梯形式,如图 3.84(a)所示。

楼梯的平面布置、踏步尺寸、栏杆形式等由建筑设计确定。

楼梯的结构设计步骤:根据建筑要求和施工条件,确定楼梯的结构形式和结构布置;根据建筑类别,确定楼梯的活荷载标准值;进行楼梯各部件的内力分析和截面设计;绘制施工图,处理连接部件的配筋构造。

1.构造要求

(1)板式楼梯构造要求

板式楼梯踏步高度和宽度由建筑设计确定,一般高为 150 mm,宽为 250 ~ 300 mm。梯段斜板的厚度一般取 $h = (1/30 \sim 1/25)l_0$,在此范围内可不作刚度验算。板的跨中配筋按计算

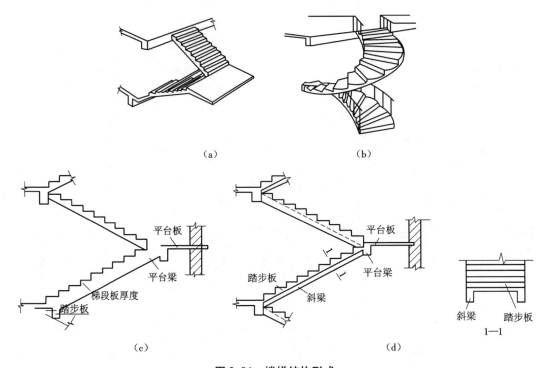

图 3.84　楼梯结构形式

(a)悬挑(剪刀)式　(b)螺旋式

(c)板式　(d)梁式

确定,考虑到斜板与平台梁及平台板的整体性,斜板的两端应按构造设置承受负弯矩作用的钢筋,设置负筋的范围不得小于 $l_0/4$ 的长度,其数量一般取跨中截面配筋的 $1/2$,在梁或板中的锚固长度不小于 $30d$,在垂直于受力筋的方向设置分布筋,通常在每个踏步下放置 1 根 $\phi6$ 的分布筋。

梯段板配筋可采用弯起式,也可采用分离式,如图 3.85 所示。

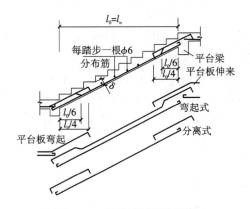

图 3.85　梯段板配筋构造图

平台板和平台梁的构造要求可按照普通的现浇整体式梁板结构的构造执行。

（2）梁式楼梯构造要求

梁式楼梯三角形踏步的尺寸由建筑设计确定，斜板厚度一般取 30～50 mm，在每个踏步内至少有 $2\phi6$ 的受力筋，板底受力筋伸入支座后每两根中应弯起一根。同时，应在垂直受力筋的上方均匀布置分布筋，分布筋不小于 $\phi6@300$。

梯段斜梁一般设置在踏步板的两侧，与踏步板构成门形（或双 T 形），当楼梯宽度较小时，可将斜梁设在中间与踏步板构成 T 形。斜梁的高度通常取 $h=(1/14～1/10)l$，l 为沿水平方向梯段斜梁的跨度。斜梁上端部应按构造设置钢筋，钢筋数量不应小于跨中截面纵向受力钢筋截面面积的 1/4。钢筋在支座处的锚固长度应满足受拉钢筋的锚固长度要求。

平台板和平台梁的构造要求可参照普通的现浇整体式梁板结构（单向板或双向板）的构造要求。

2. 现浇板式楼梯配筋设计

当楼梯的跨度不大（水平投影长度小于 3 m）、使用荷载较小，或公共建筑中为符合卫生和美观要求，宜采用板式楼梯。板式楼梯有普通板式和折板式两种形式。

（1）现浇普通板式楼梯配筋设计

普通板式楼梯的梯段为表面带有三角形踏步的斜板。其荷载传递途径：梯段上的荷载以均布荷载的形式传给斜板，斜板和平台板以均布荷载的形式将荷载传给平台梁，平台梁以集中荷载的形式传给侧墙（或框架柱）。

1）梯段斜板承载力计算

计算楼梯斜板段时，取宽 1 m 板带或整个梯段斜板作为计算单元。计算简图可以简化为简支斜板，简支斜板再转化为水平板进行计算，如图 3.86 所示。荷载转化为线荷载，其中恒荷载 g' 包括踏步自重、斜板自重，并沿倾斜方向分布；活荷载 q 是沿水平方向分布的。计算内力时应先将恒荷载 g' 转化为沿水平方向分布的线荷载 g 与活荷载 q，叠加后再计算。线荷载 g 与线荷载 g' 的换算关系为

$$g = g'/\cos\alpha \tag{3.78}$$

式中　α——梯段板的倾角。

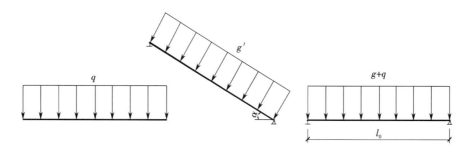

图 3.86　梯段板的计算简图

考虑到梯段斜板与平台梁为整体连接，梯段斜板的跨中最大弯矩按下式计算：

$$M_{max} = (g+q)l_0^2/10 \qquad\qquad (3.79)$$

式中 M_{max}——梯段斜板的跨中最大弯矩；

    g、q——作用于梯段斜板上沿水平投影方向的恒荷载和活荷载的设计值；

    l_0——板的水平计算跨度，可取水平净跨加梁宽。

实际上因梯段斜板与平台板具有连续性，所以在梯段斜板靠平台处，应设置板面负筋，其用量应大于一般构造负筋，但可略小于跨中配筋，板面负筋伸进梯段斜板 $l_n/4$，l_n 为斜板的净跨。梯段斜板的配筋如图 3.87 所示。

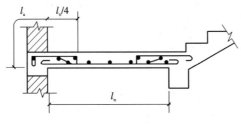

图 3.87 平台板配筋

与一般板的计算一样，梯段斜板可以不考虑剪力和轴力。

2）平台板承载力计算

平台板一般属于单向板（有时也可能是双向板）。可取宽 1 m 的板带为计算单元，当板的两边与梁整体浇筑时，板的跨中弯矩按 $M_{max} = (g+q)l_0^2/10$ 计算。当板的一端与梁整体浇筑而另一端支承在墙上时，板的跨中弯矩按 $M_{max} = (g+q)l_0^2/8$ 计算，式中 l_0 为平台板的计算跨度。

当平台板为双向板时，则可按四边简支的双向板计算。

考虑到板支座的转动会受到一定约束，一般应将板下部钢筋在支座附近弯起一半，或在板面支座处另配不少于 $\phi8@200$ 的构造负筋，伸出支座边缘长度为 $l_n/4$（图 3.88），l_n 为平台板的净跨。

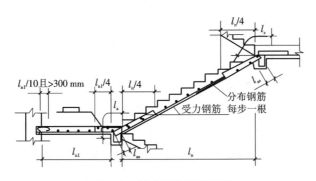

图 3.88 板式楼梯的配筋图

3）平台梁承载力计算

平台梁的两端一般支承在楼梯间承重墙上，承受梯段斜板、平台板传来的均布荷载和平台梁自重,可按简支梁计算。平台梁虽有平台板协同工作,但仍宜按矩形截面计算,且宜将配筋适当增加。这是因为平台梁两边荷载不平衡,梁中实际存在着一定的扭矩,虽在计算中为简化起见而不考虑扭矩,但必须考虑该不利因素。

(2)折板式楼梯配筋设计

当板式楼梯设置平台梁有困难时,可取消平台梁,做成折板式,如图3.89所示。折板由斜板和一小段平板组成,两端支承于楼盖梁和楼梯间纵墙上,故而跨度较大。折板式楼梯的配筋设计要求如下。

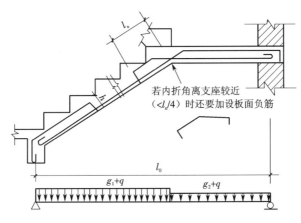

图3.89 折板式楼梯

①斜板和平板厚度:$h = l_0/30 \sim l_0/25$。

②因板较厚,楼盖梁对板的相对约束较小,折板可视为两端简支。

③折板水平段的恒载 g_2 小于斜段的 g_1,但因水平段较短,也可将恒载都取为 $g = g_1$,即可取 $M_{max} = (g_1 + q)l_0^2/8$。

④内折角处的受拉钢筋必须断开后分别锚固,当内折角与支座边的距离小于 $l_n/4$ 时,内折角处的板面应设构造负筋,伸出支座边 $l_n/4$。

【例3.24】某现浇整体式钢筋混凝土板式楼梯结构布置如图3.90所示。已知活荷载标准值 $q_k = 2.5 \text{ kN/m}^2$,采用C20混凝土,梯段板选用HPB300级钢筋,平台梁选用HRB335级钢筋。梯段板厚度120 mm,平台板厚70 mm,平台梁截面尺寸为200 mm×300 mm,水泥砂浆面层厚20 mm,试设计该楼梯。

解:(1)梯段板的配筋计算

①荷载计算(取1 m宽板带计算),计算过程见表3.37。

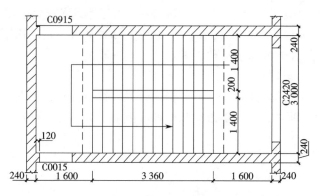

图 3.90 现浇整体式钢筋混凝土板式楼梯结构布置图

表 3.37 梯段板荷载计算

项目		荷载值
楼梯斜板的倾角		$\alpha = \text{acrtan}\dfrac{154}{280} = 28°48'$, $\cos\alpha = 0.876$
恒荷载	踏步重	$\dfrac{1.0}{0.28}\times\dfrac{1}{2}\times0.28\times0.154\times25 = 1.925 \text{ kN/m}$
	斜板重（包括板底抹灰）	$\dfrac{1.0}{0.876}\times(0.12\times25+0.015\times17) = 3.716 \text{ kN/m}$
	20 mm 厚水泥砂浆面层	$\dfrac{0.28+0.154}{0.28}\times1.0\times0.02\times20 = 0.620 \text{ kN/m}$
恒载标准值 g_k		$1.925+3.716+0.620 = 6.261 \text{ kN/m}$
恒载设计值 g		$1.2\times6.261 = 7.51 \text{ kN/m}$
活载标准值 q_k		$2.5\times1.0 = 2.5 \text{ kN/m}$
活载设计值 q		$1.4\times2.5 = 3.5 \text{ kN/m}$
总荷载设计值 $g+q$		$7.51+3.5 = 11.01 \text{ kN/m}$

②内力计算。

计算跨度 $l_0 = 3.36 \text{ m}$

跨中弯矩 $M = \dfrac{1}{10}(g+q)l_0^2 = \dfrac{1}{10}\times11.01\times3.36^2 = 12.43 \text{ kN·m}$

③配筋计算。

$$h_0 = h - 20 = 120 - 20 = 100 \text{ mm}$$

$$\alpha_s = \frac{M}{\alpha_1 f_c b h_0^2} = \frac{12.43\times10^6}{1.0\times9.6\times1\,000\times100^2} = 0.129$$

$$\xi = 1 - \sqrt{1-2\alpha_s} = 1 - \sqrt{1-2\times0.129} = 0.139$$

$$A_s = \xi\times\frac{f_c}{f_y}\times bh_0 = 0.139\times\frac{9.6}{270}\times1\,000\times100 = 494.22 \text{ mm}^2$$

受力钢筋选用 $\phi 10@150 (A_s = 654 \text{ mm}^2)$。

分布钢筋选用 $\phi 6@200$。

（2）平台板的配筋计算

①荷载计算，见表3.38。

表3.38 平台板荷载计算

项目		荷载值
恒荷载	20 mm 厚水泥砂浆面层	$0.02 \times 1 \times 17 = 0.34$ kN/m
	平台板自重	$0.07 \times 1 \times 25 = 1.75$ kN/m
	15 mm 厚石灰砂浆顶棚抹灰	$0.015 \times 1 \times 17 = 0.255$ kN/m
恒载标准值 g_k		$0.34 + 1.75 + 0.255 = 2.345$ kN/m
恒载设计值 g		$1.2 g_k = 1.2 \times 2.345 = 2.81$ kN/m
活载标准值 q_k		$2.5 \times 1.0 = 2.5$ kN/m
活载设计值 q		$1.4 q_k = 1.4 \times 2.5 = 3.5$ kN/m
总荷载设计值 $g + q$		$2.81 + 3.5 = 6.31$ kN/m

②内力计算。

计算跨度
$$l_0 = l_n + h/2 = 1.4 + 0.07/2 = 1.44 \text{ m}$$

$$M = \frac{1}{10}(g + q)l_0^2 = \frac{1}{10} \times 6.31 \times 1.44^2 = 1.31 \text{ kN} \cdot \text{m}$$

③配筋计算。

$$h_0 = h - 20 = 70 - 20 = 50 \text{ mm}$$

$$\alpha_s = \frac{M}{\alpha_1 f_c b h_0^2} = \frac{1.31 \times 10^6}{1.0 \times 9.6 \times 1\,000 \times 50^2} = 0.055$$

$$\xi = 1 - \sqrt{1 - 2\alpha_s} = 1 - \sqrt{1 - 2 \times 0.055} = 0.057$$

$$A_s = \xi \times \frac{f_c}{f_y} \times b h_0 = 0.057 \times \frac{9.6}{270} \times 1\,000 \times 50 = 101.33 \text{ mm}^2$$

选用 $\phi 6@200 (A_s = 141 \text{ mm}^2)$。

（3）平台板的配筋计算

①荷载计算。

梯段板传来荷载： $11.01 \times 3.36/2 = 18.50$ kN/m

平台板传来荷载： $6.31 \times (1.4/2 + 0.20) = 5.68$ kN/m

梁自重： $1.2 \times 0.2 \times (0.3 - 0.07) \times 25 = 1.38$ kN/m

$$q = 18.50 + 5.68 + 1.38 = 25.56 \text{ kN/m}$$

②内力计算。

计算跨度：
$$l_0 = l_n + a = 3.00 + 0.24 = 3.24 \text{ m}$$
$$l_0 = 1.05l_n = 1.05 \times 3.00 = 3.15 \text{ m}$$

取两者的较小值,故 $l_0 = 3.15$ m。

$$M_{max} = \frac{1}{8}(g+q)l_0^2 = \frac{1}{8} \times 25.56 \times 3.15^2 = 31.70 \text{ kN} \cdot \text{m}$$

$$V_{max} = \frac{1}{2}ql_n = \frac{1}{2} \times 25.56 \times 3.0 = 38.34 \text{ kN}$$

③配筋计算。

$$h_0 = h - 35 = 300 - 35 = 265 \text{ mm}$$

纵向钢筋：

$$\alpha_s = \frac{M}{\alpha_1 f_c b h_0^2} = \frac{31.70 \times 10^6}{1.0 \times 9.6 \times 200 \times 265^2} = 0.235$$

$$\xi = 1 - \sqrt{1 - 2\alpha_s} = 1 - \sqrt{1 - 2 \times 0.235} = 0.272 < \xi_b = 0.550$$

$$A_s = \xi \times \frac{f_c}{f_y} \times bh_0 = 0.272 \times \frac{9.6}{300} \times 200 \times 265 = 461 \text{ mm}^2$$

选用 3 Φ 16 ($A_s = 603$ mm²)。

箍筋：

$$0.7f_t bh_0 = 0.7 \times 1.1 \times 200 \times 265 = 40\,810 \text{ N} = 40.81 \text{ kN} > V_{max} = 38.34 \text{ kN}$$

故箍筋可按构造要求配置 $\phi 6@200$。

钢筋布置如图 3.91 所示。

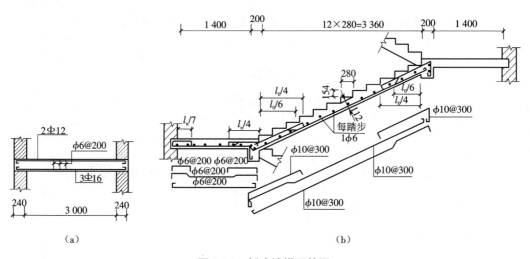

图 3.91　板式楼梯配筋图
(a)平台板配筋　(b)梯段板及平台板配筋

3.现浇梁式楼梯配筋设计

当梯段跨度较大(水平投影长度大于 3 m)且使用荷载较大时,采用梁式楼梯较为经济。

梁式楼梯由踏步板、梯段斜段、平台板和平台梁组成。其荷载传递途径为:踏步板上的荷载以均布荷载的形式传给梯段斜梁,斜梁以集中荷载的形式、平台板以均布荷载的形式将荷载传给平台梁,平台梁以集中荷载的形式再将荷载传给侧墙(或框架柱)。

(1)踏步板配筋设计

梁式楼梯的踏步板可按两端简支在斜梁上的单向板计算,可取一个踏步作为计算单元。计算单元的截面实际上是一个梯形,如图 3.92(a)所示,为简化计算,可看作高度为梯形中位线 h_1 的矩形($h_1 = c/2 + \delta/\cos \alpha$)。考虑到斜边梁对踏步板的约束,可取 $M = (g + q)l_n^2/10$,l_n 为踏步板净跨度。现浇踏步板的斜板厚度一般取 $\delta = 40 \sim 50$ mm,配筋要按计算确定。在靠梁边的板内应设置构造负筋,并要求构造负筋不少于 $\phi 6@200$,伸出梁边 $l_n/4$,如图 3.92(b)所示。

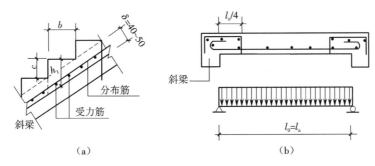

图 3.92 踏步板的计算单元和计算简图(尺寸单位:mm)

(a)计算单元 (b)计算简图

(2)梯段斜梁配筋设计

梯段斜梁有直线形和折线形两种,如图 3.93 所示。梯段斜梁可简化为两端支承在上、下

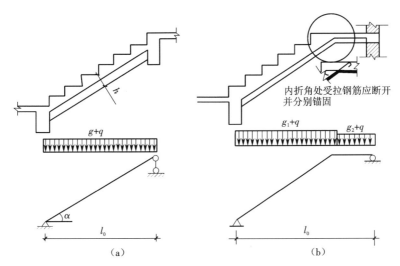

图 3.93 斜梁的两种形式

(a)直线形 (b)折线形

平台梁上的斜梁。斜梁的截面高度按次梁考虑，可取 $h = l_0/15$。梁的均布荷载包括踏步传来的荷载和梁自重。折线形楼梯水平段梁的均布恒载 g_2 小于其斜梁的均布恒载 g_1，为简化起见可近似取为 g_1。斜梁的弯矩和剪力可按下式计算：

$$M_{斜梁} = (g + q)l_0^2/8 \tag{3.80}$$

$$V_{斜梁} = (g + q)l\cos \alpha/2 = V_{平梁}\cos \alpha \tag{3.81}$$

注意：折梁内折角处的受拉钢筋必须断开后分别锚固，以防止内折角开裂破坏，如图 3.93（b）所示。

（3）平台板和平台梁配筋设计

梁式楼梯的平台板与平台梁的计算及配筋构造与板式楼梯基本相同，不同之处是平台梁除承受平台板传来的均布荷载和平台梁自重外，还承受梯段斜梁传来的集中荷载，此外平台梁的截面高度还应符合构造要求，使平台梁底在斜梁底以下。

3.5.2 雨篷设计

钢筋混凝土雨篷是房屋结构中最常见的悬挑构件，一般由雨篷板和雨篷梁组成，雨篷梁除支承雨篷板外，还兼有过梁的作用。当雨篷悬挑过长时，可在雨篷中布置边梁，按一般的梁板结构设计；当无边梁时，应按悬挑板设计。计算时悬挑部分除一般悬臂板、梁进行截面设计外，还必须进行整体的抗倾覆验算。

雨篷在荷载作用下，雨篷板受弯矩和剪力作用，雨篷梁受弯矩、剪力和扭矩作用，雨篷整体结构受倾覆力矩作用。

1. 雨篷板的设计

雨篷板是固定于雨篷梁上的悬挑板，其承载力按受弯构件计算。

雨篷板上的荷载有恒载（包括自重、面层、抹灰等构造层重）、雪荷载和均布活荷载以及施工和检修集中荷载。

在进行承载力计算时，雨篷板的荷载按下列两种组合情况考虑。

第一种情况：恒荷载 + 均布活荷载和雪荷载中的较大者。

第二种情况：恒荷载 + 施工或检修集中荷载。每一个集中荷载值为 1.0 kN，进行承载力计算时，沿板宽每一米考虑一个集中荷载；进行抗倾覆验算时，沿板宽每隔 2.5 ~ 3.0 m 考虑一个集中荷载。

分别计算出根部最大弯矩后选较大者进行配筋计算。钢筋应设置在板顶，伸入梁中的长度应满足受力钢筋锚固长度 l_a 的要求。

注：雨篷的计算跨度 l_0 取板的挑出长度，计算单元取 1 m 板带，计算截面取板的根部。

雨篷板荷载计算简图如图 3.94 所示。

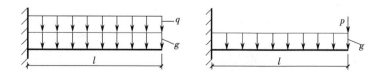

图 3.94 雨篷板荷载的计算简图

2. 雨篷梁的设计

雨篷梁除承受雨篷传来的荷载外,还承受雨篷梁上的墙重及楼面板或平台板通过墙传来的荷载(图 3.95)。对于兼作过梁的雨篷梁,梁板荷载与墙体自重,应根据不同情况按下列规定进行计算。

①当雨篷梁上有梁板荷载时,如梁、板下的墙体高度 $h_w < l_0$ 时,按梁、板传来的荷载采用;当梁、板下的墙体高度 $h_w > l_0$ 时,梁、板荷载不予考虑。

②对砖砌体,当雨篷梁上墙体高度 $h_w < l_n/3$ (l_n 为雨篷净跨度)时,按全部墙体的均布自重采用;当墙体高度 $h_w > l_n/3$ 时,按高度为 $l_n/3$ 墙体自重采用。

③对砌块砌体,当雨篷梁上墙体高度 $h_w < l_n/2$ (l_n 为雨篷净跨度)时,按全部墙体的均布自重采用;当墙体高度 $h_w > l_n/2$ 时,按高度为 $l_n/2$ 墙体自重采用。

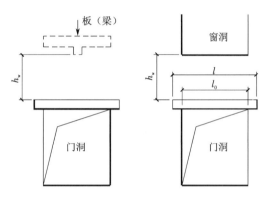

图 3.95　雨篷梁上的墙体及梁板荷载

梁上荷载确定后,即可计算雨篷梁的弯矩和剪力。但由于雨篷板上传来的荷载的作用点并不在梁的竖向对称平面上,因此这些荷载还将产生扭矩。均布荷载 $(g + q)$ 作用下,雨篷板根部沿单位长度内的扭矩为

$$t_b = (g + q)l\left(\frac{l + b}{2}\right) \tag{3.82}$$

由 t_b 在梁支座处产生的最大扭矩为

$$T_{max} = t_b l_0/2 \tag{3.83}$$

式中　l_0——雨篷梁的净跨度;

　　　　l——雨篷板的长度;

　　　　b——雨篷板的宽度。

扭矩在梁内的分布如图 3.96 所示。

同理,在均布荷载 g 和集中荷载 p 作用下,板上沿单位长度内的扭矩为

$$t_b = gl\left(\frac{l + b}{2}\right) + p\left(\frac{b + l}{2}\right) \tag{3.84}$$

由 t_b 在梁支座处产生的最大扭矩 T_{max} 按式 (3.82) 计算。与均布荷载 $(g + q)$ 作用下梁端产生的扭矩相比,取两者中较大者作为计算扭矩。

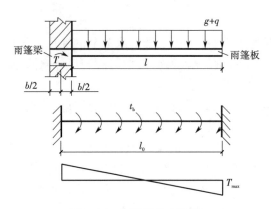

图 3.96　雨篷梁的扭矩图

当内力选定后,雨篷梁的配筋设计则按弯、剪、扭构件计算纵筋和箍筋。

3. 雨篷的整体倾覆验算

对雨篷除进行承载力计算确定雨篷板、梁的配筋外,还必须对雨篷整体产生的倾覆进行验算。在进行倾覆验算时,首先要确定倾覆点的位置,根据《砌体结构设计规范》倾覆点至墙外边缘的距离可按下列规定采用。

①当 l_1 不小于 $2.2h_b$(l_1 为雨篷梁埋入砌体墙中的长度,h_b 为雨篷梁的截面高度)时,梁计算倾覆点到墙外边缘的距离可按下式计算,且结果不应大于 $0.13l_1$:

$$x_0 = 0.3h_b \qquad (3.85)$$

式中　x_0——计算倾覆点至墙外边缘的距离。

②当 l_1 小于 $2.2h_b$ 时,雨篷梁计算倾覆点到墙外边缘的距离可按下式计算:

$$x_0 = 0.13l_1 \qquad (3.86)$$

③当雨篷梁下有混凝土构造柱或者垫梁时,计算倾覆点到墙外边缘的距离可取 $0.5x_0$。

雨篷板上的荷载将绕倾覆点产生倾覆力矩 M_{OV},而抗倾覆力矩 M_r 仅由梁自重、墙重及梁板传来的净荷载合力 G_r 产生,抗倾覆验算应满足下式:

$$M_r \geqslant M_{OV} \qquad (3.87)$$

$$M_r = 0.8G_r(l_2 - x_0) \qquad (3.88)$$

式中　M_r——抗倾覆力矩设计值;

　　　G_r——雨篷的抗倾覆荷载,可取雨篷梁尾端上部 45°扩散角范围(其水平长度为 l_3)内的墙体与楼面恒荷载标准值之和,如图 3.97 所示;

　　　l_2——G_r 距墙外边缘的距离,$l_2 = l_1/2$,l_1 为雨篷梁上墙的厚度,$l_3 = l_n/2$。

为保证满足抗倾覆要求,可适当增加雨篷的支承长度,以增加压在梁上的恒荷载。

4. 雨篷梁、板的构造

雨篷板的根部截面高度一般取 $h = (1/12 \sim 1/8)l_0$,且 $\geqslant 70$ mm,若采用变厚度板,则板的悬臂端厚度应不小于 50 mm。

雨篷板受力钢筋按悬臂板计算确定,且不少于 $\phi6@200$,受力钢筋必须伸入雨篷梁,并与

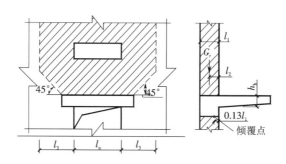

图 3.97　雨篷抗倾覆验算计算简图

梁中箍筋连接,其伸入支座的长度不得小于基本锚固长度。此外,还须按构造配置分布钢筋,一般不小于 $\phi6@250$。配筋构造如图 3.98 所示。

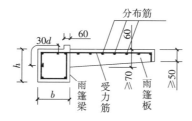

图 3.98　雨篷截面及配筋构造

雨篷梁宽一般与墙厚相同,截面高度按计算确定,为保证足够的嵌固,雨篷梁伸入墙内的支撑长度应不小于 370 mm,其配筋按弯、剪、扭构件计算。

【例 3.25】 某三层厂房的底层门洞宽 2 m,雨篷板挑出长度 0.8 m,采用悬挑臂板式(带构造翻边),截面尺寸如图 3.99 所示。考虑到建筑立面需要,板底距门洞顶 200 mm,且要求梁上翻一定高度,以利防水。梁高 400 mm,C20 混凝土,HPB300 级钢筋,试设计该雨篷。

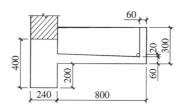

图 3.99　雨篷截面尺寸

解:(1)雨篷板的计算

雨篷板的计算宽度取 1 m 板宽为计算单元。板根部厚度 80 mm $> l_s/12 = 67$ mm。

①荷载计算,见表 3.39。

表 3.39 雨篷板荷载计算

	项目	荷载值
恒荷载	20 mm 厚水泥砂浆面层	$0.02 \times 1 \times 17 = 0.34$ kN/m
	板自重(平均厚 70 mm)	$0.07 \times 1 \times 25 = 1.75$ kN/m
	12 mm 厚纸筋灰板底	$0.012 \times 1 \times 16 = 0.19$ kN/m
均布荷载标准值 g_k		$0.34 + 1.75 + 0.19 = 2.28$ kN/m
均布荷载设计值 g		$1.2g_k = 1.2 \times 2.28 = 2.74$ kN/m
集中恒载(翻边)设计值 G		$1.2 \times (0.24 \times 0.06 \times 25 + 0.02 \times 0.3 \times 17 \times 2)$ $= 0.68$ kN
均布活载(考虑积水深 23 mm)设计值 q		$1.4 \times 2.3 = 3.22$ kN/m
集中活载(作用在板端)设计值 Q		$1.4 \times 1.0 = 1.40$ kN

②内力计算。

$$M_G = \frac{1}{2}gl_s^2 + Gl_s = \frac{1}{2} \times 2.74 \times 0.80^2 + 0.68 \times 0.80 = 1.42 \text{ kN} \cdot \text{m}$$

$$M_Q = \frac{1}{2}ql_s^2 = \frac{1}{2} \times 3.22 \times 0.80^2 = 1.03 \text{ kN} \cdot \text{m}$$

$$M_Q = Ql_s = 1.4 \times 0.80 = 1.12 \text{ kN} \cdot \text{m}$$

取两者中的较大值:

$$M_Q = 1.12 \text{ kN} \cdot \text{m}$$
$$M = M_G + M_Q = 1.42 + 1.12 = 2.54 \text{ kN} \cdot \text{m}$$

③配筋计算。

雨篷板截面有效高度(雨篷板取平均厚度 70 mm):$h_0 = 70 - 15 = 55$ mm

雨篷板配筋计算如下:

$$\alpha_s = \frac{M}{\alpha_1 f_c bh_0^2} = \frac{2.54 \times 10^6}{1.0 \times 9.6 \times 1\,000 \times 55^2} = 0.087$$

$$\xi = 1 - \sqrt{1 - 2\alpha_s} = 1 - \sqrt{1 - 2 \times 0.087} = 0.091 < \xi_b = 0.550$$

$$A_s = \xi \times \frac{f_c}{f_y} \times bh_0 = 0.091 \times \frac{9.6}{300} \times 1\,000 \times 55 = 160 \text{ mm}^2$$

选用 $\phi 8@250(A_s = 201 \text{ mm}^2)$。

(2)雨篷梁的计算

1)荷载计算

楼面荷载传给框架连系梁,雨篷梁上不再考虑,连系梁下砖墙高 0.8 m $> l_n/3 = 2.0/3 = 0.67$ m,故按高度为 0.67 m 的墙体重量计算。具体荷载计算见表 3.40。

表 3.40 雨篷梁荷载计算

项目		荷载值
恒荷载	墙体重量	$0.67 \times 5.24 = 3.51$ kN/m
	梁自重	$0.24 \times 0.4 \times 25 = 2.40$ kN/m
	梁侧粉刷层	$0.02 \times 0.4 \times 2 \times 16 = 0.26$ kN/m
	板传来恒载	$2.28 \times 0.8 + 0.68 = 2.50$ kN/m
荷载标准值 g_k		8.67 kN/m
荷载设计值 g		$1.2 g_k = 1.2 \times 8.67 = 10.40$ kN/m
均布活载设计值 q		$3.22 \times 0.8 = 2.58$ kN
集中活载设计值 Q		1.40 kN

2) 抗弯计算

① 弯矩设计值计算。

计算跨度

$$l = 1.05 l_n = 1.05 \times 2 = 2.1 \text{ m}$$

$$M_G = \frac{1}{8} g l^2 = \frac{1}{8} \times 10.40 \times 2.1^2 = 5.73 \text{ kN} \cdot \text{m}$$

$$M_Q = \frac{1}{8} q l^2 = \frac{1}{8} \times 2.58 \times 2.1^2 = 1.42 \text{ kN} \cdot \text{m}$$

$$M_Q = \frac{1}{4} Q l = \frac{1}{4} \times 1.4 \times 2.1 = 0.74 \text{ kN} \cdot \text{m}$$

取两者中的较大值:

$$M_Q = 1.42 \text{ kN} \cdot \text{m}$$

$$M = M_G + M_Q = 5.73 + 1.42 = 7.15 \text{ kN} \cdot \text{m}$$

② 抗弯纵筋计算。

雨篷梁截面有效高度:

$$h_0 = 400 - 35 = 365 \text{ mm}$$

$$\alpha_s = \frac{M}{\alpha_1 f_c b h_0^2} = \frac{7.15 \times 10^6}{1.0 \times 9.6 \times 240 \times 365^2} = 0.023$$

$$\xi = 1 - \sqrt{1 - 2\alpha_s} = 1 - \sqrt{1 - 2 \times 0.023} = 0.023 < \xi_b = 0.550$$

$$A_s = \xi \times \frac{f_c}{f_y} \times b h_0 = 0.023 \times \frac{9.6}{300} \times 240 \times 365 = 64 \text{ mm}^2$$

$$\rho = \frac{A_s}{bh} = \frac{64}{240 \times 400} = 0.000\,7 < \rho_{min} = 0.45 f_t / f_y = 0.45 \times 1.1/300 = 0.001\,7 < 0.002$$

故应取

$$A_{sm} = 0.002 \times 240 \times 400 = 192 \text{ mm}^2$$

3) 抗剪、扭计算

① 剪力计算。

$$V_G = \frac{1}{2} g l_n = \frac{1}{2} \times 10.40 \times 2.0 = 10.40 \text{ kN}$$

$$V_Q = \frac{1}{2} q l_n = \frac{1}{2} \times 2.58 \times 2.0 = 2.58 \text{ kN}$$

$$V_Q = Q = 1.40 \text{ kN}$$

取两者中的较大值： $V_Q = 2.58 \text{ kN}$

故 $V = V_G + V_Q = 10.40 + 2.58 = 12.98 \text{ kN}$

②扭矩计算。

梁在均布荷载作用下沿跨度方向每米长度的扭矩为

$$m_g = g l_s \times \frac{l_s + b}{2} + G \left(l_s + \frac{b}{2} \right)$$

$$= 2.74 \times 0.8 \times \frac{0.8 + 0.24}{2} + 0.68 \times \left(0.8 + \frac{0.24}{2} \right)$$

$$= 1.77 \text{ kN} \cdot \text{m/m}$$

$$m_q = q l_s \times \frac{l_s + b}{2} = 3.22 \times 0.8 \times \frac{0.8 + 0.24}{2} = 1.34 \text{ kN} \cdot \text{m/m}$$

集中荷载 Q 作用下，梁支座边的最大扭矩为

$$M_Q = Q \left(l_s + \frac{b}{2} \right) = 1.4 \times \left(0.8 + \frac{0.24}{2} \right) = 1.29 \text{ kN} \cdot \text{m}$$

故梁在支座边的扭矩为

$$T = \frac{1}{2} (m_g + m_q) l_n = \frac{1}{2} \times (1.77 + 1.34) \times 2.0 = 3.11 \text{ kN} \cdot \text{m}$$

$$T = \frac{1}{2} m_g l_n + M_Q = \frac{1}{2} \times 1.77 \times 2.0 + 1.29 = 3.06 \text{ kN} \cdot \text{m}$$

取两者中的较大值： $T = 3.11 \text{ kN} \cdot \text{m}$

③验算截面尺寸并确定是否需要按计算配置剪、扭钢筋。

$$\frac{V}{bh_0} + \frac{T}{W} = \frac{V}{bh_0} + \frac{T}{b^2 (3h - b) / 6}$$

$$= \frac{12.98 \times 10^3}{240 \times 365} + \frac{3.11 \times 10^6}{240^2 \times (3 \times 400 - 240) / 6} = 0.148 + 0.337$$

$$= 0.485 \text{ N/mm}^2$$

验算梁的截面尺寸：

$$0.25 f_c = 0.25 \times 9.6 = 2.4 \text{ N/mm}^2 > 0.485 \text{ N/mm}^2$$

故仅需按构造要求配置剪、扭钢筋。

④钢筋配置。

箍筋的最小配箍率和抗扭纵筋的最小配筋率计算如下。

$$\rho_{svt,min} = 0.28 f_t / f_y = 0.28 \times 1.1 / 300 = 0.001$$

抗扭纵筋的最小配筋率

$$\rho_{st1,min} = 0.6 \times \sqrt{\frac{T}{Vb}} \times \frac{f_t}{f_y} = 0.6 \times \sqrt{\frac{3.11 \times 10^6}{12.98 \times 10^3 \times 240}} \times \frac{1.1}{300} = 0.0022$$

箍筋选用双肢 $\phi 8@150$,其配筋率为

$$\rho_{svt} = \frac{nA_{svt}}{bs} = \frac{2 \times 50.3}{240 \times 150} = 0.002\,8 > \rho_{st1,min} = 0.002\,2$$

所需抗扭纵筋面积

$$A_{st1} = \rho_{st1,min}bh = 0.002\,8 \times 240 \times 400 = 268.8 \text{ mm}^2$$

梁的抗扭纵筋应沿截面核心周边均匀布置,该截面 $h \approx 2b$,可将抗扭纵筋上、中、下三等分。另外,梁端嵌固在墙内,上部应配置构造负筋,其面积可取为 $A_{sm}/4$,将弯、扭纵筋叠加可得截面所需纵筋面积。

上部:

$$A_{st1}/3 + A_{sm}/4 = 268.8/3 + 192/4 = 137.6 \text{ mm}^2$$

中部:

$$A_{st1}/3 = 268.8/3 = 89.6 \text{ mm}^2$$

下部:

$$A_{st1}/3 + A_{sm} = 268.8/3 + 192 = 281.6 \text{ mm}^2$$

上部选用 2 Φ 10($A_s = 157 \text{ mm}^2$)。

中部选用 2 Φ 10($A_s = 157 \text{ mm}^2$)。

下部选用 2 Φ 16($A_s = 402 \text{ mm}^2$)。

因雨篷梁的最大弯矩在跨中,而最大扭矩在支座,故下部钢筋采用以上叠加方法是偏安全的做法。

(3)雨篷倾覆验算

由于该雨篷处于底层,其上有较多的墙体和框架连系梁,可以确保雨篷不倾覆,所以不再进行倾覆验算。

(4)雨篷结构施工图

雨篷结构施工图如图 3.100 所示。

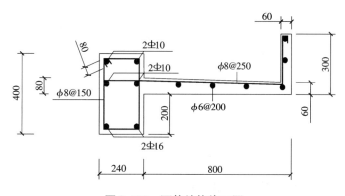

图 3.100　雨篷结构施工图

3.6 预应力混凝土结构

3.6.1 预应力混凝土结构基础知识

1. 预应力混凝土结构的基本概念及材料要求

(1)预应力混凝土结构的基本概念

普通钢筋混凝土的主要缺点是自重大和容易开裂,因此在一定程度上限制了它的应用范围。普通钢筋混凝土易开裂的原因是混凝土的极限拉应变很低,为 $(0.1 \sim 0.15) \times 10^{-3}$,此时钢筋的应力仅为 $20 \sim 30 \ \text{N/mm}^2$;当钢筋应力超过此值时,混凝土即出现裂缝。在使用荷载作用下,钢筋的工作应力为设计强度的 60% $\sim$ 70%,其相应的拉应变为 $(0.8 \sim 1.0) \times 10^{-3}$,大大超过了混凝土的极限拉应变。若采用高强钢筋,其拉应变将更大,裂缝宽度会超过极限 0.2 $\sim$ 0.3 mm。另一方面,当裂缝达到最大容许宽度 $[\omega_{\max}] = 0.2 \sim 0.3$ mm 时,钢筋的应力也只达到 150 $\sim$ 250 N/mm^2。由此可见,在普通钢筋混凝土中采用高强钢筋是不能充分发挥其作用的,也是不经济的。

为了充分发挥高强钢筋的作用,可以在构件承受荷载以前,预先对受拉区混凝土施加压力,使其产生预压应力,如图 3.101 所示。

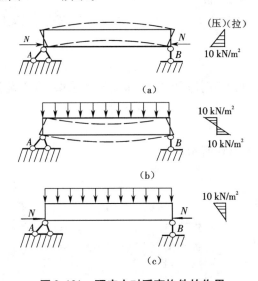

图 3.101 预应力对受弯构件的作用
(a)预压力作用(形成反拱) (b)外荷载作用
(c)预压力与外荷载共同作用

构件承受荷载而产生的拉应力,首先要抵消混凝土的预压应力,然后随着荷载的增加,受拉区混凝土才产生拉应力,这样可推迟混凝土裂缝的出现和开展,以满足使用要求。这种在构件受荷载以前预先对受拉区混凝土施加压应力的构件,称为预应力混凝土构件。施加预应力时,所需的混凝土立方体抗压强度应经计算确定,但不宜低于设计混凝土强度等级值的 75%。

由此可见,与非预应力相比,预应力混凝土改善了结构使用性能;减少了构件截面高度,减轻了自重,对于大跨度、承受重荷载的结构,预应力可以有效提高结构的跨高比限值;充分利用了高强度钢材;具有良好的裂缝闭合性能与变形恢复性能;提高了抗剪承载力;提高了抗疲劳强度;具有良好的经济性。但预应力材料的单价较高,相应的设计、施工比较复杂,且延性较差。

根据预加应力值大小对构件截面裂缝控制程度的不同,预应力混凝土构件分为全预应力混凝土构件与部分预应力混凝土构件两种。

在使用荷载作用下,不允许截面上混凝土出现拉应力的构件,称为全预应力混凝土构件,大致相当于《混凝土结构设计规范》中裂缝控制等级为一级,即严格要求不出现裂缝的构件。

在使用荷载作用下,允许出现裂缝,但最大裂缝宽度不超过允许值的构件,称为部分预应力混凝土构件,大致相当于《混凝土结构设计规范》中裂缝控制等级为三级,即允许出现裂缝的构件。

在使用荷载作用下根据荷载效应组合情况,不同程度地保证混凝土不开裂的构件,称为限值预应力混凝土构件,大致相当于《混凝土结构设计规范》中裂缝控制等级为二级,即一般要求不出现裂缝的构件。限值预应力混凝土也属于部分预应力混凝土。

下列结构宜优先采用预应力混凝土:

①要求裂缝控制等级较高的结构;

②大跨度或受力很大的构件;

③对构件的刚度和变形控制要求较高的结构构件,如工业厂房中的吊车梁、码头和桥梁中的大跨度梁式构件等。

(2)预应力混凝土结构的材料要求

1)预应力筋

由于预应力筋从构件制作到构件破坏始终处于高应力状态,故对钢筋有较高的质量要求。一是高强度。预应力钢筋首先必须具有较高的强度,才可能建立起比较高的张拉应力,使预应力混凝土构件的抗裂性得以提高。二是与混凝土之间有足够的黏结强度。用作先张法构件的预应力钢筋,由于依靠钢筋与混凝土间的黏结力使混凝土获得预应力,所以必须保证两者间有足够的黏结强度。三是具有一定的塑性。预应力钢筋必须具有一定的塑性,以保证在低温或冲击荷载作用下可靠工作,并防止构件发生脆性破坏。四是良好的加工性能。预应力钢筋须具有良好的可焊性和镦头等加工性能。

我国目前用于预应力混凝土结构或构件中的预应力筋,主要采用预应力钢丝、钢绞线和预应力螺纹钢筋。

Ⅰ.预应力钢丝

预应力混凝土所用钢丝可分为消除应力光面钢丝和螺旋肋钢丝,公称直径有 5 mm、7 mm 和 9 mm 等规格。消除应力光面钢丝包括低松弛钢丝和普通松弛钢丝,按其强度级别可分为中强度预应力钢丝(极限强度标准值为 $800 \sim 1\,270$ N/mm²)、高强度预应力钢丝(极限强度标准值为 $1\,470 \sim 1\,860$ N/mm²)等。成品钢丝不得存在电焊接头。

Ⅱ. 钢绞线

钢绞线是由冷拔光圆钢丝按一定数量(有 2 根、3 根、7 根)捻制而成的,经过消除应力的稳定化处理(为减少应用时应力松弛,钢绞线在一定的张力下,进行的短时热处理),以盘卷状供应。用 3 根钢丝捻制的钢绞线,其结构为 1×3,公称直径有 8.6 mm、10.8 mm、12.9 mm。用 7 根钢丝捻制的钢绞线,其结构为 1×7,公称直径有 9.5 mm、12.7 mm、15.2 mm、17.8 mm、21.6 mm。钢绞线的抗拉强度标准值有 1 570 MPa、1 720 MPa、1 860 MPa、1 960 MPa 四个等级,钢绞线多用于后张法施工的大型构件预应力混凝土中。

预应力筋往往由多根钢绞线组成。例如 15-7ϕ9.5、12-7ϕ9.5、9-7ϕ9.5 等型号的预应力钢绞线。15-7ϕ9.5 中,9.5 表示公称直径为 9.5 mm 的钢丝,7ϕ9.5 表示 7 条这种钢丝组成一根钢绞线,而 15 表示 15 根这种钢绞线组成一束钢筋,总的含义就是一束 15 根 7 丝(每丝直径9.5 mm)钢绞线组成的钢筋。

钢绞线的主要特点是强度高(极限抗拉强度标准值可达 1 960 MPa),抗松弛性能好,展开时较挺直。钢绞线要求内部不应有折断、横裂和相互交叉的钢丝,表面不得有润滑剂、油渍等物质,以免降低钢绞丝与混凝土之间的黏结力。钢绞线表面允许有轻微的浮锈,但不得锈蚀成目视可见的麻坑。

Ⅲ. 预应力螺纹钢筋(精轧螺纹钢筋)

预应力螺纹钢筋是采用热轧、轧后余热处理或热处理等工艺制成带有不连续纵肋的外螺纹的直条钢筋,该钢筋在任意截面处均可用带有匹配形状的内螺纹连接器或锚具进行连接或锚固。预应力螺纹钢筋一般直径为 18~50 mm,具有高强度、高韧性等特点,要求钢筋端部平齐,不影响连接件通过,表面不得有横向裂纹、结疤,但允许有不影响钢筋力学性能和连接的其他缺陷。

2)混凝土

①强度高。预应力混凝土必须采用高强度的混凝土。因为高强度的混凝土对采用先张法的构件可提高钢筋与混凝土之间的黏结力,对采用后张法的构件,可提高锚固端的局部承压承载力。

②收缩、徐变小。以减少因收缩、徐变引起的预应力损失。

③快硬、高强。可尽早施加预应力,加快设备的周转率,加快施工进度。

因此,《混凝土结构设计规范》第 4.1.2 条规定,预应力混凝土结构的混凝土强度不宜低于 C40,且不应低于 C30。

3)孔道灌浆材料

在黏结预应力混凝土结构中,目前后张法普遍采用波纹管留孔。孔道灌浆材料为纯水泥浆,有时也加入细砂,宜采用不低于 42.5 级的普通水泥或矿渣水泥。

2. 施加预加应力的方法和设备

(1)施加预应力的方法

目前,工程中施加预应力是通过张拉预应力钢筋,利用钢筋的回弹挤压混凝土来实现的。根据张拉钢筋与浇筑混凝土的先后关系,可分为先张法和后张法两种。

1）先张法

先张法是指先在台座或钢模内张拉钢筋,然后浇筑混凝土的一种施工方法。台座张拉设备如图 3.102 所示。

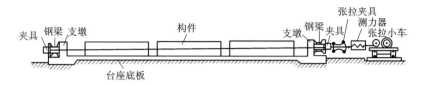

图 3.102　台座张拉设备

先张法的施工工艺流程见图 3.103,其主要工序是:在台座或钢模上布置钢筋,锚固钢筋;张拉钢筋,再锚固钢筋;支模、浇筑混凝土,养护混凝土;待混凝土达到强度设计值 75% 以上时,剪断钢筋,钢筋在回缩时将对混凝土施加预压应力。在先张法中,预应力是靠钢筋与混凝土之间的黏结力来传递的。

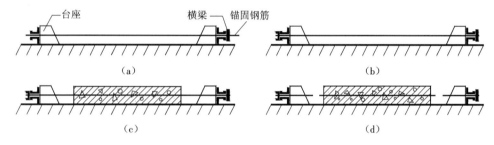

图 3.103　先张法施工工艺
（a）安装钢筋　（b）张拉钢筋
（c）锚固钢筋、浇筑混凝土并养护　（d）截断钢筋、混凝土预压

2）后张法

后张法是指先浇筑混凝土构件,然后直接在结硬后的混凝土构件上张拉预应力筋的一种施工方法。后张法的施工工艺流程见图 3.104,其主要工序是:先浇筑混凝土构件,在构件内预留孔道;待混凝土达到强度设计值的 75% 以上时,在预留孔道内穿钢筋;张拉钢筋,同时钢筋对构件施加预压应力;张拉完毕,锚固钢筋;从灌浆孔向孔道内进行压力灌浆。后张法是靠锚具来保持预应力的,锚具将永远附在构件上。

两种张拉方法有各自的特点和使用范围,其比较情况如表 3.41 所示。

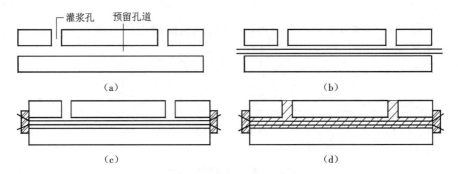

图 3.104　后张法施工工艺

(a)构件制作、预留孔道　(b)穿预应力钢筋
(c)张拉钢筋、锚固钢筋　(d)孔道灌浆、截断钢筋

表 3.41　先张法和后张法比较情况

张拉方法	张拉设备	张拉工艺	锚具或夹具	建立预应力的途径	使用范围
先张法	台座（或钢模）、千斤顶	简单	锚具或夹具能重复使用	钢筋与混凝土的黏结力	中小型构件在工厂成批生产
后张法	双作用千斤顶	比较复杂	锚具或夹具不能重复使用	锚具（永久构件）	大型构件在现场生产

（2）施加预应力的设备

锚具和夹具是制作预应力结构或构件时锚固预应力筋的工具。

锚具是指在后张法结构或构件中,为保持预应力筋的拉力并将其传递到混凝土内部的永久性锚固装置。

夹具是指在先张法结构或构件中,为保持预应力筋的拉力并将其固定在生产台座（或设备）上的临时锚固装置;是在先张法结构或构件施工时,在张拉千斤顶或设备上夹持预应力筋的临时装置（又称工具锚）。

锚具主要是依靠承压力、摩擦力、握裹力等夹住或锚固钢筋。因此,对锚具要求如下:一是受力可靠,锚具本身应具有足够的强度和刚度;二是预应力损失小,预应力钢筋滑移要尽可能小;三是构件简单,便于加工;四是张拉设备轻便简单,施工方便迅速;五是节省材料,降低成本。

预应力筋锚固体系由张拉端锚具（安装在预应力筋张拉端端部,可以在预应力筋的张拉过程中始终对预应力筋保持锚固状态的锚固锚具）、固定端锚具（安装在预应力筋端部,通常埋在混凝土中,不用于张拉的锚具）和连接器组成。根据锚固形式的不同,分为夹片式、支撑式、锥塞式和握裹式四种锚具形式。

3. 预加力的计算和预应力损失的估算

（1）张拉控制应力

张拉控制应力值是指张拉预应力钢筋时,所控制达到的最大应力值,用符号 σ_{con} 表示,其值等于总张拉力除以钢筋截面面积。

《混凝土结构设计规范》规定,预应力钢筋的张拉控制应力值 σ_{con} 不宜超过表 3.42 规定的张拉控制应力限值,且不应小于 $0.4f_{ptk}$。

当符合下列情况之一时,表 3.42 中的张拉控制应力限值可提高 $0.05f_{ptk}$。

①要求提高构件在施工阶段的抗裂性能,而在使用阶段受压区内设置的预应力钢筋。

②要求部分抵消由于应力松弛、摩擦、钢筋分批张拉以及预应力钢筋与张拉台座之间的温差等因素产生的预应力损失。

表 3.42　张拉控制应力限值

钢筋种类	张拉方法	
	先张法	后张法
消除预应力钢丝、钢绞线	$0.75f_{ptk}$	$0.75f_{ptk}$
热处理钢筋	$0.70f_{ptk}$	$0.65f_{ptk}$

(2)预应力损失及其组合

1)预应力损失

钢筋的张拉控制应力,从张拉开始到构件使用,由于张拉工艺和材料的特性等原因,将不断地降低,这部分降低值称为预应力损失。引起预应力损失的原因很多,下面将分项讨论引起预应力损失的原因、损失值的计算以及减少各项预应力损失的措施。

Ⅰ.预应力直线钢筋由于锚具变形和预应力钢筋内缩引起的预应力损失值 σ_{l1}

在预应力钢筋达到张拉控制应力 σ_{con} 后,便把预应力钢筋锚固在台座或构件上。由于锚具、垫板与构件之间的缝隙被压紧,锚具间的相对位移和局部塑性变形以及预应力钢筋在锚具中产生内缩,而产生的预应力损失,其值按下式计算:

$$\sigma_{l1} = \frac{\alpha}{l}E_s \tag{3.89}$$

式中　l——张拉端至锚固端的距离;

　　　α——张拉端锚具变形和钢筋内缩值,按表 3.43 取用;

　　　E_s——预应力钢筋的弹性模量。

选择变形小或预应力钢筋滑动小的锚具,减少垫板的块数;采用先张法时,宜选择长台座等措施,可减少此项损失。

表 3.43　锚具变形和钢筋内缩值 α　　　　　　　　　　　（mm）

锚具类别		α
支承式锚具(钢丝束镦头锚具等)	螺帽缝隙	1
	每块后加垫板的缝隙	1

锚具类别		α
夹片式锚具	有顶压时	5
	无顶压时	6 ~ 8

注:①表中的锚具变形和钢筋内缩值也可根据实测数据确定;
②其他类型的锚具变形和钢筋内缩值应根据实测数据确定。

块体拼成的结构,其预应力损失尚应计及块体间填缝的预压变形。当采用混凝土或砂浆为填缝材料时,每条填缝的预压变形值可取为 1 mm。

Ⅱ.预应力钢筋与孔道壁之间摩擦引起的预应力损失值 σ_{l2}

后张法张拉钢筋时,由于孔道施工偏差、孔壁粗糙、钢筋不直、钢筋表面粗糙等原因,使钢筋在张拉时与孔道壁接触而产生摩擦阻力,使预应力钢筋的应力随张拉端距离的增加而减小,如图 3.105 所示。摩擦损失 σ_{l2} 按下式计算:

$$\sigma_{l2} = \sigma_{con}\left(1 - \frac{1}{e^{kx+\mu\theta}}\right) \qquad (3.90)$$

当 $kx + \mu\theta \leqslant 0.3$ 时,σ_{l2} 可按下式近似计算:

$$\sigma_{l2} = \sigma_{con}(kx + \mu\theta) \qquad (3.91)$$

式中 x——张拉端至计算截面的孔道长度,可近似取该段孔道在纵轴上的投影长度;

k——考虑孔道每米长度局部偏差的摩擦系数,按表 3.44 取用;

μ——预应力钢筋与孔道壁之间的摩擦系数,按表 3.44 取用;

θ——张拉端至计算截面曲线孔道部分切线的夹角之和,分段后为每分段中各曲线段的切线夹角和(rad),见图 3.105。

表 3.44　摩擦系数 k 及 μ 值

孔道成型方式	k	μ	
		钢丝线、钢丝束	预应力螺纹钢筋
预埋金属波纹管	0.001 5	0.25	0.50
预埋塑料波纹管	0.001 5	0.15	—
预埋钢管	0.001 0	0.30	—
抽芯成型	0.001 4	0.55	0.60

注:表中系数也可根据实测数据确定。

采取以下措施可减少摩擦损失:对较长构件可采用两端张拉,则计算孔道长度可减少一半,但将引起 σ_{l1} 的增加;采用"超张拉"工艺,其工艺程序为 $0 \longrightarrow 1.1\sigma_{con} \xrightarrow{\text{停 2 min}} 0.85\sigma_{con} \xrightarrow{\text{停 2 min}} \sigma_{con}$。

Ⅲ.混凝土加热养护时,预应力筋与台座间温差引起的预应力损失 σ_{l3}

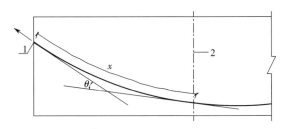

图 3.105　预应力摩擦损失计算

1—张拉端;2—计算截面

对于蒸汽养护的先张法构件,当新浇筑的混凝土尚未结硬时,由于钢筋温度高于台座的温度,钢筋将产生伸长变形,预应力筋的应力就会下降而造成预应力损失。

如钢筋与台座间的温差为 Δt,钢筋的线膨胀系数 $\alpha = 1 \times 10^{-5}/℃$,则温差引起预应力钢筋的应变 $\varepsilon_s = \alpha \cdot \Delta t$,于是预应力损失为

$$\sigma_{l3} = E_s \cdot \varepsilon_s = 2 \times 10^5 \times 1 \times 10^{-5} \cdot \Delta t$$

即

$$\sigma_{l3} = 2\Delta t \tag{3.92}$$

采取下列措施可减少温差损失:在构件蒸养时采用"两次升温养护",先在常温下养护至混凝土达到一定强度,再逐渐升温,此时可认为钢筋和混凝土已结为整体,能一起伸缩而无应力损失;在钢模上张拉,钢筋锚固在钢模上,升温时两者温度相同,可以不考虑此项损失。

Ⅳ. 预应力筋应力松弛引起的预应力损失 σ_{l4}

钢筋在高应力作用下,在保持长度不变的条件下,钢筋的应力随时间增长而降低的现象,称为钢筋应力松弛损失。在钢筋应力保持不变的条件下,其应变会随时间的增长而逐渐增大,这种现象称为钢筋的徐变。预应力筋的松弛和徐变均将引起预应力筋中的应力损失,这种损失统称为预应力筋应力松弛损失 σ_{l4}。

应力松弛损失在开始阶段发展较快,第一小时松弛损失大约完成 50%,24 小时约完成 80%,以后发展缓慢,松弛的大小与钢筋种类和张拉控制应力有关。

规范规定:预应力钢筋的应力松弛损失,按表 3.45 中的公式计算。

减少钢筋应力松弛损失的措施是超张拉,其张拉程序为:

$$0 \longrightarrow (1.05 \sim 1.1)\sigma_{con} \xrightarrow{\text{持荷 2~5 min、卸荷}} \sigma_{con}$$

Ⅴ. 混凝土收缩、徐变引起受拉区和受压区纵向预应力筋的损失值 σ_{l5} 和 σ'_{l5}

混凝土在空气中结硬时体积收缩,在预应力作用下,混凝土将沿压力方向产生徐变。收缩与徐变使构件缩短,预应力筋也随之回缩,从而造成预应力损失。

规范规定:混凝土受拉区和受压区预应力筋的预应力损失 σ_{l5} 和 σ'_{l5} 在一般情况下按下列公式计算。

先张法构件:

$$\sigma_{l5} = \frac{60 + 340\dfrac{\sigma_{pc}}{f'_{cu}}}{1 + 15\rho} \tag{3.93}$$

$$\sigma'_{l5} = \frac{60 + 340\dfrac{\sigma'_{pc}}{f'_{cu}}}{1 + 15\rho'} \tag{3.94}$$

后张法构件：

$$\sigma_{l5} = \frac{55 + 300\dfrac{\sigma_{pc}}{f'_{cu}}}{1 + 15\rho} \tag{3.95}$$

$$\sigma'_{l5} = \frac{55 + 300\dfrac{\sigma'_{pc}}{f'_{cu}}}{1 + 15\rho'} \tag{3.96}$$

式中 σ_{pc}、σ'_{pc}——受拉区、受压区预应力筋在各自合力点处混凝土的法向压应力,此时预应力损失值仅考虑混凝土预压前(第一批)的损失,其普通钢筋中的 σ_{l5}、σ'_{l5} 值应等于零,σ_{pc}、σ'_{pc} 值不得大于 $0.5f'_{cu}$,当 σ'_{pc} 为拉应力时,则式(3.94)和式(3.94)中的 σ'_{pc} 应等于零,计算混凝土法向应力 σ_{pc}、σ'_{pc} 时可根据构件制作情况考虑自重的影响;

　　f'_{cu}——施加预应力时的混凝土立方体抗压强度;

　　ρ、ρ'——受拉区、受压区预应力筋和普通钢筋的配筋率,按下列公式计算。

先张法构件：

$$\rho = \frac{A_p + A_s}{A_0} \qquad \rho' = \frac{A'_p + A'_s}{A_0}$$

后张法构件：

$$\rho = \frac{A_p + A_s}{A_n} \qquad \rho' = \frac{A'_p + A'_s}{A_n}$$

式中 A_0——混凝土换算截面面积;

　　A_n——混凝土净截面面积。

　　对于对称配置预应力钢筋和非预应力钢筋的构件,配筋率 ρ、ρ' 应按钢筋总截面面积的一半计算。

　　当结构处于年平均相对湿度低于 40% 的环境中时,σ_{l5} 及 σ'_{l5} 值应增加 30%。

　　由混凝土收缩和徐变所引起的预应力损失,是上述各项损失中最大的一项,在直线预应力配筋构件中约占总损失的 50%,而在曲线预应力配筋构件中也要占总损失的 30% 左右。因此,在设计和施工中采取措施降低此项损失是很重要的,具体措施有:采用高标号水泥,减少水泥用量,减少水胶比,采用干硬性混凝土;采用级配良好的骨料,加强振捣,提高混凝土的密实度;加强养护工作,最好采用蒸汽养护,以防止水分过多散失,使水泥水化作用充分。

　　Ⅵ. 环形构件采用螺旋预应力筋时局部挤压引起的预应力损失 σ_{l6}

　　电杆、水池、油罐、压力管道等环形构件,可配置环状或螺旋式预应力筋,采用后张法直接在混凝土中进行张拉。如图 3.106 所示的预应力管,由于预应力筋对混凝土的局部挤压,使构件直径减小,引起预应力损失 σ_{l6}。

　　预应力损失 σ_{l6} 与环形构件的直径 d 成反比。规范规定:直径 $d > 3$ m 时,$\sigma_{l6} = 0$;直径 $d \leqslant 3$ m 时,$\sigma_{l6} = 30$ N/mm²。

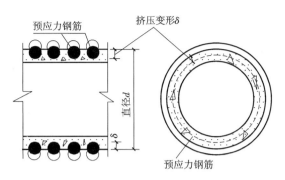

图 3.106　环形配筋预应力构件

减少 σ_{l6} 的措施:搞好骨料级配、加强振捣,加强养护以提高混凝土的密实性。

除上述六项预应力损失外,后张法构件的预应力筋采用分批张拉时,应考虑后批张拉预应力筋所产生的混凝土弹性压缩(或伸长)对先批张拉预应力筋的影响,将先批张拉预应力筋的张拉控制应力值 σ_{con} 增加(或减小)$\alpha_E \sigma_{pci}$。此处,σ_{pci} 为后批张拉钢筋在先批张拉预应力筋重心处产生的混凝土法向应力。

现将各项应力损失值汇总于表 3.45 中,以便查用。

2)各阶段预应力损失的组合

上述六项预应力损失,有的发生在先张法构件中,有的发生在后张法构件中,有的在两种构件中都有。即使在同一构件中,这些预应力损失出现的时间和持续的时间也各不相同,为了分析和计算方便,规范将这些损失按先张法和后张法分开,发生在混凝土预压前的损失称为第一批预应力损失,用 $\sigma_{l\mathrm{I}}$ 表示;发生在混凝土预压后的损失称为第二批预应力损失,用 $\sigma_{l\mathrm{II}}$ 表示,如表 3.46 所示。

规范规定:当按上述各项规定计算求得各项预应力损失的总损失值 σ_l 小于下列数值时,应按下列数值取用。

先张法构件:100 N/mm²。

后张法构件:80 N/mm²。

表 3.45　预应力损失值　　　　　　　　　　　　　　　　　　　　　　　(N/mm²)

引起损失的因素		符号	先张法构件	后张法构件
直线预应力筋张拉端锚具变形和预应力筋内缩		σ_{l1}	\multicolumn{2}{c}{$\sigma_{l1} = \dfrac{\alpha}{l}E_s$}	
预应力筋的摩擦	与孔道壁之间的摩擦	σ_{l2}	—	按式(3.90)、式(3.91)计算
	在转向装置处的摩擦		\multicolumn{2}{c}{按实际情况确定}	
	张拉端锚口摩擦		\multicolumn{2}{c}{按实测值或厂家提供的数据确定}	
混凝土加热养护时,预应力筋与承受拉力的设备之间的温差		σ_{l3}	$2\Delta t$	—

引起损失的因素	符号	先张法构件	后张法构件
预应力筋的应力松弛	σ_{l4}		预应力钢丝、钢绞线 普通松弛： $$0.4\left(\frac{\sigma_{con}}{f_{ptk}}-0.5\right)\sigma_{con}$$ 低松弛： 当 $\sigma_{con}\le0.7f_{ptk}$ 时 $$0.125\left(\frac{\sigma_{con}}{f_{ptk}}-0.5\right)\sigma_{con}$$ 当 $0.7f_{ptk}<\sigma_{con}\le0.8f_{ptk}$ 时 $$0.2\left(\frac{\sigma_{con}}{f_{ptk}}-0.575\right)\sigma_{con}$$ 中强度预应力钢丝：$0.08\sigma_{con}$ 预应力螺纹钢筋：$0.03\sigma_{con}$ 热处理钢筋 一次张拉　$0.05\sigma_{con}$ 超张拉　$0.035\sigma_{con}$
混凝土的收缩和徐变	σ_{l5}	按式(3.93)至式(3.96)计算	
用螺旋式预应力筋作配筋的环形构件,当直径 $d\le$ 3 m 时,由于混凝土的局部挤压	σ_{l6}	—	30

注:①表中 Δt 为混凝土加热养护时,预应力筋与承受拉力的设备之间的温差(单位:℃);

②当 $\sigma_{con}/f_{ptk}\le0.5$ 时,预应力筋的应力松弛损失值可取为零。

表3.46　各阶段预应力损失值的组合

预应力损失值的组合	先张法构件	后张法构件
混凝土预压前(第一批)的损失	$\sigma_{l1}+\sigma_{l2}+\sigma_{l3}+\sigma_{l4}$	$\sigma_{l1}+\sigma_{l2}$
混凝土预压后(第二批)的损失	σ_{l5}	$\sigma_{l4}+\sigma_{l5}+\sigma_{l6}$

注:先张法构件由于预应力筋应力松弛引起的损失值 σ_{l4},在第一批和第二批损失中所占的比例如需区分,可根据实际情况确定。

3.6.2　预应力混凝土轴心受拉构件的计算

1.轴心受拉构件应力分析

轴心受拉构件从预应力钢筋张拉到加载破坏,钢筋与混凝土的应力变化可分为两个阶段:施工阶段和使用阶段。每个阶段又包含若干个受力过程,不同的预应力施加方法产生的各个阶段的截面应力有所不同。

（1）先张法

先张法轴心受拉构件各阶段应力分析如表 3.47 所示。

表 3.47　先张法轴心受拉构件各阶段应力分析

受力阶段		预应力钢筋应力 σ_p	混凝土应力 σ_{pc}	非预应力钢筋应力 σ_s
施工阶段	张拉并锚固钢筋	$\sigma_{con} - \sigma_{l1}$	0	0
	混凝土预压前	$\sigma_{con} - \sigma_{l1}$	0	0
	混凝土预压	$\sigma_{peI} = \sigma_{con} - \sigma_{lI} - \alpha_E \sigma_{pcI}$	$\sigma_{pcI} = \dfrac{(\sigma_{con} - \sigma_{lI})A_p}{A_0}$（压）	$\sigma_{sI} = -\alpha_E \sigma_{pcI}$（压）
	完成第二批预应力损失	$\sigma_{peII} = \sigma_{con} - \sigma_{lII} - \alpha_E \sigma_{pc}$	$\sigma_{pc} = \dfrac{(\sigma_{con} - \sigma_l)A_p - \sigma_{l5}A_s}{A_0}$（压）	$\sigma_s = \alpha_E \sigma_{peII} + \sigma_{l5}$（压）
使用阶段	混凝土消压	$\sigma_{p0} = \sigma_{con} - \sigma_l$	0	σ_{l5}（压）
	混凝土即将开裂	$\sigma_{pcr} = \sigma_{con} - \sigma_l + \alpha_E f_{tk}$	f_{tk}（拉）	$\alpha_E f_{tk} - \sigma_{l5}$（拉）
	构件破坏	f_{py}	0	f_y（拉）

1）施工阶段

①张拉并锚固钢筋。预应力钢筋张拉后应力为 σ_{con}，锚固在台座上以后即产生预应力损失 σ_{l1}，此时预应力钢筋、混凝土、非预应力钢筋的应力如表 3.47 第 2 行所示。

②混凝土预压前。在浇筑养护混凝土的过程中，由于预应力筋与台座间存在温差，产生了预应力损失 σ_{l3}，并由于钢筋应力松弛产生预应力损失 σ_{l4}，即完成了第一批预应力损失 σ_{lI}，此时各材料截面应力如表 3.47 第 3 行所示。

③混凝土预压。混凝土在钢筋放张后受到压力作用，非预应力钢筋同时也受压。混凝土的压缩变形使预应力筋的应力有所降低，截面上预应力钢筋、混凝土、非预应力钢筋的应力如表 3.47 第 4 行所示。

由截面应力平衡条件求得

$$\sigma_{pcI}A_c + \sigma_{sI}A_s = (\sigma_{con} - \sigma_{lI} - \alpha_E \sigma_{pcI})A_p$$

$$\sigma_{pcI} = \frac{(\sigma_{con} - \sigma_{lI})A_p}{A_0} = \frac{N_{pI}}{A_0}$$

式中　α_E——预应力钢筋、非预应力钢筋与混凝土弹性模量之比；

A_0——换算面积，包括净截面面积以及全部纵向预应力钢筋截面面积换算成混凝土的截面面积，$A_0 = A_c + \alpha_{E1}A_p + \alpha_{E2}A_s$。

④完成第二批预应力损失。构件加载使用前，完成了第二批预应力损失，预应力钢筋的总的应力损失为 σ_l，此时截面上预应力筋、非预应力钢筋、混凝土的应力如表 3.47 第 5 行所示。

2）使用阶段

①消压荷载。加荷载至混凝土的预压应力抵消为零时，截面上预应力钢筋、非预应力钢筋、混凝土的应力如表 3.47 第 6 行所示。

②开裂荷载。加载至混凝土即将开裂,截面上预应力钢筋、非预应力钢筋、混凝土的应力如表3.47第7行所示。

开裂轴力为

$$N_{cr} = f_{tk}A_c + \sigma_s A_s + \sigma_p A_p = (f_{tk} + \sigma_{pcII})A_0$$

③破坏荷载。构件拉裂后,混凝土的应力为零,外荷载引起的拉力由钢筋全部承担,继续加载使它们达到抗拉强度设计值,如表3.47第8行所示。

由平衡条件可求得极限承载力为

$$N_u = f_{py}A_p + f_y A_s$$

由上述分析可见,预应力构件的抗裂性能获得提高,极限承载力不变。

（2）后张法

后张法轴心受拉构件各阶段应力分析如表3.48所示。

表3.48　后张法轴心受拉构件各阶段应力分析

	受力阶段	预应力钢筋应力 σ_p	混凝土应力 σ_{pc}	非预应力钢筋应力 σ_s
施工阶段	张拉并锚固钢筋（混凝土预压前）	$\sigma_{pI} = \sigma_{con} - \sigma_{lI}$	$\sigma_{pcI} = \dfrac{N_{pI}}{A_n} = \dfrac{(\sigma_{con} - \sigma_{lI})A_p}{A_n}$	$\sigma_{sI} = \alpha_E \sigma_{pcI}$
	完成第二批预应力损失	$\sigma_{pII} = \sigma_{con} - \sigma_l$	$\sigma_{pcII} = \dfrac{(\sigma_{con} - \sigma_l)A_p - \sigma_{l5}A_s}{A_0}$	$\sigma_s = \alpha_E \sigma_{pcII} + \sigma_{l5}$（压）
使用阶段	混凝土消压	$\sigma_{p0} = \sigma_{con} - \sigma_l + \alpha_E \sigma_{pcII}$	0	σ_{l5}（压）
	混凝土即将开裂	$\sigma_{pcr} = \sigma_{con} - \sigma_l + \alpha_E \sigma_{pcII} + \alpha_E f_{tk}$	f_{tk}（拉）	$\alpha_E f_{tk} - \sigma_{l5}$（拉）
	构件破坏	f_{py}	0	f_y（拉）

1）施工阶段

①张拉钢筋并锚固。此过程中预应力筋完成应力损失 $\sigma_{lI} = \sigma_{l1} - \sigma_{l2}$,混凝土发生了弹性压缩变形。此时各材料截面上混凝土、预应力钢筋的应力如表3.48第2行所示。

②完成第二批预应力损失。使用前混凝土发生收缩和徐变,预应力筋完成第二批预应力损失 σ_l,此时各材料截面上预应力钢筋、非预应力钢筋、混凝土的应力如表3.48第3行所示。

2）使用阶段

①消压荷载。施加外荷载到混凝土应力为零,此时截面上预应力钢筋、非预应力钢筋、混凝土的应力如表3.48第4行所示。

由平衡条件可求得消压轴力为

$$\begin{aligned}
N_0 &= \sigma_{p0}A_p + \sigma_s A_s = (\sigma_{con} - \sigma_l + \alpha_E \sigma_{pcII})A_p - \sigma_{l5}A_s \\
&= N_{pII} + \alpha_E \sigma_{pcII}A_p \\
&= \sigma_{pcII}(A_n + \alpha_E A_p) \\
&= \sigma_{pcII}A_0
\end{aligned}$$

$$A_n = A_c + \alpha_{E2}A_s$$

$$A_0 = A_c + \alpha_{E1}A_p + \alpha_{E2}A_s$$

②开裂荷载。荷载增加至混凝土拉应力即将达到 f_{tk} 时,截面上预应力钢筋、非预应力钢筋、混凝土的应力如表 3.48 第 5 行所示。

由平衡条件可求得的抗裂轴力为

$$N_{cr} = f_{tk}A_c + \sigma_s A_s + \sigma_p A_p$$

代入相应的应力并整理得

$$N_{cr} = (\sigma_{pcII} + f_{tk})(A_c + \alpha_{E2}A_s + \alpha_{E1}A_p)$$
$$= (\sigma_{pcII} + f_{tk})A_0$$

③破坏荷载。外荷载加至钢筋屈服,混凝土已退出抗拉工作,此时由平衡条件可求得极限轴力为

$$N_u = f_{py}A_p + f_y A_s$$

2. 预应力轴心受拉构件的计算

预应力轴心受拉构件的计算分为使用阶段的承载力计算、抗裂验算与裂缝宽度验算,施工阶段的混凝土受压承载力验算、锚固区混凝土局部受压验算。

(1)使用阶段的承载力计算

构件达到承载力极限状态时,预应力筋与非预应力筋承担全部拉力。

$$N_u = f_{py}A_p + f_y A_s$$
$$\gamma_0 N \leq N_u = f_{py}A_p + f_y A_s$$

式中　γ_0——结构重要性系数,意义同前;

　　　N——轴力设计值。

(2)使用阶段的抗裂验算与裂缝宽度验算

①裂缝控制等级为一级的结构。按荷载效应的标准组合计算时,构件受拉边缘混凝土不应产生拉应力:

$$\sigma_{ck} - \sigma_{pc} \leq 0$$

②裂缝控制等级为二级的结构。按荷载效应的标准组合计算时,构件受拉边缘混凝土拉应力不应大于混凝土抗拉强度标准值。

$$\sigma_{ck} - \sigma_{pcII} \leq f_{tk}$$

式中　σ_{pc}——扣除全部预应力损失后,在抗裂验算边缘的混凝土预压应力;

　　　f_{tk}——混凝土的轴心抗拉强度标准值;

　　　σ_{ck}——荷载效应标准组合下抗裂验算边缘的混凝土法向应力,按下式计算:

$$\sigma_{ck} = \frac{N_k}{A_0}$$

式中　N_k——按荷载标准组合计算的轴向力值;

　　　A_0——换算截面面积,$A_0 = A_c + \alpha_E A_p + \alpha_E A_s$。

③裂缝控制等级为三级的构件。按荷载效应的标准组合并考虑长期作用影响计算的最大裂缝宽度,应符合下列规定:

$$\omega_{\max} = \alpha_{cr} \psi \frac{\sigma_s}{E_s} \left(1.9 c_s + 0.08 \frac{d_{eq}}{\rho_{te}} \right) \leqslant \omega_{\min}$$

对环境类别为二 a 类的预应力混凝土构件,在荷载准永久组合下,受拉边缘应力应符合下列规定:

$$\sigma_{cq} - \sigma_{pcⅡ} \leqslant f_{tk}$$

$$\rho_{te} = (A_s + A_p)/A_{te} \text{(轴心受拉构件)}$$

$$\sigma_s = \frac{N_k - N_{p0}}{A_p + A_s}$$

$$d_{eq} = \frac{\sum n_i \cdot d_i^2}{\sum n_i \cdot v_i \cdot d_i}$$

式中 α_{cr}——构件受力特征系数,对轴心受拉构件,$\alpha_{cr} = 2.2$;

ψ——裂缝间纵向受拉钢筋应变不均匀系数,当 $\psi < 0.2$ 时,取 $\psi = 0.2$,当 $\psi > 1$ 时,取 $\psi = 1$,对直接承受重复荷载的构件取 $\psi = 1$;

ρ_{te}——受拉区纵向钢筋的配筋率,当 $\rho_{te} < 0.01$ 时,取 $\rho_{te} = 0.01$;

A_{te}——有效受拉混凝土截面面积,$A_{te} = bh$;

σ_s——按荷载标准组合计算的预应力混凝土构件纵向受拉钢筋的等效拉应力;

σ_{cq}——荷载准永久组合下抗裂验算边缘的混凝土法向应力;

N_{p0}——计算截面上法向预应力等于零时的预加力;

c_s——最外侧纵向受拉钢筋外边缘至受拉区底边的距离,当 $c_s < 20$ 时,取 $c_s = 20$,当 $c_s > 65$ 时,取 $c_s = 65$;

A_p、A_s——受拉区纵向预应力筋、普通钢筋的截面面积;

d_{eq}——受拉区纵向钢筋的等效直径;

d_i——受拉区第 i 种纵向钢筋的公称直径,对于有黏结预应力钢绞线束的直径取 $\sqrt{n_1} d_{p1}$,其中 d_{p1} 为单根钢绞线的公称直径,n_1 为单束钢绞线根数;

n_i——受拉区第 i 种纵向钢筋的根数,对有黏结预应力钢绞线,取钢绞线束数;

v_i——受拉区第 i 种纵向受拉钢筋的黏结特性系数,可按表 3.49 取用;

$\omega_{\min}$——最大裂缝宽度限值,按规范规定取值。

表 3.49   钢筋的相对黏结特性系数

钢筋类别	钢筋		先张法预应力筋			后张法预应力筋		
	光面钢筋	带肋钢筋	带肋钢筋	螺纹肋钢丝	钢绞线	带肋钢筋	钢绞线	光面钢筋
v_i	0.7	1.0	1.0	0.8	0.6	0.8	0.5	0.4

注:对环氧树脂涂层带肋钢筋,其相对黏结特性系数应按表中系数的 0.8 倍取用。

(3)施工阶段的混凝土受压承载力验算

预应力轴心受拉构件,先张法放张或后张法终止张拉时,截面上混凝土产生最大预压应力

σ_{cc},而此时混凝土强度一般尚未达到设计值,约为设计强度的75%。为了保证在张拉(放松)预应力筋时,混凝土不被压碎,混凝土的预压应力应符合下列条件:

$$\sigma_{cc} \leqslant 0.8 f'_{ck}$$

式中　f'_{ck}——张拉(放松)预应力筋时,与混凝土立方体抗压强度f'_{ck}相应的轴心抗压强度标准值。

先张法构件在放松(或切断)钢筋时,仅按第一批预应力损失出现后计算σ_{cc},即

$$\sigma_{cc} = \frac{(\sigma_{con} - \sigma_{lI})A_p}{A_0}$$

后张法张拉钢筋完毕至σ_{con},而又未锚固时,按不考虑预应力损失计算σ_{cc},即

$$\sigma_{cc} = \frac{\sigma_{con}A_p}{A_n}$$

(4)后张法锚固区混凝土局部受压验算

后张法构件中,预应力钢筋中的预压力是通过锚具传递给垫板,再由垫板传递给混凝土的。由于锚具下垫板面积很小,因此构件端部承受很大的局部压力,其压力在构件内逐步扩散,经过一定的扩散长度(一般为构件的截面宽度)才均匀地分布到构件的全部截面上,如图3.107所示。若预压力较大,而垫板面积又较小,垫板下的混凝土有可能发生局部挤压破坏,因此应对构件端部锚固区的混凝土进行局部承压验算。

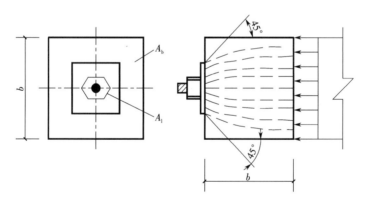

图 3.107　构件端部锚固区的应力传递

①局部受压区截面尺寸验算。为了防止构件端部局部受压面积太小而在施加预应力时出现纵向裂缝,其局部受压区的截面尺寸应符合下列要求:

$$F_l \leqslant 1.35\beta_c\beta_l f_c A_{ln}$$
$$\beta_l = \sqrt{A_b/A_l}$$

式中　F_l——局部受压面上作用的局部荷载或局部压力设计值,对有黏结预应力混凝土构件中的锚头局压区,应取$F_l = 1.2\sigma_{con}A_p$;

f_c——混凝土轴心抗压强度设计值,在后张法预应力混凝土构件的张拉阶段验算中,可根据相应阶段的混凝土立方体抗压强度值f'_{cu}按线性插值法取用;

β_c——混凝土强度影响系数,当混凝土强度等级不超过C50时,取$\beta_c = 1.0$,当混凝土强

度等级等于 C80 时,取 $\beta_c = 0.8$,其间按线性插值法取用;

β_1——混凝土局部受压时的强度提高系数;

A_{ln}——混凝土局部受压净面积,对后张法构件,应在混凝土局部受压面积中扣除孔道、凹槽部分的面积;

A_1——混凝土的局部受压面积,有垫板时可考虑预压应力沿垫板的刚性扩散角 45°扩散后传至混凝土的受压面积;

A_b——局部受压时的计算底面积,可根据局部受压面积与计算底面积同心、对称的原则确定,一般情形按图 3.108 取用。

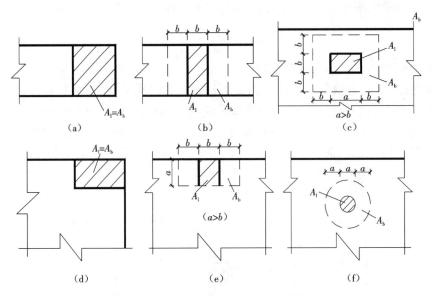

图 3.108　局部受压计算底面积

(a)端部受压　(b)对称中部受压　(c)对称中部矩形局部受压
(d)端部局部受压　(e)对称中部局部受压　(f)对称中部圆形局部受压

②局部受压强度计算。为了防止构件端部局部受压破坏,常在构件端部配置间接钢筋(焊网或螺旋筋),局部受压承载力按下式计算:

$$F_l \leqslant 0.9(\beta_c \beta_1 f_c + 2\alpha\rho_v\beta_{cor}f_{yv})A_{ln}$$

式中　β_{cor}——配置间接钢筋的局部受压承载力提高系数,$\beta_{cor} = \sqrt{A_{cor}/A_1}$,当 $A_{cor} > A_b$ 时,取 $A_{cor} = A_b$,当 A_{cor} 不大于混凝土局部受压面积 A_1 的 1.25 倍时,取 $\beta_{cor} = 1.0$,其中 A_{cor} 为配置方格网或螺旋式间接钢筋内表面范围内混凝土核心截面面积(不扣除孔道面积),应大于混凝土局部受压面积 A_1,其重心应与 A_1 的重心相重合,计算按同心、对称的原则取值;

α——间接钢筋对混凝土约束的折减系数,当混凝土强度等级不超过 C50 时,取 $\alpha = 1.0$,当混凝土强度等级等于 C80 时,取 $\alpha = 0.85$,其间按线性插值法取用;

f_{yv}——间接钢筋抗拉强度设计值;

ρ_v——间接钢筋的体积配筋率(核心面积 A_{cor} 范围内单位体积混凝土中所包含的间接钢筋体积),且要求 $\rho_v \geqslant 0.5\%$。

当为方格网配筋时,如图 3.109(a)所示。

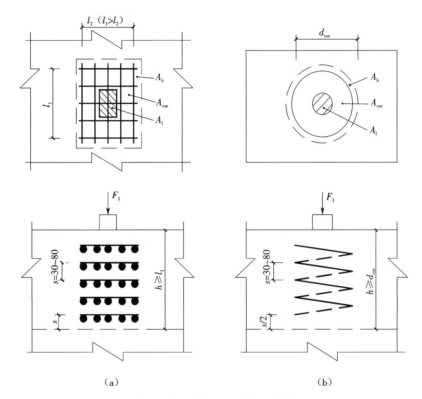

图 3.109　局部受压计算底面积

(a)方格网配筋　(b)螺旋式配筋

$$\rho_v = \frac{n_1 A_{s1} l_1 + n_2 A_{s2} l_2}{A_{cor} s}$$

此时,在钢筋两个方向的单位长度内,其钢筋截面面积相差不应大于 1.5 倍。

当为螺旋式配筋时,如图 3.109(b)所示。

$$\rho_v = \frac{4 A_{ss1}}{d_{cor} s}$$

式中　n_1,A_{s1}——方格网沿 l_1 方向的钢筋根数、单根钢筋的截面面积;

$\quad\quad n_2,A_{s2}$——方格网沿 l_2 方向的钢筋根数、单根钢筋的截面面积;

$\quad\quad A_{ss1}$——螺旋式单根间接钢筋的截面面积;

$\quad\quad d_{cor}$——螺旋式钢筋范围以内的混凝土直径;

$\quad\quad s$——方格网或螺旋式间接钢筋的间距。

间接钢筋应配置在图 3.109 规定的 h 范围内,方格钢筋网不少于 4 片,螺旋式钢筋不少于 4 圈。

【例3.26】24 m 长预应力混凝土屋架下弦杆截面尺寸 250 mm × 160 mm,采用后张法,当混凝土强度达到强度设计值的 100% 后方可张拉预应力钢筋。从一端张拉,超张拉应力值为 5% σ_{con},孔道(直径为 2φ50)为充压抽芯成型。采用 JM12 锚具。构件端部构造如图 3.110 所示。屋架下弦杆轴向拉力设计值 $N = 560$ kN,在荷载效应标准组合下,下弦杆的轴向拉力 $N_k = 480$ kN,在荷载效应准永久组合下屋架下弦杆的轴向拉力 $N_q = 420$ kN,试设计屋架下弦。

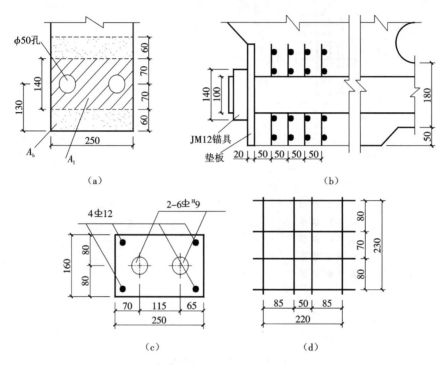

图 3.110 例 3.26 图

(a)受压面积图　　(b)下弦端节点

(c)下弦截面配筋　(d)钢筋网片

解:(1)选择材料

C40 混凝土,$f_c = 19.1$ N/mm²,$f_t = 1.71$ N/mm²,$f_{tk} = 2.39$ N/mm²,$E_c = 3.25 \times 10^4$ N/mm²。

预应力钢筋采用消除应力钢筋,$f_{pyk} = 1\ 470$ N/mm²,$f_{py} = 1\ 040$ N/mm²,$E_s = 2.05 \times 10^5$ N/mm²。

非预应力钢筋采用 HRB335 级钢筋,$f_y = 300$ N/mm²,$E_s = 2.1 \times 10^5$ N/mm²。

(2)使用阶段承载力计算

①确定非预应力钢筋截面面积。根据构造要求采用非预应力筋为 4 ⾖ 12($A_s = 452$ mm²)。

②计算预应力钢筋截面面积。屋架安全等级属于一级,故结构重要性系数 $\gamma_0 = 1.1$。

$$A_p = \frac{\gamma_0 N - A_s f_y}{f_{py}} = \frac{1.1 \times 560 \times 10^3 - 452 \times 300}{1\ 040} = 462 \text{ mm}^2$$

选配 2 束 6 $\Phi^H 9$ 钢筋（$A_p = 763.44$ mm²）。

③使用阶段抗裂计算。

a. 截面特征与参数计算：

$$\alpha_{E1} = \frac{E_s}{E_c} = \frac{2.05 \times 10^5}{3.25 \times 10^4} = 6.31$$

$$\alpha_{E2} = \frac{E_s}{E_c} = \frac{2.1 \times 10^5}{3.25 \times 10^4} = 6.46$$

$$A_c = 250 \times 160 - 2 \times \frac{1}{4} \times \pi \times 50^2 - 452 = 35\ 623\ \text{mm}^2$$

$$A_n = A_c + \alpha_{E2} A_s = 35\ 623 + 6.46 \times 452 = 38\ 543\ \text{mm}^2$$

$$A_0 = A_c + \alpha_{E2} A_s + \alpha_{E1} A_p = 35\ 623 + 6.46 \times 452 + 6.31 \times 763.44 = 43\ 360\ \text{mm}^2$$

b. 确定张拉控制应力 σ_{con}。选取张拉控制应力

$$\sigma_{con} = 0.65 f_{ptk} = 0.65 \times 1\ 470 = 955.5\ \text{N/mm}^2$$

c. 计算预应力损失。

锚具变形损失：查表得 $\alpha = 5$ mm，所以

$$\sigma_{l1} = \frac{\alpha}{l} E_s = \frac{5}{24\ 000} \times 2.05 \times 10^5 = 42.71\ \text{N/mm}^2$$

孔道摩擦损失：按一端张拉计算，即 $x = l = 24$ m，查表 3.44 得 $k = 0.001\ 4$，$\mu = 0.55$，则

$$\sigma_{l2} = \sigma_{con} \times \left(1 - \frac{1}{e^{kx + \mu\theta}}\right) = 955.5 \times \left(1 - \frac{1}{e^{0.001\ 4 \times 24 + 0.55 \times 0}}\right)$$

$$= 955.5 \times \left(1 - \frac{1}{e^{0.033\ 6}}\right)$$

$$= 31.57\ \text{N/mm}^2$$

注：由于采用直线型预应力后张法，因此 $\theta = 0$。

第一批损失：$\quad \sigma_{lI} = \sigma_{l1} + \sigma_{l2} = 42.71 + 31.57 = 74.28\ \text{N/mm}^2$

预应力钢筋的松弛损失：

$$\frac{\sigma_{con}}{f_{ptk}} = \frac{955.5}{1\ 470} = 0.65 > 0.5$$

$$\sigma_{l4} = 0.125 \times \left(\frac{\sigma_{con}}{f_{ptk}} - 0.5\right) \times \sigma_{con}$$

$$= 0.125 \times \left(\frac{955.5}{1\ 470} - 0.5\right) \times 955.5$$

$$= 17.92\ \text{N/mm}^2$$

混凝土收缩、徐变损失：完成第一批损失后截面上的混凝土预压应力为

$$\sigma_{pcI} = \frac{N_{pI}}{A_n} = \frac{(\sigma_{con} - \sigma_{lI}) A_p}{A_n} = \frac{(955.5 - 74.28) \times 786}{38\ 543}$$

$$= 17.97\ \text{N/mm}^2 \leqslant 0.5 f'_{cu} = 0.5 \times 40 = 20\ \text{N/mm}^2$$

符合预应力损失 σ_{l5} 的计算条件。

$$\rho = \frac{A_p + A_s}{2A_n} = \frac{763.44 + 452}{2 \times 38\,543} \times 100\% = 1.58\%$$

$$\sigma_{l5} = \frac{55 + 300 \times \sigma_{pcI}/f'_{cu}}{1 + 15\rho} = \frac{55 + 300 \times 17.97/40}{1 + 15 \times 0.015\,8} = 153.4 \text{ N/mm}^2$$

所以第二批预应力损失为

$$\sigma_{l\text{II}} = \sigma_{l4} + \sigma_{l5} = 17.92 + 153.4 = 171.32 \text{ N/mm}^2$$

预应力总损失为

$$\sigma_l = \sigma_{l\text{I}} + \alpha_{l\text{II}} = 74.28 + 171.32 = 245.6 \text{ N/mm}^2 > 80 \text{ N/mm}^2$$

d. 抗裂验算。

混凝土预压应力 $\sigma_{pc\text{II}}$：

$$\sigma_{pc\text{II}} = \frac{N_p}{A_n} = \frac{(\sigma_{con} - \sigma_l) \times A_p}{A_n} = \frac{(955.5 - 245.6) \times 786}{38\,543} = 14.48 \text{ N/mm}^2$$

计算外荷载在截面中引起的拉应力 σ_{ck}。在荷载效应标准组合作用下：

$$\sigma_{ck} = N_k/A_0 = 480 \times 10^3/43\,360 = 11.07 \text{ N/mm}^2$$

$$\sigma_{ck} - \sigma_{pc\text{II}} = 11.07 - 14.48 = -3.41 \text{ N/mm}^2 < f_{tk} = 2.39 \text{ N/mm}^2$$

符合要求。

④施工阶段验算。

采用超张拉 5%，故最大张拉力为

$$N_p = 1.05 \times \sigma_{con} \times A_p = 1.05 \times 955.5 \times 763.44 = 765\,940 \text{ N}$$

这时截面混凝土的压应力为

$$\sigma_{cc} = N_p/A_0 = 765\,940/43\,360 = 17.66 \text{ N/mm}^2 < 0.8f'_{ck} = 0.8 \times 26.8 = 21.44 \text{ N/mm}^2$$

满足要求。

⑤屋架端部受压承载力计算。

a. 几何特征与参数。锚头局部受压面积为

$$A_1 = 250 \times (100 + 2 \times 20) = 35\,000 \text{ mm}^2$$

$$A_b = 250 \times (140 + 2 \times 60) = 65\,000 \text{ mm}^2$$

$$A_{ln} = 250 \times (100 + 2 \times 20) - 2 \times \frac{1}{4} \times \pi \times 50^2 = 31\,075 \text{ mm}^2$$

局部受压承载力提高系数：

$$\beta_l = \sqrt{A_b/A_1} = \sqrt{65\,000/35\,000} = 1.36$$

b. 局部压力设计值。局部压力设计值等于预应力筋锚固前在张拉端总拉力的 1.2 倍。

$$F_1 = 1.2N_p = 1.2 \times \sigma_{con} \times A_p = 1.2 \times 955.5 \times 763.44 = 875.36 \text{ kN}$$

c. 局部受压尺寸验算。

$$1.35 \times \beta_c \times \beta_l \times f_c \times A_{ln} = 1.35 \times 1.0 \times 1.36 \times 19.1 \times 31\,075$$
$$= 1\,089.73 \text{ kN} > F_1 = 875.36 \text{ kN}$$

故满足要求。

d. 局部受压承载力计算。屋架端部配置直径为 6 mm 的 4 片网（HPB300 级，$f_y =$

270 N/mm^2），其面积 $A_s = 28.3 \text{ mm}^2$，间距 $s = 50 \text{ mm}$，网片尺寸如图 3.110 所示。

$$A_{cor} = 220 \times 230 - 2 \times \frac{\pi}{4} \times 50^2 = 46\ 675 \text{ mm}^2 < A_b = 65\ 000 \text{ mm}^2$$

$$\rho_{cor} = \sqrt{A_{cor}/A_1} = \sqrt{46\ 675/35\ 000} = 1.15$$

横向钢筋网的体积配筋率为

$$\rho_v = \frac{n_1 A_{s1} l_1 + n_2 A_{s2} l_2}{A_{cor} s} = \frac{4 \times 28.3 \times 220 + 4 \times 28.3 \times 230}{46\ 675 \times 50} = 0.021\ 8$$

$$0.9 \times (\beta_c \times \beta_1 \times f_c + 2 \times \alpha \times \rho_v \times \beta_{cor} \times f_y) \times A_{ln}$$
$$= 0.9 \times (1.0 \times 1.36 \times 19.1 + 2 \times 1.0 \times 0.021\ 8 \times 1.15 \times 270) \times 31\ 075$$
$$= 1\ 105.1 \text{ kN} > F_1 = 875.36 \text{ kN}$$

符合要求。

预应力混凝土受弯构件的计算详见《混凝土结构设计规范》或相关文献。

3.6.3　预应力混凝土构件的构造要求

预应力混凝土结构构件的构造要求，除应满足普通钢筋混凝土结构的有关规定外，还应根据预应力张拉工艺、锚固措施、预应力钢筋种类的不同，采用相应的构造措施。

1. 一般规定

（1）截面形式和尺寸

设计结构构件应选择几何特性良好、惯性矩较大的截面形式，对于预应力轴心受拉构件，通常采用正方形或矩形截面；对预应力受弯构件，可采用 T 形、工形、箱形等截面。

由于预应力构件的抗裂和刚度较大，其截面尺寸可比普通钢筋混凝土构件小。对预应力受弯构件，其截面高度 $h = (1/20 \sim 1/14)l$，最小可为 $l/35$（l 为跨度），大致可取普通钢筋混凝土构件高度的 70% ~ 80%。

（2）预应力纵向钢筋及端部附加竖向钢筋的布置

预应力纵向钢筋可分为直线布置和曲线布置（折线布置）两种形式，如图 3.111 所示。

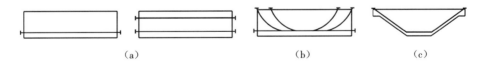

（a）　　　　　　　（b）　　　　　　　（c）

图 3.111　预应力钢筋的布置

（a）直线布置　（b）曲线布置　（c）折线布置

直线布置适用于跨度和荷载均不大的情况，如预应力混凝土板。曲线布置适用于跨度和荷载较大时，施工一般采用后张法，如预应力混凝土屋面梁、吊车梁等构件。为了防止由于施加预应力而产生预拉区的裂缝和减少支座附近区域的主拉应力以及防止施加预应力时在构件端部产生沿截面中部的纵向水平裂缝，在靠近支座部分，可将一部分预应力钢筋弯起，且预应力钢筋尽可能沿构件端部均匀布置。折线布置可用于有倾斜受拉边的梁，施工时一般采用先张法。

（3）非预应力纵向钢筋的布置

预应力构件中，为了防止施工阶段因混凝土收缩和温差引起预拉区裂缝，防止构件在制作、堆放、运输、吊装时出现裂缝或防止裂缝宽度超过限值，可在构件预拉区设置一定数量的非预应力钢筋，如图 3.112 所示。

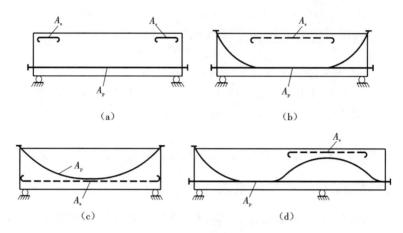

图 3.112 非预应力钢筋的布置
（a）直线布置　（b）、（c）曲线布置　（d）折线布置

如图 3.112（a）、（b）所示，在吊点附近及跨中的预拉区设置非预应力钢筋。图 3.112（b）中的非预应力钢筋还可以提高梁在使用阶段跨中截面受压能力。如图 3.112（c）所示，跨中截面的下部受拉区同时配置预应力钢筋及非预应力钢筋。如图 3.112（d）所示，外伸梁支座截面上部受拉区同时配置预应力钢筋及非预应力钢筋。

为了充分发挥非预应力钢筋的作用，非预应力钢筋的强度等级宜低于预应力钢筋。

在预应力钢筋弯折处，应加密箍筋或沿弯处内侧布置非预应力钢筋网片，以加强在钢筋弯折区段的混凝土。

（4）预拉区纵向钢筋的配筋率及直径

①施工阶段预拉区不允许出现裂缝的构件，预拉区纵向钢筋的配筋率 $\dfrac{A'_s + A'_p}{A} \geqslant 0.2\%$，其中 A 为构件截面面积。对于后张法构件，可不计入 A'_p。

②施工阶段预拉区允许出现裂缝，而在预拉区未配置预应力钢筋的构件，当 $\sigma_{ct} = 2f'_{tk}$ 时，预拉区纵向钢筋配筋率 f'_{tk} 不应小于 0.4%；当 $f'_{tk} < \sigma_{ct} < 2f'_{tk}$ 时，则在 0.2% 和 0.4% 之间按线性插值法确定。

③预拉区非预应力钢筋直径不宜大于 14 mm，并沿构件预拉区外边缘均匀配置。

2. 先张法构件的构造要求

（1）钢筋（钢丝）间距

预应力钢筋、钢丝的净距应根据浇筑混凝土、施加预应力及钢筋锚固等要求确定。

预应力钢筋净距不宜小于其公称直径的 2.5 倍和混凝土粗骨料最大粒径的 1.25 倍，且应符合以下规定:预应力钢丝不应小于 15 mm;三股钢绞线不应小于 20 mm;七股钢绞线不应小于 25 mm。

(2)构造要求

为了防止切断预应力在构件端部引起裂缝,须对预应力筋端部周围的混凝土采取以下局部加强措施。

①单根预应力钢筋(如槽形板中肋部的配筋),其中端部宜设置长度不小于 150 mm,且不少于 4 圈的螺旋筋,如图 3.113(a)所示。当有可靠经验时,亦可利用支垫板插筋代替螺旋筋,此时插筋不小于 4 根,其长度不小于 120 mm,如图 3.113(b)所示。

②分散布置的多根预应力筋,在构件端部 $10d$(d 为预应力筋公称直径)且不小于 100 mm 长度范围内,宜设置 3 ~ 5 片与预应力钢筋垂直的钢筋网片,如图 3.113(c)所示。

③对用预应力钢丝配置的混凝土薄板,在板端 100 mm 长度范围内应适当加密横向钢筋,如图 3.113(d)所示。

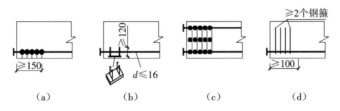

图 3.113 构件端部配筋构造要求

(a)螺旋筋 (b)垫板 (c)钢筋网片 (d)混凝土薄板

3.后张法构件的构造要求

(1)后张法构件的预留孔道

①预制构件中预留孔道之间的净距不应小于 50 mm,且不宜小于粗骨料粒径的 1.25 倍;孔道至构件边缘的间距不应小于 30 mm,且不宜小于孔道直径的一半。

②在现浇混凝土梁中预留孔道在竖直方向的净距不宜小于孔道外径,水平方向的净距不宜小于 1.5 倍孔道外径,且不应小于粗骨料粒径的 1.25 倍;从孔道外壁至构件边缘的净间距,梁底不宜小于 50 mm,梁侧不宜小于 40 mm,裂缝控制等级为三级的梁,梁底、梁侧分别不宜小于 60 mm 和 50 mm。

③预留孔道的内径宜比预应力束外径及需穿过孔道的连接器外径大 6 ~ 15 mm,且孔道的截面面积宜为穿入预应力束截面的 3 ~ 4 倍。

④在构件两端及跨中应设置灌浆孔或排气孔,孔距不宜大于 12 m。

⑤凡制作时需要预先起拱的构件,预留孔道宜随构件同时起拱。

(2)曲线预应力钢筋的曲率半径

后张法预应力混凝土构件中,曲线预应力钢丝束、钢绞线束的曲率半径不宜小于 4 m,对折线配筋的构件在预应力钢筋弯折处的曲率半径可适当减小。

(3)端部加强措施

后张法构件端部尺寸应考虑锚具的布置、张拉设备的尺寸和局部受压的要求,在必要时应适当加大。

在预应力钢筋锚具下及张拉设备的支撑处应设置预埋垫板及构造横向钢筋网片或螺旋式钢筋等局部加强措施。

在局部受压区间接配置区以外,在构件端部长度 l 不小于 $3e$(e 为截面重心上部或下部预应力筋的合力点至邻近边缘的距离),但不大于 $1.2h$(h 为构件端部截面高度),高度为 $2e$ 的附加配筋区范围内(图3.114),应均匀配置附加防劈裂筋或网片,配筋面积可按下式计算,且体积配筋率不应小于 0.5%。

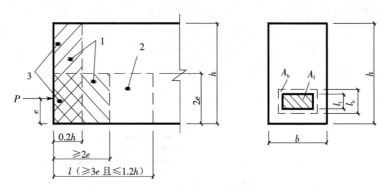

图3.114 防止端部裂缝的配筋范围
1—局部受压区间接钢筋配置区;2—附加防劈裂配筋区;
3—附加防端面裂缝配筋区

$$A_{sb} \geqslant 0.18 \times \left(1 - \frac{l_1}{l_b}\right) \times \frac{P}{f_{yv}}$$

式中 P——作用在构件端部截面重心线上部或下部预应力筋的合力设计值,对有黏结预应力混凝土可取 1.2 倍张拉控制应力;

  f_{yv}——附加防劈裂箍筋的抗拉强度设计值;

  l_1、l_b——沿构件高度方向 A_1、A_b 的边长和直径,A_1、A_b 按构件端部局部受压承载力计算中的方法确定。

当构件端部的预应力筋需集中布置在截面的下部或集中在上部和下部时,应在构件端部 $0.2h$(h 为构件端部的截面高度)范围内设置防止截面裂缝的附加竖向焊接钢筋网、封闭式箍筋或其他形式的构造钢筋,且宜采用带肋钢筋,其截面面积应符合下列规定:

$$A_{sv} \geqslant \frac{T_s}{f_{yv}}$$

$$T_s = \left(0.25 - \frac{e}{h}\right) \times P$$

式中 T_s——锚固端断面拉力;

  e——截面重心线上部或下部预应力筋的合力点至截面边缘的距离;

  h——构件端部截面高度;

  f_{yv}——防止断面裂缝的附加竖向钢筋抗拉强度设计值。

当 e 大于 $0.2h$ 时,可根据实际情况适当配置构造钢筋,竖向防端部裂缝宜靠近端面配置,可采用焊接钢筋网、封闭式箍筋或其他形式,且宜采用带肋钢筋。

当端部截面上部和下部均有预应力筋时,附加竖向钢筋的总截面面积应按上部和下部的预应力合力分别计算的较大值采用。

在构件端部横向也应按上述方法计算抗端部裂缝钢筋,并与上述钢筋形成网片筋配置。

(4)外露金属锚具防护措施

后张法预应力混凝土外露金属锚具,应采取可靠的防腐及防火措施,并应符合以下规定。

①无黏结预应力筋外露锚具应采用注有足量防腐油脂的塑料帽封闭锚具端头,并应采用无收缩砂浆或细石混凝土封闭。

②对于二 b、三 a、三 b 类环境条件下的无黏结预应力锚固系统,应采用全封闭的防腐体系,其封锚端及各连接部位应能承受 10 kPa 的静水压力而不得透水。

③采用混凝土封闭时,其强度等级宜与构件混凝土强度等级一致,且不应低于 C30。封锚混凝土与构件混凝土应可靠黏结,如锚具在封闭前应将周围混凝土界面凿毛并冲洗干净,且宜配置 1~2 片钢筋网,钢筋网应与构件混凝土拉结。

④采用无收缩砂浆或混凝土封闭保护时,其锚具及预应力筋端部的保护层厚度不应小于:一类环境 20 mm,二类(二 a、二 b)环境 50 mm,三类(三 a、三 b)环境 80 mm。

思　考　题

1. 简述混凝土的立方体抗压强度、轴心抗压强度。

2. 混凝土的强度等级是如何确定的?

3. 简述混凝土在单轴短期荷载下的应力 – 应变关系特点。

4. 什么叫混凝土徐变? 混凝土徐变对结构有什么影响?

5. 钢筋与混凝土之间的黏结力是如何形成的?

6. 钢筋混凝土楼盖结构有哪几种类型? 它们各自的特点和适用范围是什么?

7. 什么是单向板? 什么是双向板? 它们的受力特点有何不同? 两种板如何区分判断?

8. 多跨连续梁(单向板)按照弹性理论计算,为求得某跨跨中最大正、负弯矩,应如何布置活荷载?

9. 求多跨连续双向板某区格的跨中最大正弯矩,应如何布置活荷载? 求某支座最大负弯矩呢?

10. 试述现浇单向板肋形楼盖的设计步骤。

11. 试述按弹性理论计算多跨双向板的跨中最大正弯矩和支座最大负弯矩的方法。

12. 试述装配式楼盖中板与板、板与梁或墙的连接构造要求。

13. 常用的楼梯有哪几种类型? 各有何优缺点? 说明它们的适用范围。

14. 试述梁式及板式楼梯荷载的传递途径。

15. 试述梁式及板式楼梯各组成部分的计算要点和构造要求。

16. 预应力混凝土的基本原理是什么?

17. 预应力混凝土构件有哪些优缺点？

18. 什么是张拉控制应力？在预应力施工中,对张拉控制应力有什么要求？

19. 引起预应力损失的主要因素有哪些？

20. 简述先张法与后张法的工艺流程,并说明两种方法的优缺点。

习　题

1. 如下图所示,该梁截面尺寸 $b \times h = 200 \ \text{mm} \times 400 \ \text{mm}$,混凝土采用 C30,梁内配有 $\phi 8@200$ 的箍筋。

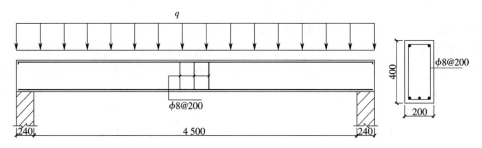

习题 1 图

(1)求该梁所能承受的最大剪力设计值 V。

(2)若按斜截面抗剪承载力要求,求该梁能够承受多大的均布荷载 q。

2. 已知矩形截面简支梁,梁净宽 $l_n = 5.4 \ \text{m}$,承受均布荷载设计值(包括自重)$q = 45 \ \text{kN/m}$,截面尺寸 $b \times h = 250 \ \text{mm} \times 450 \ \text{mm}$,混凝土强度等级为 C25,箍筋采用 HPB300 级钢筋。试求仅配箍筋时所需的用量。

3. 已知梁的截面尺寸 $b = 250 \ \text{mm}$,$h = 500 \ \text{mm}$,承受弯矩设计值 $M = 120 \ \text{kN} \cdot \text{m}$,混凝土强度等级为 C25,采用 HRB400 级钢筋,求所需纵向钢筋的截面面积。

4. 某现浇简支板,计算跨度 $l = 2.4 \ \text{m}$,板厚 80 mm,承受的均布荷载活载标准值 $q_k = 3.5 \ \text{kN/m}^2$,混凝土强度等级为 C30,钢筋强度等级为 HPB300 级,永久荷载分项系数 $\gamma_G = 1.2$,可变荷载分项系数 $\gamma_Q = 1.4$,钢筋混凝土自重为 25 kN/m^3。求受拉钢筋的截面面积 A_s。

5. 钢筋混凝土简支梁,截面尺寸 $b \times h = 250 \ \text{mm} \times 450 \ \text{mm}$,已配 4 根直径 18 mm 的 HRB400 级受拉钢筋($A_s = 1 \ 017 \ \text{mm}^2$),采用 C30 混凝土,该梁承受的最大弯矩设计值 $M = 100 \ \text{kN} \cdot \text{m}$。试复核该梁是否安全。

6. 某矩形截面梁截面尺寸 $b \times h = 200 \ \text{mm} \times 450 \ \text{mm}$,采用 C25 混凝土、HRB400 级钢筋,梁所承受的弯矩设计值 $M = 185 \ \text{kN} \cdot \text{m}$,设受拉钢筋两排布置($a_s = 60 \ \text{mm}$)。试求该梁配筋。

7. 矩形截面简支梁截面尺寸 $b \times h = 200 \ \text{mm} \times 500 \ \text{mm}$,作用于截面上按荷载效应标准组合计算的弯矩值 $M_k = 100 \ \text{kN} \cdot \text{m}$,混凝土强度等级 C30,采用 HRB400 级钢筋,受拉区共配 2 根直径 20 mm 和 2 根直径 16 mm 的钢筋($A_s = 1 \ 030 \ \text{mm}^2$)。裂缝的宽度限值 $\omega_{\text{lim}} = 0.3 \ \text{mm}$,验算裂缝宽度是否满足要求。

8. 矩形截面简支梁 $b \times h = 200$ mm $\times 500$ mm, 计算跨度 $l = 6.5$ m, 混凝土强度等级 C25, 配 4 根直径 20 mm 的 HRB400 级纵向受拉钢筋, $A_s = 1\,256$ mm^2。荷载为均布荷载, 其中静载 $g_k = 12$ kN/m(包括自重), 活载 $q_k = 8$ kN/m, 楼面活荷载的准永久系数 $\psi_q = 0.5$, 室内正常环境。验算此梁使用阶段的挠度。

第4章 临时结构构造及计算

【知识目标】

1. 能熟练表述施工现场临时结构的专业术语。
2. 能熟练表述临时结构的材料及构造要求。
3. 能熟练表述扣件钢管脚手架的构造要求。
4. 能正确表述单、双排脚手架立杆的稳定性。
5. 能正确表述模板的组成及类型,模板及支撑结构的基本要求。
6. 能正确表述模板的设计要求、荷载组合及模板的设计计算内容。

【技能目标】

1. 正确查阅并计算各类荷载。
2. 正确设计扣件式钢管脚手架。
3. 正确设计模板。

【建议学时】

12~18学时

　　建筑施工现场中的临时结构主要指支撑结构和支护结构。其中,脚手架是建筑施工中必不可少的临时设施,比如砌筑砖墙、浇筑混凝土、内外墙面抹灰和装饰、结构构件的安装等,都需要搭设脚手架,并铺设脚手板,以便站在上面进行施工操作、堆放施工材料、进行短距离水平运输,目前很多项目都需要高空作业,脚手架的作用显得尤为重要。脚手架虽然是随着工程进度而搭设,工程完毕就拆除,但是它对建筑施工速度、工作效率、工程质量以及工人的人身安全有着直接的影响。如果脚手架搭设不及时,势必会拖延工程进度;脚手架搭设不符合施工需要,工人操作就不方便,质量得不到保证,工效就得不到提高;脚手架搭设不牢固、不稳定,就容易造成施工中的伤亡事故。在建筑施工中有关房屋的整体结构设计或构件设计往往是由设计单位技术人员完成的,而施工现场的临时结构设计及计算往往是由施工员、监理员、质检员、安全员等现场工程技术人员完成,所以建筑类专业学生对脚手架的选型、构造、搭设、质量等这些因素都应该加以重视。

4.1 脚手架工程结构构造及计算

　　目前,《建筑施工扣件式钢管脚手架安全技术规范》(JGJ 130—2011)适用于房屋建筑工程和市政工程等施工用落地式单、双排扣件式钢管脚手架、满堂扣件式钢管脚手架、型钢悬挑扣件式钢管脚手架、满堂扣件式钢管支撑架的设计、施工及验收。

扣件式钢管脚手架施工前,应按该规范的规定对其结构构件与立杆地基承载力进行设计计算,并应编制专项施工方案。

扣件式钢管脚手架的设计、施工及验收,除应符合该规范的规定外,尚应符合国家现行有关标准的确定。

4.1.1 专业术语

①扣件式钢管脚手架:为建筑施工而搭设的、承受荷载的、由扣件和钢管等构成的脚手架与支撑架,包含该规范中的各类脚手架与支撑架,统称为脚手架。

②支撑架:为钢结构安装或浇筑混凝土构件等搭设的承力支架。

③单排扣件式钢管脚手架:只有一排立杆,横向水平杆的一端搁置固定在墙体上的脚手架,简称单排架。

④双排扣件式钢管脚手架:由内外两排立杆和水平杆等构成的脚手架,简称双排架。

⑤满堂扣件式钢管脚手架:在纵、横方向,由不少于三排立杆,并与水平杆、水平剪刀撑、竖向剪刀撑、扣件等构成的脚手架。该架体顶部作业层施工荷载通过水平杆传递给立杆,顶部立杆呈偏心受压状态,简称满堂脚手架。

⑥满堂扣件式钢管支撑架:在纵、横方向,由不少于三排立杆,并与水平杆、水平剪刀撑、竖向剪刀撑、扣件等构成的承力支架。该架体顶部的钢结构安装等(同类工程)施工荷载通过可调托撑轴心传力给立杆,顶部立杆呈轴心受压状态,简称满堂支撑架。

⑦开口型脚手架:沿建筑周边非交圈设置的脚手架为开口型脚手架,其中呈直线型的脚手架为一字型脚手架。

⑧封圈型脚手架:沿建筑周边交圈设置的脚手架。

⑨扣件:采用螺栓紧固的扣接连接件为扣件,包括直角扣件、旋转扣件、对接扣件。

⑩防滑扣件:根据抗滑要求增设的非连接用途扣件。

⑪底座:设于立杆底部的垫座,包括固定底座、可调底座。

⑫可调托撑:插入立杆钢管顶部,可调节高度的顶撑。

⑬水平杆:脚手架中的水平杆件。沿脚手架纵向设置的水平杆为纵向水平杆,沿脚手架横向设置的水平杆为横向水平杆。

⑭扫地杆:贴近楼地面设置,连接立杆根部的纵、横向水平杆件,包括纵向扫地杆、横向扫地杆。

⑮连墙件:将脚手架架体与建筑主体结构连接,能够传递拉力和压力的构件。

⑯连墙件间距:脚手架相邻连墙件之间的距离,包括连墙件竖距、连墙件横距。

⑰横向斜撑:与双排脚手架内、外立杆或水平杆斜交呈"之"字形的斜杆。

⑱剪刀撑:在脚手架竖向或水平向成对设置的交叉斜杆。

⑲抛撑:用于脚手架侧面的支撑,与脚手架外侧面斜交的杆件。

⑳脚手架高度:自立杆底座下皮至架顶栏杆之间的垂直距离。

㉑脚手架长度:脚手架纵向两端立杆外皮之间的水平距离。

㉒脚手架宽度:脚手架横向两端立杆外皮之间的水平距离,单排脚手架为外立杆外皮至墙面的距离。

㉓步距:上下水平杆轴线间的距离。

㉔立杆纵(跨)距:脚手架纵向相邻立杆之间的轴线距离。

㉕立杆横距:脚手架横向相邻立杆之间的轴线距离,单排脚手架为外立杆轴线至墙面的距离。

㉖主节点:立杆、纵向水平杆、横向水平杆三杆紧靠的扣接点。

4.1.2 构配件

1. 钢管

脚手架钢管应采用现行国家标准《直缝电焊钢管》(GB/T 13793—2008)或《低压流体输送用焊接钢管》(GB/T 3091—2008)中规定的 Q235 普通钢管;钢管的钢材质量应符合现行国家标准《碳素结构钢》(GB/T 700—2006)中 Q235 级钢的规定。

脚手架钢管宜采用 $\phi48.3 \times 3.6$ 钢管。每根钢管的最大质量不应大于 25.8 kg。

2. 扣件

扣件应采用可锻铸铁或铸钢制作,其质量和性能应符合现行国家标准《钢管脚手架扣件》(GB 15831—2006)的规定。采用其他材料制作的扣件,应经试验证明其质量符合该标准的规定后方可使用。

扣件在螺栓拧紧扭力矩达到 65 N·m 时,不得发生破坏。

3. 脚手板

脚手板可采用钢、木、竹材料制作,单块脚手板的质量不宜大于 30 kg。

冲压钢脚手板的材质应符合现行国家标准《碳素结构钢》中 Q235 级钢的规定。

木脚手板材质应符合现行国家标准《木结构设计规范》(GB 50005—2003)中 Ⅱa 级材质的规定。脚手板厚度不应小于 50 mm,两端宜设置直径不小于 4 mm 的镀锌钢丝箍两道。

竹脚手板宜采用由毛竹或楠竹制作的竹片板、竹笆板;竹串片脚手板应符合现行行业标准《建筑施工木脚手架安全技术规范》(JGJ 164—2008)的相关规定。

4. 可调托撑

可调托撑螺杆外径不得小于 36 mm,直径与螺距应符合现行国家标准《梯形螺纹 第 2 部分:直径与螺距系列》(GB/T 5796.2—2005)和《梯形螺蚊 第 3 部分:基本尺寸》(GB/T 5796.3—2005)的规定。

可调托撑的螺杆与支托板焊接应牢固,焊缝高度不得小于 6 mm;可调托撑螺杆与螺母旋合长度不得少于 5 扣,螺母厚度不得小于 30 mm。

可调托撑抗压承载力设计值不应小于 40 kN,支托板厚度不应小于 5 mm。(本条为强制性条文)

5. 悬挑脚手架用型钢

悬挑脚手架用型钢的材质应符合现行国家标准《碳素结构钢》或《低合金高强度结构钢》

（GB/T 1591—2008）的规定。

用于固定型钢悬挑梁的 U 形钢筋拉环或锚固螺栓材质应符合现行国家标准《钢筋混凝土用钢 第 1 部分：热轧光圆钢筋》（GB 1499.1—2008）中 HPB235 级钢筋的规定。

4.1.3 荷载

作用于脚手架的荷载可分为永久荷载（恒荷载）与可变荷载（活荷载）。

1. 作用于脚手架的永久荷载

（1）单排架、双排架与满堂脚手架

①架体结构自重：立杆、纵向水平杆、横向水平杆、剪刀撑、扣件等的自重。

②构、配件自重：脚手板、栏杆、挡脚板、安全网等防护设施的自重。

（2）满堂支撑架

①架体结构自重：立杆、纵向水平杆、横向水平杆、剪刀撑、可调托撑、扣件等的自重。

②构、配件及可调托撑上主梁、次梁、支撑板等的自重。

2. 作用于脚手架的可变荷载

（1）单排架、双排架与满堂脚手架

施工荷载（作业层上的人员、器具和材料等的自重）与风荷载。

（2）满堂支撑架

作业层上的人员、设备等的自重；结构构件、施工材料等的自重；风荷载。

用于混凝土结构施工的支撑架上的永久荷载与可变荷载，应符合现行行业标准《建筑施工模板安全技术规范》（JGJ 162—2008）的规定。

4.1.4 荷载标准值

①永久荷载标准值的取值应符合下列规定。

a. 单、双排脚手架立杆承受的每米结构自重标准值，可按《建筑施工扣件式钢管脚手架安全技术规范》附录 A 表 A.0.1 采用；满堂脚手架立杆承受的每米结构自重标准值，宜按《建筑施工扣件式钢管脚手架安全技术规范》附录 A 表 A.0.2 采用；满堂支撑架立杆承受的每米结构自重标准值，宜按《建筑施工扣件式钢管脚手架安全技术规范》附录 A 表 A.0.3 采用。

b. 冲压钢脚手板、木脚手板、竹串片脚手板与竹笆脚手板自重标准值，宜按表 4.1 采用。

表 4.1 脚手板自重标准值　　　　　　（kN/m²）

类别	冲压钢脚手板	竹串片脚手板	木脚手板	竹笆脚手板
标准值	0.30	0.35	0.35	0.10

c. 栏杆与挡脚板自重标准值，宜按表 4.2 采用。

表4.2　栏杆、挡脚板自重标准值　　　　　　　　　　　（kN/m²）

类别	栏杆、冲压钢脚手板挡板	栏杆、竹串片脚手板挡板	栏杆、木脚手板挡板
标准值	0.16	0.17	0.17

d. 脚手架上吊挂的安全设施（安全网）的自重标准值应按实际情况采用,密目式安全网自重标准值不应低于 0.01 kN/m²。

e. 支撑架上可调托撑上主梁、次梁、支撑板等的自重应按实际计算。对于以下情况可按表 4.3 采用:普通木质主梁(含 $\phi48.3 \times 3.6$ 双钢管)、次梁、木支撑板;型钢次梁自重不超过 10 号工字钢自重,型钢主梁自重不超过 H100 × 100 × 6 × 8 型钢自重,支撑板自重不超过木脚手板自重。

表4.3　主梁、次梁及支撑板自重标准值　　　　　　　　（kN/m²）

类　别	立杆间距（m）	
	> 0.75 × 0.75	≤ 0.75 × 0.75
木质主梁(含 $\phi48.3 \times 3.6$ 双钢管)、次梁、木支撑板	0.6	0.85
型钢主梁、次梁、木支撑板	1.0	1.2

②单、双排架与满堂脚手架作业层上的施工荷载标准值应根据实际情况确定,且不应低于表 4.4 的规定。

表4.4　施工均布荷载标准值　　　　　　　　　　　　　（kN/m²）

类别	装修脚手架	混凝土/砌筑结构脚手架	轻型钢结构及空间网格结构脚手架	普通钢结构脚手架
标准值	2.0	3.0	2.0	3.0

注:斜道上的施工均布荷载标准值不应低于 2.0 kN/m²。

③当在双排脚手架上同时有 2 个及以上操作层作业时,在同一个跨距内各操作层的施工均布荷载标准值总和不得超过 5.0 kN/m²。

④满堂支撑架上的荷载标准值取值应符合下列规定。

a. 永久荷载与可变荷载(不含风荷载)标准值总和不大于 4.2 kN/m²时,施工均布荷载标准值应按表 4.4 取用。

b. 永久荷载与可变荷载(不含风荷载)标准值总和大于 4.2 kN/m²时,应符合下列要求:作业层上的人员及设备荷载标准值取 1.0 kN/m²;大型设备、结构构件等可变荷载按实际计算;用于混凝土结构施工时,作业层上荷载标准值的取值应符合现行行业标准《建筑施工模板安全技术规范》的规定。

⑤作用于脚手架上的水平风荷载标准值,应按下式计算:

$$\omega_k = \mu_s \mu_z \omega_0 \tag{4.1}$$

式中　ω_k——风荷载标准值(kN/m^2);

　　　ω_0——基本风压(kN/m^2),应按现行国家标准《建筑结构荷载规范》的规定采用,取重现期 $n=10$ 对应的风压值;

　　　μ_z——风压高度变化系数,应按现行国家标准《建筑结构荷载规范》的规定采用;

　　　μ_s——脚手架风荷载体型系数,按表4.5采用。

表4.5　脚手架的风荷载体型系数

背靠建筑物状况		全封闭墙	敞开、框架和开洞墙
脚手架状况	全封闭、半封闭	1.0φ	1.3φ
	敞开		μ_{stw}

注:①μ_{stw}值:可将脚手架视为桁架,按现行国家标准《建筑结构荷载规范》(GB 50009—2012)的规定采用。

②φ 为挡风系数,$\varphi = 1.2A_n/A_w$,其中 $1.2A_n$ 为挡风面积,A_w 为迎风面积;敞开式脚手架的 φ 值可按《建筑施工扣件式钢管脚手架安全技术规范》附录A表A.0.5采用。

⑥密目式安全立网全封闭脚手架挡风系数 φ 不宜小于0.8。

⑦荷载效应组合。

a. 设计脚手架的承重构件时,应根据使用过程中可能出现的荷载取其最不利组合进行计算,荷载效应组合宜按表4.6采用。

表4.6　荷载效应组合

计算项目	荷载效应组合
纵向、横向水平杆强度与变形	永久荷载 + 施工荷载
脚手架立杆地基承载力 型钢悬挑梁的强度、稳定与变形	①永久荷载 + 施工荷载
	②永久荷载 + 0.9(施工荷载 + 风荷载)
立杆稳定	①永久荷载 + 可变荷载(不含风荷载)
	②永久荷载 + 0.9(可变荷载 + 风荷载)
连墙件强度与稳定	单排架:风荷载 + 2.0 kN
	双排架:风荷载 + 3.0 kN

b. 满堂支撑架用于混凝土结构施工时,荷载组合与荷载设计值应符合现行行业标准《建筑施工模板安全技术规范》的规定。

4.1.5 扣件式钢管脚手架的构造要求

1. 常用单、双排脚手架设计尺寸

①常用密目式安全立网全封闭单、双排脚手架结构的设计尺寸,可按表4.7和表4.8采用。

表4.7 常用密目式安全立网全封闭式双排脚手架的设计尺寸　　　　　　（m）

连墙件设置	立杆横距 l_b	步距 h	下列荷载时的立杆纵距 l_a				脚手架允许搭设高度 $[H]$
			$2+0.35$ (kN/m²)	$2+2+2\times0.35$ (kN/m²)	$3+0.35$ (kN/m²)	$3+2+2\times0.35$ (kN/m²)	
二步三跨	1.05	1.50	2.00	1.50	1.50	1.50	50
		1.80	1.80	1.50	1.50	1.50	32
	1.30	1.50	1.80	1.50	1.50	1.50	50
		1.80	1.80	1.20	1.50	1.20	30
	1.55	1.50	1.80	1.20	1.50	1.20	38
		1.80	1.80	1.20	1.50	1.20	22
三步三跨	1.05	1.50	2.00	1.50	1.50	1.50	43
		1.80	1.80	1.20	1.50	1.50	24
	1.30	1.50	1.80	1.50	1.50	1.20	30
		1.80	1.80	1.20	1.50	1.20	17

注:①表中所示 $2+2+2\times0.35$ (kN/m²),包括下列荷载: $2+2$ (kN/m²)为二层装修作业层施工荷载标准值; 2×0.35 (kN/m²)为二层作业层脚手板自重荷载标准值。

②作业层横向水平杆间距,应按不大于 $l_a/2$ 设置。

③地面粗糙度为B类,基本风压 $\omega_0 = 0.4$ kN/m²。

表4.8 常用密目式安全立网全封闭式单排脚手架的设计尺寸　　　　　　（m）

连墙件设置	立杆横距 l_b	步距 h	下列荷载时的立杆纵距 l_a		脚手架允许搭设高度 $[H]$
			$2+0.35$ (kN/m²)	$3+0.35$ (kN/m²)	
二步三跨	1.20	1.50	2.00	1.80	24
		1.80	1.50	1.20	24
	1.40	1.50	1.80	1.50	24
		1.80	1.50	1.20	24

续表

连墙件设置	立杆横距 l_b	步距 h	下列荷载时的立杆纵距 l_a		脚手架允许搭设高度 $[H]$
			$2 + 0.35$ （kN/m^2）	$3 + 0.35$ （kN/m^2）	
三步三跨	1.20	1.50	2.00	1.80	24
		1.80	1.20	1.20	24
	1.40	1.50	1.80	1.50	24
		1.80	1.20	1.20	24

注:同表4.7。

②单排脚手架搭设高度不应超过 24 m;双排脚手架搭设高度不宜超过 50 m,高度超过 50 m 的双排脚手架,应采用分段搭设等措施。

2.脚手架纵向水平杆、横向水平杆、脚手板

①纵向水平杆的构造应符合下列规定。

a.纵向水平杆应设置在立杆内侧,单根杆长度不应小于 3 跨。

b.纵向水平杆长应采用对接扣件连接或搭接,并应符合下列规定。一是两根相邻纵向水平杆的接头不应设置在同步或同跨内;不同步或不同跨的两个相邻接头在水平方向错开的距离不应小于 500 mm;各接头中心至最近主节点的距离不应大于纵距的 1/3,如图4.1所示。二是搭接长度不应小于 1 m,应等间距设置 3 个旋转扣件固定;端部扣件盖板边缘至搭接纵向水平杆杆端的距离不应小于 100 mm。

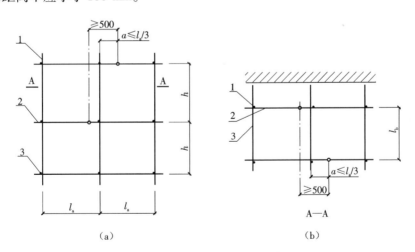

（a）　　　　　　　　　　　　（b）

图4.1　纵向水平杆对接接头布置

（a）接头不在同步内（立面）　（b）接头不在同跨内（平面）

1—立杆;2—纵向水平杆;3—横向水平杆

c.当使用冲压钢脚手板、木脚手板、竹串片脚手板时,纵向水平杆应作为横向水平杆的支

座,用直角扣件固定在立杆上;当使用竹笆脚手板时,纵向水平杆应采用直角扣件固定在横向水平杆上,并应等间距设置,间距不应大于 400 mm,如图 4.2 所示。

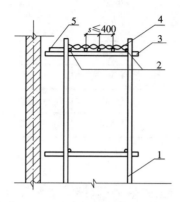

图 4.2 铺竹笆脚手板时纵向水平杆的构造
1—立杆;2—纵向水平杆;3—横向水平杆;
4—竹笆脚手板;5—其他脚手板

②横向水平杆的构造应符合下列规定。

a. 作业层上非主节点处的横向水平杆,宜根据支承脚手板的需要等间距设置,最大间距不应大于纵距的 1/2。

b. 当使用冲压钢脚手板、木脚手板、竹串片脚手板时,双排脚手架的横向水平杆两端均应采用直角扣件固定在纵向水平杆上;单排脚手架的横向水平杆的一端应用直角扣件固定在纵向水平杆上,另一端应插入墙内,插入长度不应小于 180 mm。

c. 当使用竹笆脚手板时,双排脚手架的横向水平杆的两端,应用直角扣件固定在立杆上;单排脚手架的横向水平杆的一端,应用直角扣件固定在立杆上,另一端插入墙内,插入长度不应小于 180 mm。

③主节点处必须设置一根横向水平杆,用直角扣件扣接且严禁拆除。(此条为强制条款)

④脚手板的设置应符合下列规定。

a. 作业层脚手板应铺满、铺稳、铺实。

b. 冲压钢脚手板、木脚手板、竹串片脚手板等,应设置在三根横向水平杆上。当脚手板长度小于 2 m 时,可采用两根横向水平杆支承,但应将脚手板两端与横向水平杆可靠固定,严防倾覆。脚手板的铺设应采用对接平铺或搭接铺设。脚手板对接平铺时,接头处应设置两根横向水平杆,脚手板外伸长度应取 130~150 mm,两块脚手板外伸长度的和不应大于 300 mm,如图 4.3(a)所示;脚手板搭接铺设时,接头应支在横向水平杆上,搭接长度不应小于 200 mm,其伸出横向水平杆的长度不应小于 100 mm,如图 4.3(b)所示。

c. 竹笆脚手板应按其主竹筋垂直于纵向水平杆方向铺设,且应对接平铺,四个角应用直径不小于 1.2 mm 的镀锌钢丝固定在纵向水平杆上。

d. 作业层端部脚手板探头长度应取 150 mm,其板的两端均应固定于支承杆件上。

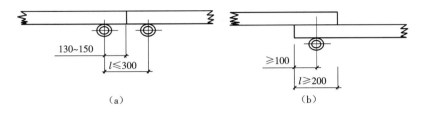

图 4.3　脚手板对接、搭接构造

（a）脚手板对接　（b）脚手板搭接

3. 立杆

①每根立杆底部宜设置底座或垫板。

②脚手架必须设置纵、横向扫地杆。纵向扫地杆应采用直角扣件固定在距管底端不大于 200 mm 处的立杆上。横向扫地杆应采用直角扣件固定在紧靠纵向扫地杆下方的立杆上。

③脚手架立杆基础不在同一高度上时，必须将高处的纵向扫地杆向低处延长两跨与立杆固定，高低差不应大于 1 m。靠边坡上方的立杆轴线到边坡的距离不应小于 500 mm，如图 4.4 所示。（本条为强制条款）

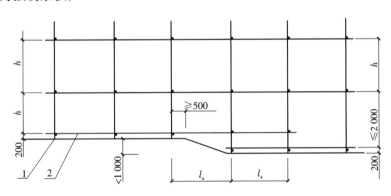

图 4.4　纵、横向扫地杆构造

1—横向扫地杆；2—纵向扫地杆

④单、双排脚手架底层步距均不应大于 2 m。

⑤单排、双排与满堂脚手架立杆接长除顶层顶步外，其余各层各步接头必须采用对接扣件连接。（本条为强制条款）

⑥脚手架立杆的对接、搭接应符合下列规定。

a. 当立杆采用对接接长时，立杆的对接扣件应交错布置，两根相邻立杆的接头不应设置在同步内，同步内隔一根立杆的两个相隔接头在高度方向错开的距离不宜小于 500 mm；各接头中心至主节点的距离不宜大于步距的 1/3。

b. 当立杆采用搭接接长时，搭接长度不应小于 1 m，并应采用不少于 2 个旋转扣件固定。端部扣件盖板的边缘至杆端距离不应小于 100 mm。

⑦脚手架立杆顶端栏杆宜高出女儿墙上端 1 m，宜高出檐口上端 1.5 m。

4. 连墙件

①脚手架连墙件设置的位置、数量应按专项施工方案确定。

②脚手架连墙件数量的设置除应满足《建筑施工扣件式钢管脚手架安全技术规范》的计算要求外,还应符合表4.9的规定。

表4.9　连墙件布置最大间距

搭设方法	高度(m)	竖向间距	水平间距	每根连墙件覆盖面积(m²)
双排落地	≤50	3	$3l_a$	≤40
双排悬挑	>50	$2h$	$3l_a$	≤27
单排	≤24	$3h$	$3l_a$	≤40

注:h为步距;l_a为纵距。

③连墙件的布置应符合下列规定。

a.应靠近主节点位置,偏离主节点的位置不应大于300 mm。

b.应从底层第一步纵向水平杆处开始设置,当该处设置有困难时,应采用其他可靠措施固定。

c.应优先采用菱形布置,或方形、矩形布置。

④开口型脚手架的两端必须设置连墙件,连墙件的垂直间距不应大于建筑物的高度,并且不应大于4 m。

⑤连墙件中的连墙杆应呈水平设置,当不能水平设置时,应向脚手架一端下斜连接。

⑥连墙件必须采用可承受拉力和压力的构造。对高度24 m以上的双排脚架手架,应采用刚性连墙件与建筑物连接。

⑦当脚手架下部暂不能设连墙件时应采取防倾覆措施。当搭设抛撑时,抛撑应采用通长杆件,并用旋转扣件固定在脚手架上,与地面的倾角应在45°~60°;连接点中心至主节点的距离不应大于300 mm。抛撑应在连墙件搭设后再拆除。

⑧架高超过40 m且有风涡流作用时,应采取抗上升翻流作用的连墙措施。

5. 满堂脚手架

①常用敞开式满堂脚手架结构的设计尺寸,可按表4.10采用。脚手板自重标准值取0.35 kN/m²,地面粗糙度为B类,基本风压$\omega_0 = 0.35$ kN/m²。立杆间距不小于1.2 m×1.2 m,施工荷载标准值不小于3 kN/m²时,立杆上应增设防滑扣件,防滑扣件应安装牢固,且预紧立杆与水平杆连接的扣件。

表 4.10　常用敞开式满堂脚手架结构的设计尺寸

序号	步距(m)	立杆间距(m)	支架高宽比不大于	下列施工荷载时最大允许高度(m)	
				2(kN/m²)	3(kN/m²)
1	1.7~1.8	1.2×1.2	2	17	9
2		1.0×1.0	2	30	24
3		0.9×0.9	2	36	36
4	1.5	1.3×1.3	2	18	9
5		1.2×1.2	2	23	16
6		1.0×1.0	2	36	31
7		0.9×0.9	2	36	36
8	1.2	1.3×1.3	2	20	13
9		1.2×1.2	2	24	19
10		1.0×1.0	2	36	32
11		0.9×0.9	2	36	36
12	0.9	1.0×1.0	2	36	33
13		0.9×0.9	2	36	36

注:最少跨数应符合《建筑施工扣件式钢管脚手架安全技术规范》附录 C 表 C.1 的规定。

②满堂脚手架搭设高度不宜超过 36 m,满堂脚手架施工层不得超过 1 层。

除以上规定的构造要求外,其余有关门洞、剪刀撑与横向斜撑、斜道、满堂脚手架、满堂支撑架、型钢悬挑脚手架的构造要求详见《建筑施工扣件式钢管脚手架安全技术规范》。

4.1.6　扣件式钢管脚手架的设计计算(规范中的规定)

1. 基本设计规定

①脚手架的承载能力应按概率极限状态设计法的要求,采用分项系数设计表达式进行设计。可只进行下列设计计算。

a. 纵向、横向水平杆等受弯构件的强度和连接扣件的抗滑承载力计算。

b. 立杆的稳定性计算。

c. 连墙件的强度、稳定性和连接强度的计算。

d. 立杆地基承载力计算。

②计算构件的强度、稳定性与连接强度时,应采用荷载效应基本组合的设计值。永久荷载分项系数应取 1.2,可变荷载分项系数应取 1.4。

③脚手架中的受弯构件,尚应根据正常使用极限状态的要求验算变形。验算构件变形时,应采用荷载效应的标准组合的设计值,各类荷载分项系数均应取 1.0。

④当纵向或横向水平杆的轴线对立杆轴线的偏心距不大于55 mm时,立杆稳定性计算中可不考虑此偏心距的影响。

⑤当采用《建筑施工扣件式钢管脚手架安全技术规范》第6.1.1条规定的构造尺寸时,其相应杆件可不再进行设计计算。但连墙件、立杆地基承载力等仍应根据实际荷载进行设计计算。

⑥钢材的强度设计值与弹性模量应按表4.11采用。

表4.11　钢材的强度设计值与弹性模量　　　　　　　　　　　　　　（N/mm²）

Q235 钢抗拉、抗压和抗弯强度设计值 f	205
弹性模量	2.06×10^5

⑦扣件、底座、可调托撑的承载力设计值应按表4.12采用。

表4.12　扣件、底座、可调托撑的承载力设计值　　　　　　　　　　　（kN）

项目	对接扣件(抗滑)	直角扣件、旋转扣件(抗滑)	底座(抗压)、可调托撑(抗压)
承载力设计值	3.20	8.00	40.00

⑧受弯构件的挠度不应超过表4.13中规定的容许值。

表4.13　受弯构件的容许挠度[υ]

构件类别	脚手板、脚手架纵向、横向水平杆	脚手架悬挑受弯杆件	型钢悬挑脚手架悬挑钢梁
容许挠度	$l/150$ 与 10 mm	$l/400$	$l/250$

注:l为受弯构件的跨度,对悬挑杆件为其悬伸长度的2倍。

⑨受压、受拉构件的长细比不应超过表4.14中规定的容许值。

表4.14　受压、受拉构件的容许长细比[λ]

构件类别	立杆			横向斜撑、剪刀撑中的压杆	拉杆
	双排架、满堂支撑架	单排架	满堂脚手架		
容许长细比	210	230	250	250	350

2. 单、双排脚手架计算

①纵向、横向水平杆的抗弯强度应按下式计算:

$$\sigma = \frac{M}{W} \leqslant f \tag{4.2}$$

式中　σ——弯曲正应力;

　　　M——弯矩设计值(N·mm),应按《建筑施工扣件式钢管脚手架安全技术规范》第5.2.2条的规定计算;

　　　W——截面模量(mm³),应按《建筑施工扣件式钢管脚手架安全技术规范》附录B表B.0.1采用;

　　　f——钢材的抗弯强度设计值(N/mm²),应按《建筑施工扣件式钢管脚手架安全技术规范》表5.1.6采用。

②纵向、横向水平杆弯矩设计值应按下式计算:

$$M = 1.2 M_{G_k} + 1.4 \sum M_{Q_k} \tag{4.3}$$

式中　M_{G_k}——脚手板自重产生的弯矩标准值(kN·m);

　　　M_{Q_k}——施工荷载产生的弯矩标准值(kN·m)。

③纵向、横向水平杆的挠度应符合下式规定:

$$v \leqslant [v] \tag{4.4}$$

式中　v——挠度(mm);

　　　$[v]$——容许挠度,应按《建筑施工扣件式钢管脚手架安全技术规范》第5.1.8条采用。

④计算纵向、横向水平杆的内力与挠度时,纵向水平杆宜按三跨连续梁计算,计算跨度取立杆纵距 l_a;横向水平杆宜按简支梁计算,计算跨度 l_0 可按图4.5采用。

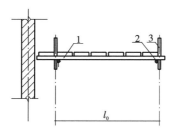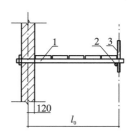

图4.5 横向水平杆计算跨度

1—横向水平杆;2—纵向水平杆;3—立杆

⑤纵向或横向水平杆与立杆连接时,其扣件的抗滑承载力应符合下式规定:

$$R \leqslant R_c \tag{4.5}$$

式中　R——纵向或横向水平杆传给立杆的竖向作用力设计值;

　　　R_c——扣件抗滑承载力设计值,应按《建筑施工扣件式钢管脚手架安全技术规范》第5.1.7条采用。

⑥立杆的稳定性应符合下列公式要求。

不组合风荷载时:

$$\frac{N}{\varphi A} \leqslant f \tag{4.6a}$$

组合风荷载时：

$$\frac{N}{\varphi A} + \frac{M_W}{W} \leq f \qquad (4.6b)$$

式中　N——计算立杆段的轴向力设计值（N），应按式（4.7a）和式（4.7b）计算；

A——立杆的截面面积（mm^2）；

W——立杆的截面模量（mm^3）；

M_W——计算立杆段由风荷载设计值产生的弯矩（N·mm），可按式（4.9）计算；

f——钢材的抗压强度设计值（N/mm^2），应按《建筑施工扣件式钢管脚手架安全技术规范》表5.1.6采用；

φ——轴心受压构件的稳定系数，应根据长细比 λ 由《建筑施工扣件式钢管脚手架安全技术规范》附录 A 表 A.0.6 取用。

$$\lambda = \frac{l_0}{i}$$

式中　l_0——计算长度（mm），应按《建筑施工扣件式钢管脚手架安全技术规范》第5.2.8条的规定计算；

i——截面回转半径（mm），可按《建筑施工扣件式钢管脚手架安全技术规范》附录 B 表 B.0.1 采用。

⑦计算立杆段的轴向力设计值 N 应按下列公式计算。

不组合风荷载时：

$$N = 1.2(N_{G1_k} + N_{G2_k}) + 1.4 \sum N_{Q_k} \qquad (4.7a)$$

组合风荷载时：

$$N = 1.2(N_{G1_k} + N_{G2_k}) + 0.9 \times 1.4 \sum N_{Q_k} \qquad (4.7b)$$

式中　N_{G1k}——脚手架结构自重产生的轴向力标准值；

N_{G2k}——构配件自重产生的轴向力标准值；

$\sum N_{Q_k}$——施工荷载产生的轴向力标准值总和，内、外立杆各按一纵距内施工荷载总和的1/2取值。

⑧立杆计算长度 l_0 应按下式计算：

$$l_0 = k\mu h \qquad (4.8)$$

式中　k——立杆计算长度附加系数，其值取1.155，当验算立杆容许长细比时，取 $k = 1$；

μ——考虑单、双排脚手架整体稳定因素的单杆计算长度系数，应按表4.15采用；

h——步距。

表4.15 单、双排脚手架立杆的计算长度系数

类别	立杆横距（m）	连墙件布置	
		二步三跨	三步三跨
双排架	1.05	1.50	1.70
	1.30	1.55	1.75
	1.55	1.60	1.80
单排架	≤1.50	1.80	2.00

⑨由风荷载产生的立杆段弯矩设计值 M_W，可按下式计算：

$$M_W = 0.9 \times 1.4 M_{W_k} = \frac{0.9 \times 1.4 W_k l_a h^2}{10} \tag{4.9}$$

式中 M_{W_k}——风荷载产生的弯矩标准值（kN·m）；

$\quad\quad W_k$——风荷载标准值（kN/m²），应按《建筑施工扣件式钢管脚手架安全技术规范》式（4.2.5）计算。

$\quad\quad l_a$——立杆纵距（m）。

⑩单、双排脚手架立杆稳定性计算部位的确定应符合下列规定。

a. 当脚手架采用相同的步距、立杆纵距、立杆横距和连墙件间距时，应计算底层立杆段。

b. 当脚手架的步距、立杆纵距、立杆横距和连墙件间距有变化时，除计算底层立杆段外，还必须对出现最大步距或最大立杆纵距、立杆横距、连墙件间距等部位的立杆段进行验算。

⑪单、双排脚手架允许搭设高度[H]应按下列公式计算，并应取较小值。

不组合风荷载时：

$$[H] = \frac{\varphi A f - (1.2 N_{G2_k} + 1.4 \sum N_{Q_k})}{1.2 g_k} \tag{4.10a}$$

组合风荷载时：

$$[H] = \frac{\varphi A f - \left[1.2 N_{G2_k} + 0.9 \times 1.4 \left(\sum N_{Q_k} + \frac{M_{W_k}}{W} \varphi A \right) \right]}{1.2 g_k} \tag{4.10b}$$

式中 [H]——脚手架允许搭设高度（m）；

$\quad\quad g_k$——立杆承受的每米结构自重标准值（kN/m），可按《建筑施工扣件式钢管脚手架安全技术规范》附录A表A.0.1采用。

⑫连墙件杆件的强度及稳定应满足下列公式的要求。

强度：

$$\sigma = \frac{N_l}{A_c} \leqslant 0.85 f \tag{4.11a}$$

稳定：

$$\frac{N_1}{\varphi A} \leq 0.85f \tag{4.11b}$$

$$N_1 = N_{1W} + N_0 \tag{4.11c}$$

式中　σ——连墙件应力值(N/mm^2);

A_c——连墙件的净截面面积(mm^2);

A——连墙件的毛截面面积(mm^2);

N_1——连墙件轴向力设计值(N);

N_{1W}——风荷载产生的连墙件轴向力设计值,应按《建筑施工扣件式钢管脚手架安全技术规范》第5.2.13条的规定计算;

N_0——连墙件约束脚手架平面外变形所产生的轴向力,单排架取2 kN,双排架取3 kN;

φ——连墙件的稳定系数,应根据连墙件长细比按《建筑施工扣件式钢管脚手架安全技术规范》附录A表A.0.6取值;

f——连墙件钢材的强度设计值(N/mm^2),应按《建筑施工扣件式钢管脚手架安全技术规范》表5.1.6采用。

⑬由风荷载产生的连墙件的轴向力设计值,应按下式计算:

$$N_{1W} = 1.4 \cdot W_k \cdot A_W \tag{4.12}$$

式中　A_W——单个连墙件所覆盖的脚手架外侧面的迎风面积。

⑭连墙件与脚手架、连墙件与建筑结构连接的连接强度应按下式计算:

$$N_1 \leq N_V \tag{4.13}$$

式中　N_V——连墙件与脚手架、连墙件与建筑结构连接的抗拉(压)承载力设计值,应根据相应规范规定计算。

⑮当采用钢管扣件做连墙件时,扣件抗滑承载力的验算,应满足下式要求:

$$N_1 \leq R_c \tag{4.14}$$

式中　R_c——扣件抗滑承载力设计值,一个直角扣件应取8.0 kN。

3. 满堂脚手架计算

①立杆的稳定性应按式(4.6a)、式(4.6b)计算。由风荷载产生的立杆段弯矩设计值 M_W 可按式(4.9)计算。

②计算立杆段的轴向力设计值 N,应按式(4.7a)、式(4.7b)计算。施工荷载产生的轴向力标准值总和 $\sum N_{Q_k}$,可按所选取计算部位立杆负荷面积计算。

③立杆稳定性计算部位的确定应符合下列规定:

a. 当满堂脚手架采用相同的步距、立杆纵距、立杆横距时,应计算底层立杆段;

b. 当架体的步距、立杆纵距、立杆横距有变化时,除计算底层立杆段外,还必须对出现最大步距、最大立杆纵距、立杆横距等部位的立杆段进行验算;

c. 当架体上有集中荷载作用时,尚应计算集中荷载作用范围内受力最大的立杆段。

④满堂脚手架立杆的计算长度应按下式计算:

$$l_0 = k\mu h \tag{4.15}$$

式中 k——满堂脚手架立杆计算长度附加系数,应按表4.16采用;

　　h——步距;

　　μ——考虑满堂脚手架整体稳定因素的单杆计算长度系数,应按《建筑施工扣件式钢管脚手架安全技术规范》附录C表C.1采用。

表4.16　满堂脚手架计算长度附加系数

高度 $H(\mathrm{m})$	$H \leqslant 20$	$20 < H \leqslant 30$	$30 < H \leqslant 36$
k	1.155	1.191	1.204

⑤满堂脚手架纵、横水平杆计算应符合《建筑施工扣件式钢管脚手架安全技术规范》第5.2.1条至第5.2.5条的规定。

⑥当满堂脚手架立杆间距不大于1.5 m×1.5 m,架体四周及中间与建筑物结构进行刚性连接,并且刚性连接点的水平间距不大于4.5 m,竖向间距不大于3.6 m时,可按《建筑施工扣件式钢管脚手架安全技术规范》第5.2.6条至第5.2.10条双排脚手架的规定进行计算。

4. 满堂支撑架计算

①满堂支撑架顶部施工层荷载应通过可调托撑传递给立杆。

②满堂支撑架根据剪刀撑的设置不同分为普通型构造与加强型构造,其构造设置应符合《建筑施工扣件式钢管脚手架安全技术规范》第6.9.3条的规定,两种类型满堂支撑架立杆的计算长度应符合《建筑施工扣件式钢管脚手架安全技术规范》第5.4.6条的规定。

③立杆的稳定性应按式(4.6a)、式(4.6b)计算。由风荷载设计值产生的立杆段弯矩 M_W 可按式(4.9)计算。

④立杆段的轴向力设计值 N 应按下式计算。

不组合风荷载时:

$$N = 1.2 \sum N_{G_\mathrm{k}} + 1.4 \sum N_{Q_\mathrm{k}} \tag{4.16a}$$

组合风荷载时:

$$N = 1.2 \sum N_{G_\mathrm{k}} + 0.9 \times 1.4 \sum N_{Q_\mathrm{k}} \tag{4.16b}$$

式中 　$\sum N_{G_\mathrm{k}}$——永久荷载对立杆产生的轴向力标准值总和(kN);

　　　$\sum N_{Q_\mathrm{k}}$——可变荷载对立杆产生的轴向力标准值总和(kN)。

⑤立杆稳定性计算部位的确定应符合下列规定:

a. 当满堂支撑架采用相同的步距、立杆纵距、立杆横距时,应计算底层与顶层立杆段;

b. 符合《建筑施工扣件式钢管脚手架安全技术规范》第5.3.3条第二款、第三款的规定。

⑥满堂支撑架立杆的计算长度应按下列公式计算,取整体稳定计算结果最不利值。

顶部立杆段:

$$l_0 = k\mu_1(h + 2a) \tag{4.17a}$$

非顶部立杆段:

$$l_0 = k\mu_2 h \qquad (4.17\text{b})$$

式中　k——满堂支撑架计算长度附加系数,应按表4.17采用;

　　　h——步距;

　　　a——立杆伸出顶层水平杆中心线至支撑点的长度,应不大于0.5 m,当0.2 m < a < 0.5 m时,承载力可按线性插值法取值;

　　　μ_1、μ_2——考虑满堂支撑架整体稳定因素的单杆计算长度系数,普通型构造应按《建筑施工扣件式钢管脚手架安全技术规范》附录C表C.2、表C.4采用,加强型构造按附录C表C.3、表C.5采用。

表4.17　满堂支撑架计算长度附加系数值

高度 H(m)	$H \leqslant 8$	$8 < H \leqslant 10$	$10 < H \leqslant 20$	$20 < H \leqslant 30$
k	1.155	1.185	1.217	1.291

注:当验算立杆允许长细比时,取$k=1$。

⑦当满堂支撑架小于4跨时,宜设置连墙件将架体与建筑结构刚性连接。当架体未设置连墙件与建筑结构刚性连接,立杆计算长度系数μ按规范中的附录C表C.2至表C.5采用时,应符合下列规定:

a. 支撑架高度不应超过一个建筑楼层高度,且不应超过5.2 m;

b. 架体上永久荷载与可变荷载(不含风荷载)总和标准值不应大于7.5 kN/m²;

c. 架体上永久荷载与可变荷载(不含风荷载)总和的均布线荷载标准值不应大于7 kN/m。

5. 脚手架地基承载力计算

①立杆基础底面的平均压力应满足下式的要求:

$$P_k = \frac{N_k}{A} \leqslant f_g \qquad (4.18)$$

式中　P_k——立杆基础底面处的平均压力标准值(kPa);

　　　N_k——上部结构传至立杆基础顶面的轴向力标准值(kN);

　　　A——基础底面面积(m²);

　　　f_g——地基承载力特征值(kPa),应按下一条的规定采用。

②地基承载力特征值的取值应符合下列规定。

a. 当为天然地基时,应按地质勘察报告选用;当为回填土地基时,应对地质勘察报告提供的回填土地基承载力特征值乘以折减系数0.4。

b. 由荷载试验或工程经验确定。

③对搭设在楼面等建筑结构上的脚手架,应对支撑架体的建筑结构进行承载力验算,当不能满足承载力要求时应采取可靠的加固措施。

6.型钢悬挑脚手架计算

①当采用型钢悬挑梁作为脚手架的支承结构时,应进行下列设计计算:

a.型钢悬挑梁的抗弯强度、整体稳定性和挠度;

b.型钢悬挑梁锚固件及其锚固连接的强度;

c.型钢悬挑梁下建筑结构的承载能力验算。

②悬挑脚手架作用于型钢悬挑梁上立杆的轴向力设计值,应根据悬挑脚手架分段搭设高度按式(4.7a)、式(4.7b)分别计算,并应取其较大值。

③型钢悬挑梁的抗弯强度应按下式计算:

$$\sigma = \frac{M_{\max}}{W_{\mathrm{n}}} \leqslant f \tag{4.19}$$

式中　σ——型钢悬挑梁应力值;

　　　$M_{\max}$——型钢悬挑梁计算截面最大弯矩设计值;

　　　W_{n}——型钢悬挑梁净截面模量;

　　　f——钢材的抗弯强度设计值。

④型钢悬挑梁的整体稳定性应按下式验算:

$$\frac{M_{\max}}{\varphi_{\mathrm{b}} W} \leqslant f \tag{4.20}$$

式中　φ_{b}——型钢悬挑梁的整体稳定性系数,应按《钢结构设计规范》的规定采用;

　　　W——型钢悬挑梁毛截面模量。

⑤型钢悬挑梁的挠度(图 4.6)应符合下式规定:

$$v \leqslant [v] \tag{4.21}$$

式中　v——型钢悬挑梁挠度允许值,应按表 4.13 取值;

　　　$[v]$——型钢悬挑梁最大挠度。

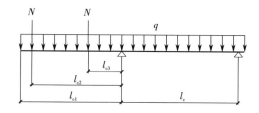

图 4.6　悬挑脚手架型钢悬挑梁计算示意图

N—悬挑脚手架立杆的轴向力设计值;

l_{c}—型钢悬挑梁锚固点中心至建筑楼层边支承点的距离;

l_{c1}—型钢悬挑梁悬挑端面至建筑结构楼层板边支承点的距离;

l_{c2}—脚手架外立杆至建筑结构楼层板边支承点的距离;

l_{c3}—脚手杆内杆至建筑结构楼层边支承点的距离;

q—型钢梁自重线荷载标准值

⑥将型钢悬挑梁锚固在主体结构上的 U 形钢筋拉环或螺栓的强度应按下式计算:

$$\sigma = \frac{N_{\mathrm{m}}}{A_1} \leqslant f_1 \tag{4.22}$$

式中　σ——U 形钢筋拉环或螺栓应力值;

　　　N_{m}——型钢悬挑梁锚固段压点 U 形钢筋拉环或螺栓拉力设计值(N);

　　　A_1——U 形钢筋拉环净截面面积或螺栓的有效截面面积(mm^2),一个钢筋拉环或一对螺栓按两个截面计算;

　　　f_1——U 形钢筋拉环或螺栓的抗拉强度设计值,应按《混凝土结构设计规范》的规定取 f_1 = 50 N/mm^2。

⑦当型钢悬挑梁锚固段压点处采用 2 个(对)及以上 U 形钢筋拉环或螺栓锚固连接时,其钢筋拉环或螺栓的承载能力应乘以折减系数 0.85。

⑧当型钢悬挑梁与建筑结构锚固的压点处楼板未设置上层受力钢筋时,应经计算在楼板内配置用于承受型钢梁锚固作用引起负弯矩的受力钢筋。

⑨对型钢悬挑梁下建筑结构的混凝土梁(板)应按《混凝土结构设计规范》的规定进行混凝土局部抗压承载力、结构承载力验算,当不满足要求时,应采取可靠的加固措施。

⑩悬挑脚手架的纵向水平杆、横向水平杆、立杆、边墙件计算应符合《建筑施工扣件式钢管脚手架安全技术规范》第 5.2 节的规定。

4.1.7　落地式扣件钢管脚手架计算步骤

1. 小横杆的计算

根据规范规定,小横杆按照简支梁进行强度和挠度计算。由于小横杆和大横杆有两种关系,因此其计算方式也有所不同。

若大横杆在小横杆的上面,用大横杆支座的最大反力计算值作为小横杆的集中荷载,在最不利荷载布置下计算小横杆的最大弯矩和变形。若小横杆在大横杆的上面,用小横杆上面的脚手板和活荷载作为均布荷载计算小横杆的最大弯矩和变形。本书仅讲述小横杆在大横杆上面的计算,其计算简图如图 4.7 所示。

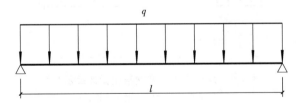

图 4.7　小横杆计算简图

(1)小横杆弯曲强度计算

小横杆按实际堆放位置的标准计算其最大弯矩,其弯曲强度为

$$\sigma = \frac{M_x}{W_{\mathrm{n}}} \leqslant f \tag{4.23}$$

式中　σ——小横杆的弯曲应力($\mathrm{N/mm}^2$);

M_x——小横杆计算的最大弯矩（N·mm），$M_x = ql^2/8$；

W_n——小横杆的净截面抵抗矩（mm⁴）；

f——钢管的抗弯、抗压强度设计值，$f = 205$ N/mm²。

（2）小横杆挠度验算

小横杆挠度验算，将荷载换算成等效均布荷载，按下式进行验算：

$$\omega = \frac{5ql^2}{384EI} \leqslant [\omega] \tag{4.24}$$

式中　ω——小横杆的挠度；

　　　q——脚手板作用在小横杆上的等效均布荷载；

　　　l——小横杆的跨度；

　　　E——钢材的弹性模量；

　　　I——小横杆的截面惯性矩；

　　　$[\omega]$——受弯杆件的容许挠度，取 1/150。

2. 大横杆的计算

（1）弯曲强度计算

大横杆按三跨连续梁计算，其计算简图如图4.8所示。用小横杆支座最大反力计算值，在最不利荷载布置计算其最大弯矩值，其弯曲强度按式（4.23）验算。

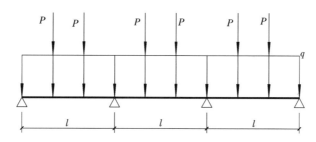

图 4.8　大横杆计算简图

当脚手架外侧有遮盖物或有六级以上大风时，须按双向弯曲求取最大组合弯矩，再进行验算。

（2）挠度计算

用标准值的最大反力值进行最不利荷载布置求其最大弯矩值，然后换算成等效均布值，再按下式进行挠度验算：

$$\omega = \frac{0.99q'l^4}{100EI} \leqslant [\omega] \tag{4.25}$$

式中　q'——脚手板作用在大横杆上的等效均布荷载。

3. 立杆的计算

作用于脚手架的荷载包括静荷载、活荷载和风荷载。静荷载标准值包括以下内容：每米立杆承受的结构自重标准值（kN）；脚手板的自重标准值（kN/m²）；栏杆与挡脚手板自重标准值

（kN/m）；吊挂的安全设施荷载，包括安全网（kN/m²）等。活荷载为施工荷载标准值产生的轴向力总和，内、外立杆按一个纵距内施工荷载总和的 1/2 取值。

（1）立杆的稳定性计算

脚手架立杆的整体稳定性按图 4.9 所示轴心受力格构件压杆计算，其格构件压杆由内、外排立杆及横向水平杆组成。

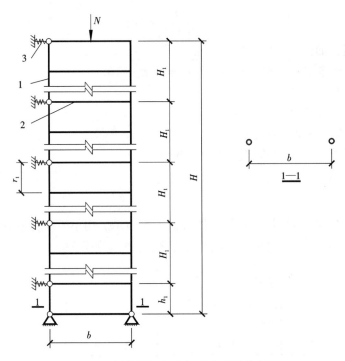

图 4.9　钢管脚手架立杆稳定性计算简图

1—立杆；2—小横杆；3—弹性支撑；H—搭设高度；

H_1—连墙点竖向间距；b—立杆横距；

h_1—脚手架底步或门洞处的步距

①不考虑风荷载时，立杆稳定性按下式验算：

$$\frac{N}{\varphi A} \leq K_A K_H f \tag{4.26}$$

$$N = 1.2(n_1 N_{G_{k1}} + N_{G_{k2}}) = 1.4 N_{Q_k} \tag{4.27}$$

式中　N——格构式压杆的轴心压力；

$N_{G_{k1}}$——脚手架自重产生的轴力，高为一步距，宽为一纵距的脚手架，自重可查表 4.18；

$N_{G_{k2}}$——脚手架附件及物品重产生的轴力，一个纵距脚手架的附件及物品重可查表 4.19；

N_{Q_k}——一个纵距内脚手架施工荷载标准值产生的轴力，可查表 4.20；

n_1——脚手架的步距数；

φ——格构式压杆整体稳定系数，按换算长细比 $\lambda_{cx} = \mu \lambda_x$ 由表 4.21 查取，λ_x 为格构式

压杆长细比,由表 4.22 查取,μ 为换算长细比系数,由表 4.23 查取;

A——脚手架内、外排立杆的毛截面面积之和(mm^2);

K_A——与立杆截面有关的调整系数,当内、外排立杆均采用两根钢管组合时,取 $K_A = 0.7$,内、外排均为单根时,取 $K_A = 0.85$;

K_H——与脚手架高度有关的调整系数,当 $H \leqslant 25$ m 时,取 $K_H = 0.8$,当 $H > 25$ m 时,$K_H = 1/(1 + H/100)$,H 为脚手架高度;

f——钢管的抗弯、抗压强度设计值(N/mm^2)。

②考虑风荷载时,立杆稳定性按下式验算:

$$\sigma = \frac{N}{\varphi A} + \frac{M}{b_1 A_1} \leqslant K_A K_H f \qquad (4.28)$$

式中 M——风荷载作用对格构式压杆产生的弯矩,可按 $M = q_1 H^2/8$ 计算,q_1 为风荷载作用于格构式压杆的线荷载(N/m);

b_1——截面系数,取 $1.0 \sim 1.15$;

A_1——内排或外排的单排立杆危险截面的毛截面面积(mm^2);

其他符号意义同前。

表 4.18 一步一纵距的钢管、扣件重量 $N_{G_{k1}}$ (kN)

立杆纵距 L (m)	步距 $h(m)$				
	1.2	1.35	1.5	1.8	2.0
1.2	0.351	0.366	0.380	0.411	0.431
1.5	0.380	0.396	0.411	0.442	0.463
1.8	0.409 8	0.425	0.441	0.474	0.496
2.0	0.429	0.445	0.462	0.495	0.517

表 4.19 脚手架一个立杆纵距的附件及物品重 $N_{G_{k2}}$ (kN)

立杆横距 b (m)	立杆纵距 L (m)	脚手架上脚手板铺设层数		
		二层	四层	六层
1.05	1.2	1.372	2.360	3.348
	1.5	1.715	2.950	4.185
	1.8	2.058	3.540	5.022
	2.0	2.286	3.933	5.580

立杆横距 b (m)	立杆纵距 L (m)	脚手架上脚手板铺设层数		
		二层	四层	六层
1.30	1.2	1.549	2.713	3.877
	1.5	1.936	3.391	4.847
	1.8	2.324	4.069	5.816
	2.0	2.581	4.521	6.492
1.55	1.2	1.725	3.066	4.406
	1.5	2.156	3.832	5.508
	1.8	2.587	4.598	6.609
	2.0	2.875	5.109	7.344

注:本表根据脚手板 0.3 kN/m², 操作层的挡脚手板 0.036 N/m, 安全网 0.049 kN/m(沿脚手架纵向)计算, 当实际与此不符时, 应根据实际荷载计算。

表 4.20　一个立杆纵距的施工荷载标准值产生的轴力 N_{Q_k}　　　　　(kN)

立杆横距 b(m)	立杆纵距 L (m)	均布施工荷载(kN/m²)				
		1.5	2.0	3.0	4.0	5.0
1.05	1.2	2.52	3.36	5.04	6.72	8.40
	1.5	3.15	4.20	6.30	8.40	10.50
	1.8	3.78	5.04	7.56	10.08	12.60
	2.0	4.20	5.60	8.40	11.20	14.00
1.30	1.2	2.97	3.96	5.94	7.92	9.90
	1.5	3.71	4.95	7.43	9.90	12.38
	1.8	4.46	5.94	8.91	11.80	14.85
	2.0	4.95	6.60	9.90	13.20	16.50
1.55	1.2	3.12	4.56	6.84	9.12	11.40
	1.5	4.28	5.70	8.55	11.40	14.25
	1.8	5.13	6.84	10.26	13.68	17.10
	2.0	5.70	7.60	11.40	15.20	19.00

表 4.21　格构式压杆整体稳定系数 φ (Q235 钢)

λ	0	1	2	3	4	5	6	7	8	9
0	1.000	0.997	0.995	0.992	0.989	0.987	0.984	0.981	0.979	0.976
10	0.974	0.971	0.968	0.966	0.963	0.960	0.958	0.955	0.952	0.949
20	0.947	0.944	0.941	0.938	0.936	0.933	0.930	0.927	0.924	0.921
30	0.918	0.915	0.912	0.909	0.906	0.903	0.899	0.896	0.893	0.889
40	0.886	0.882	0.879	0.875	0.872	0.868	0.864	0.861	0.858	0.855
50	0.852	0.849	0.846	0.843	0.839	0.836	0.832	0.829	0.852	0.822
60	0.818	0.914	0.810	0.806	0.802	0.797	0.793	0.789	0.784	0.779
70	0.775	0.770	0.765	0.760	0.755	0.750	0.744	0.739	0.733	0.728
80	0.722	0.716	0.710	0.704	0.698	0.692	0.686	0.680	0.673	0.677
90	0.661	0.654	0.648	0.641	0.634	0.625	0.618	0.611	0.603	0.595
100	0.588	0.580	0.573	0.566	0.558	0.551	0.544	0.537	0.530	0.523
110	0.516	0.509	0.502	0.496	0.489	0.483	0.476	0.470	0.446	0.458
120	0.452	0.446	0.440	0.434	0.428	0.423	0.417	0.421	0.406	0.401
130	0.390	0.391	0.386	0.381	0.376	0.371	0.367	0.362	0.357	0.353
140	0.349	0.344	0.340	0.336	0.332	0.328	0.324	0.320	0.316	0.321
150	0.308	0.306	0.301	0.298	0.294	0.291	0.287	0.284	0.281	0.277
160	0.174	0.271	0.268	0.265	0.262	0.259	0.256	0.253	0.251	0.248
170	0.245	0.243	0.240	0.237	0.235	0.232	0.230	0.227	0.225	0.223
180	0.220	0.218	0.216	0.214	0.211	0.209	0.207	0.205	0.203	0.201
190	0.199	0.191	0.195	0.193	0.191	0.189	0.188	0.186	0.184	0.182
200	0.180	0.179	0.177	0.175	0.174	0.172	0.171	0.169	0.167	0.166
210	0.164	0.163	0.161	0.160	0.159	0.157	0.156	0.154	0.153	0.152
220	0.150	0.149	0.148	0.146	0.145	0.144	0.143	0.141	0.141	0.139
230	0.138	0.137	0.136	0.135	0.133	0.132	0.131	0.130	0.129	0.128
240	0.127	0.126	0.125	0.124	0.123	0.122	0.121	0.120	0.119	0.118
250	0.117	—	—	—	—	—	—	—	—	—

表 4.22　格构式压杆的长细比 λ_x

脚手架的立杆横距(m)	楼层高度								
	2.70	3.00	3.60	4.00	4.05	4.50	4.80	5.40	6.00
1.05	5.14	5.71	6.85	7.62	7.71	8.57	9.014	10.28	11.43
1.30	4.15	4.62	5.54	6.15	6.23	6.92	7.38	8.31	9.23
1.55	3.50	3.87	4.65	5.16	5.23	5.81	6.19	6.97	7.70

注:①表中数据根据 $\lambda_x = \dfrac{2H_1}{b}$ 计算, H_1 为脚手架连墙点的竖向间距, b 为立杆横距。

②当脚手架底步以上的步距 h 及 H_1 不同时,应以底步以上较大的 H_1 作为查表根据。

表 4.23　换算长细比系数 μ

脚手架的立杆横距 (m)	脚手架与主体结构连墙点的竖向间距 H_1(步距数)		
	2h	3h	4h
1.05	25	20	16
1.30	32	24	19
1.55	40	30	24

注:表中数据是根据脚手架连墙点纵向间距为 3 倍立杆纵距计算得到的,若为 4 倍时应乘以 1.03 的增大系数。

（2）双排脚手架单杆稳定性验算

$$\frac{N_1}{\varphi_1 A} + \sigma_m \leqslant K_A K_H f \tag{4.29}$$

式中　N_1——不考虑风荷载时由 N 计算的内排或外排计算截面的轴心压力(kN);

　　　φ_1——按 $\lambda_1 = h_1/i_1$ 查表 4.21 得到的稳定系数, h_1 为脚手架底步或门洞处的步距(m),

　　　　　　i_1 为内排或外排立杆的回转半径(mm);

　　　A——内排或外排立杆的毛截面面积(mm²);

　　　σ_m——操作处水平杆对立杆偏心传力产生的附加应力,当施工荷载 $Q_k = 20$ kN/m² 时,

　　　　　　取 $\sigma = 35$ N/mm², 当 $Q_k = 30$ kN/m² 时,取 $\sigma_m = 55$ N/mm², 非施工层的 $\sigma_m = 0$;

其他符号意义同前。

技术提示:当底部步距较大,而 H 及上部步距较小时,此项计算起控制作用。

4.脚手架与结构的连接计算

（1）连接件抗拉、抗压强度计算

①抗拉强度计算:

$$\sigma = \frac{N_t}{A_n} \le 0.85f \tag{4.30}$$

②抗压强度计算:

$$\sigma = \frac{N_c}{A_n} \le 0.85f \tag{4.31}$$

式中 σ——连接件的抗拉或抗压强度;

$N_t(N_c)$——风荷载作用对连墙点处产生的拉力(压力),由 $N_t(N_c) = 1.4H_1L_1W$ 计算,

H_1、L_1 分别为连墙点的竖向及水平间距(m),W 为风荷载标准值(kPa);

A_n——连接件的净截面面积(mm^2);

f——钢管的抗拉、抗压强度设计值(N/mm^2)。

(2)连接件与脚手架主体结构的连接强度计算

$$N_t(N_c) \le [N_V^C] \tag{4.32}$$

式中 $[N_V^C]$——连接件的抗压或抗拉设计承载力,采用扣件时,$[N_V^C] = 6 \text{ kN/只}$。

5. 脚手架最大搭设高度的计算

双排扣件式钢管脚手架一般搭设高度不宜超过 50 m,当超过 50 m 时,应采取分段搭设或分段卸荷的措施。

地面或挑梁上的每段脚手架最大搭设高度的计算:

$$H_{max} \le \frac{H}{1 + H/100} \tag{4.33}$$

$$H = \frac{K_A \varphi_{Af} - 1.3(N_{G_{k2}} + 1.4N_{Q_k})}{1.2N_{G_{k1}}}h \tag{4.34}$$

式中 H_{max}——脚手架最大搭设高度(m);

φ_{Af}——格构式压杆的稳定系数,可由表 4.24 查取;

h——脚手架的步距(m);

其他符号意义同前。

表 4.24 格构式压杆的稳定系数 φ_{Af}

立杆横距 b (m)	H_1	步距 h(m)				
		1.20	1.35	1.50	1.80	2.00
1.05	$2h$	97.56	80.876	67.521	48.491	39.731
	$3h$	72.979	58.808	48.491	34.362	27.971
	$4h$	64.769	52.217	42.988	30.321	24.714
1.30	$2h$	92.899	76.511	63.641	45.447	37.345
	$3h$	76.511	62.159	51.264	36.357	29.783
	$4h$	69.705	56.465	46.388	32.808	26.743

立杆横距 b （m）	H_1	步距 h（m）				
		1.20	1.35	1.50	1.80	2.00
1.55	2h	86.018	70.532	58.475	41.605	34.124
	3h	70.532	57.110	47.028	33.289	27.232
	4h	62.876	50.664	41.605	29.302	23.925

注：表中钢管采用 $\phi 48 \times 3.5$ mm，$f = 205$ N/mm^2。

【例 4.1】某高层建筑施工，需搭设 50.40 m 高的双排钢管外脚手架，已知立杆横距 $b =$ 1.05 m，立杆纵距 $L = 1.50$ m，内立杆距外墙 $b_1 = 0.35$ m，脚手架步距 $h = 1.80$ m，铺设钢脚手板 6 层，同时进行施工的层数为 2 层，脚手架与主体结构连接布置，其竖向间距 $H_1 = 2h = 3.60$ m，水平距离 $L_1 = 3L = 4.50$ m，钢管规格为 $\phi 48 \times 3.5$ mm，施工荷载为 4.0 kN/mm^2，试计算采用单根钢管立杆的允许搭设高度。

解：根据已知条件分别查表 4.18、表 4.19、表 4.20、表 4.24 得 $N_{Gk1} = 0.442$ kN，$N_{Gk2} = 4.185$ kN，$N_{Qk} = 8.40$ kN，$\varphi_{Af} = 48.491$，且 $K_A = 0.85$。

因为立杆采用单根钢管，所以由式（4.34）得

$$H = \frac{K_A \varphi_{Af} - 1.3(N_{Gk2} + 1.4 N_{Qk})}{1.2 N_{Gk1}}$$

$$= \frac{0.85 \times 48.491 - 1.3 \times (4.185 + 1.4 \times 8.40)}{1.2 \times 0.442} \times 1.80$$

$$= 69.53（\text{m}）$$

由式（4.33）得最大允许搭设高度：

$$H_{max} \leq \frac{H}{1 + H/100} = \frac{69.53}{1 + 69.53/100} = 41.01 \text{ m} < 50.40 \text{ m}$$

由计算可知，此脚手架只允许搭设 41.01 m 高。

【例 4.2】已知条件同上例，根据验算单根钢管作为立杆只允许搭设 41.01 m 高，现采用措施由顶往下算 41.01 ~ 50.40 m 用双钢管作为立杆，试验算脚手架结构的稳定性。

解：脚手架上部 41.01 m 单管立杆，其折合步数 $n_1 = 41.01/1.8 = 22$ 步，实际高度为 $22 \times 1.8 = 39.6$ m，下部双管立杆的高度为 10.8 m，折合步数 $n_1' = 10.8/1.8 = 6$ 步。

（1）验算脚手架的整体稳定性

①求 N 值。因底部压杆轴力最大，故验算双钢管部分，每一步一个纵距脚手架的自重为

$$N_{Gk1}' = N_{Gk1} + 2 \times 1.8 \times 0.037\ 6 + 0.014 \times 4$$

$$= 0.442 + 0.135 + 0.056$$

$$= 0.633 \text{ kN}$$

$$N = 1.2 \times (n_1 N_{Gk1} + n_1' N_{Gk1}' + N_{Gk2}) + 1.4 N_{Qk}$$

$$= 1.2 \times (22 \times 0.442 + 6 \times 0.633 + 4.185) + 1.4 \times 8.4$$

$$= 33 \text{ kN}$$

其中，$N'_{G_{k1}}$ 是指双管脚手架一步一纵距的钢管、扣件重量。

②计算 φ 值。因 $b = 1.05 \text{ m}$，$H_1 = 2h = 3.6 \text{ m}$，查表 5.23 得 $\mu = 25$，其中

$$\lambda_x = \frac{H_1}{b/2} = \frac{3.6}{1.05/2} = 6.86$$

$$\lambda_{cx} = \mu \lambda_x = 25 \times 6.86 = 171.5$$

由 $\lambda_{cx} = 171.5$，用线性插值法求得 $\varphi = 0.239$。

③验算整体稳定性。因为立杆为双钢管，$K_A = 0.7$，现计算高度调整系数 K_H：

$$K_H = \frac{1}{1 + H/100} = \frac{1}{1 + 50.4/100} = 0.665$$

则

$$\frac{N}{\varphi A} = \frac{33 \times 10^3}{0.239 \times 4 \times 4.893 \times 10^2} = 70.5 \text{ N/mm}^2$$

$$K_A K_H f = 0.7 \times 0.665 \times 205 = 95.4 \text{ N/mm}^2 > 70.5 \text{ N/mm}^2$$

因此，脚手架结构的稳定性是安全的。

（2）验算单根钢管立杆的局部稳定

单根钢管最不利步距位置为由顶往下数 41.01 m 处往上的一个步距，最不利荷载在 41.01 m 处，为一个操作层，其往上还有一个操作层，6 层脚手板均在 41.01 m 处往上的位置铺设，最不利立杆为内立杆，要多负担小横杆向里挑出 0.35 m 宽的脚手板及其上活荷载，故其轴向力为

$$N_1 = \frac{1}{2} \times 1.2 n_1 N_{G_{k1}} + \frac{0.5 \times 1.05 + 0.35}{1.4}(1.2 N_{G_{k2}} + 1.4 N_{Q_k})$$

$$= \frac{1}{2} \times 1.2 \times 22 \times 0.442 + \frac{0.875}{1.4}(1.2 \times 4.185 + 1.4 \times 8.4)$$

$$= 16.32 \text{ kN}$$

立杆回转半径

$$i_1 = 15.78$$

由 $\lambda_1 = h_1/i_1 = 1\,800/15.78 = 114$，利用线性插值法查表 4.21 得 $\varphi = 0.484$；已知 $Q_k = 2.0 \text{ kN/m}^2$，$K_A = 0.85$，则

$$\frac{N}{\varphi A} + \sigma_m = \frac{16\,320}{0.484 \times 489} + 35 = 103.96 \text{ N/mm}^2$$

$$K_A K_H f = 0.85 \times 0.665 \times 205 = 115.88 \text{ N/mm}^2 > 103.96 \text{ N/mm}^2$$

所以单根钢管立杆的局部稳定是安全的。

6. 扣件抗滑移承载力的计算

多立杆脚手架是由扣件相互连接而成的，力是通过扣件扣紧杆件的程度传递的，例如大横杆将其自重及荷载通过扣件传递给立杆。扣件抗滑承载力计算：

$$R \leqslant R_c \tag{4.35}$$

式中　R——扣件抗滑承载力（计算时，取结构的重要性系数 $\gamma_0 = 1.0$，荷载分项系数依前规

定）；

R_c——扣件抗滑移承载力设计值，每个直角扣件和旋转扣件取 8.5 kN。

7. 立杆底座和地基承载力验算

（1）立杆底座验算

$$N \leqslant R_b \tag{4.36}$$

（2）立杆地基承载力验算

$$\frac{N}{A_d} \leqslant K f_k \tag{4.37}$$

式中　N——上部结构传至立杆底部的轴心力设计值（kN）；

　　　R_b——底座承载力（抗压）设计值，一般取 40 kN；

　　　A_d——立杆基础的计算底面积，可按以下情况确定（m^2）；

　　　f_k——地基承载力标准值，按《建筑地基基础设计规范》的规定确定（kPa）；

　　　K——调整系数，按以下规定采用，碎石土、砂土、回填土为 0.4，黏土为 0.5，岩石、混凝土为 1.0。

（3）立杆基础的计算底面积

①仅有立杆支座（支座直接放于地面上）时，A 取支座板的底面面积。

②在支座下设厚度为 50～60 mm 的木垫板（或木脚手板），则 $A = a \times b$（a 和 b 为垫板的两个边长），且不小于 200 mm，当 A 的计算值大于 0.25 m^2 时，则取 0.25 m^2。

③在支座下采用枕木作为垫木时，A 按枕木的底面面积计算。

④当一块垫板或垫木支承 2 根以上立杆时，$A = \frac{1}{n} a \times b$（$n$ 为立杆数），且用木垫板时应符合②的取值规定。

⑤当承压面积 A 不足而需要作适当基础以扩大其承压面积时，应按式（4.38）的要求确定基础或垫层的宽度和厚度。

$$b \leqslant b_0 + 2H_0 \tan \alpha \tag{4.38}$$

式中　b——基础底面或垫层的宽度（m）；

　　　b_0——立杆支座或垫板（木）的宽度（m）；

　　　H_0——基础或垫层的厚（高）度（m）；

　　　$\tan \alpha$——基础台阶宽高比的允许值，按表 4.25 选用。

表4.25 刚性基础台阶宽高比的允许值

基础材料	质量要求	台阶宽高比的允许值		
		$p_k \leqslant 100$	$100 < p_k \leqslant 200$	$200 < p_k \leqslant 300$
混凝土基础	C15 混凝土	1:1.00	1:1.00	1:1.25
毛石混凝土基础	C15 混凝土	1:1.00	1:1.25	1:1.50
砖基础	砖不低于 MU10,砂浆不低于 M5	1:1.50	1:1.50	1:1.50
毛石基础	砂浆不低于 M5	1:1.25	1:1.50	—
灰土基础	体积比为 3:7或2:8的灰土,其最小密度: 粉土 1 550 kN/m³ 粉质黏土 1 500 kN/m³ 黏土 1 450 kN/m³	1:1.25	1:1.50	—
三合土基础	体积比 1:2:4 ~ 1:3:6(石灰:砂:骨料),每层约虚铺 220 mm,夯至 150 mm	1:1.50	1:2.00	—

注:①p_k为作用标准组合时基础底面处的平均压力值(kN/m²)。

②阶梯形毛石基础的每阶伸出宽度,不宜大于 200 mm。

③当基础由不同材料叠合组成时,应对接触部分作抗压验算。

④混凝土基础单侧扩展范围内基础底面处的平均压力值超过 300 kN/m²时,尚应进行抗剪验算,对基底反力集中于立柱附近的岩石地基,应进行局部受压承载力验算。

(4)剪力设计值计算

$$\tau \leqslant 0.7 f_c A \tag{4.39}$$

式中 τ——剪力设计值(N/mm²);

f_c——混凝土轴心抗压强度设计值(N/mm²);

A——台阶高度变化处的剪切断面(mm²)。

4.1.8 扣件式钢管落地脚手架的计算书

1.编制依据

支架的计算除根据本工程实际情况以外,尚应参照以下标准、规范:

①《建筑施工扣件式钢管脚手架安全技术规范》(JGJ 130—2011);

②《建筑地基基础设计规范》(GB 50007—2011);

③《建筑结构荷载规范》(GB 50009—2012);

④《钢结构设计规范》(GB 50017—2017);

⑤《混凝土结构设计规范》(GB 50010—2010);

⑥《建筑施工手册》第四版等。

2.工程概况

重庆某高校综合楼工程,钢筋混凝土现浇框架结构,共6层,建筑总面积5 000 m²,综合楼高度为 24 m。

3. 支架体系选择

考虑本工程施工工期、质量和安全要求,在选择方案时,应充分考虑以下内容。

①支架的结构设计,力求做到结构安全可靠,造价经济合理。

②在规定的条件下和规定的使用期限内,能够充分满足可以预期的安全性和耐久性要求。

③选用材料时,力求做到常见通用,可周转利用,便于保养维修。

④结构选型时,力求做到受力明确,构造措施合理有效,搭拆方便,便于检查验收。

4. 主要计算内容

①大横杆的强度、挠度计算。

②小横杆的强度、挠度计算。

③扣件抗滑力的计算。

④连墙件的计算。

⑤最大搭设高度的计算。

⑥立杆地基承载力的计算。

5. 参数信息

(1)脚手架参数

搭设尺寸:立杆的纵距为 1.2 m,立杆的横距为 1.05 m,立杆的步距为 1.8 m;计算的脚手架为双排脚手架,搭设高度为 25 m,立杆采用单立管,内排架与墙的距离为 0.3 m;大横杆在上,搭接在小横杆上的大横杆根数为 2 根;采用的钢管类型为 $\phi48 \times 3.5$ mm;横杆与立杆连接方式为单扣件,扣件抗滑承载力系数为 0.8;连墙件采用两步三跨,竖向间距为 3.6 m,水平间距为 3.6 m,采用扣件连接;连墙件连接方式为双扣件,如图 4.10 所示。

(2)活荷载参数

施工荷载均布参数:3 kN/m²。脚手架用途:结构脚手架。施工层数:2 层。

(3)风荷载参数

重庆地区基本风压 $\omega_0 = 0.30$ kN/m²,风荷载高度变化系数 $\mu_z = 1.0$,风荷载体型系数 $\mu_s = 1.3$,脚手架设计中考虑风荷载作用。

(4)静荷载参数

每米立杆承受的结构自重标准值:0.116 kN/m²。

脚手架自重标准值:0.35 kN/m²。

栏杆挡脚板自重标准值:0.11 kN/m²。

安全设施与安全网自重标准值:0.005 kN/m²。

脚手板铺设层数:4 层。

脚手板类别:竹串片脚手板。

栏杆挡板类别:栏杆冲压钢。

(5)地基参数

地基土类型:黏性土。

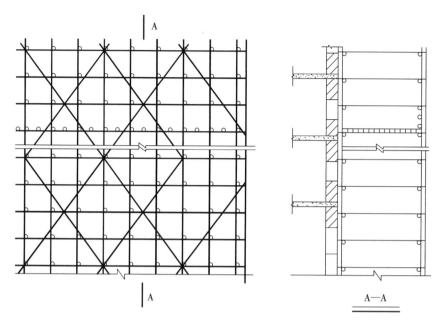

图 4.10　落地脚手架图

地基承载力特征值:300 kN/m²。

基础底面扩展面积:0.09 m²。

基础降低系数:0.5。

6.大横杆的计算

大横杆按照三跨连续梁进行强度和挠度计算,大横杆在小横杆的上面。将大横杆上面的脚手板和活荷载按照均布荷载考虑,计算大横杆的最大弯矩和变形。

(1)均布荷载计算(图 4.11、图 4.12)

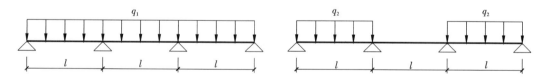

图 4.11　大横杆计算荷载组合简图(跨中最大弯矩和跨中最大挠度)

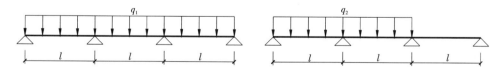

图 4.12　大横杆计算荷载组合简图(支座最大弯矩)

大横杆的自重荷载标准值:

$$P_{1k} = 0.038 \text{ kN/m}$$

脚手板的荷载标准值：

$$P_{2k} = 0.35 \times 1.05/(2+1) = 0.123 \text{ kN/m}$$

活荷载标准值：

$$Q_k = 3 \times 1.05/(2+1) = 1.05 \text{ kN/m}$$

静荷载的计算值：

$$q_1 = 1.2 \times 0.038 + 1.2 \times 0.123 = 0.193 \text{ kN/m}$$

活荷载的计算值：

$$q_2 = 1.4 \times 1.05 = 1.47 \text{ kN/m}$$

(2)强度计算

最大弯矩考虑为三跨连续梁均布荷载作用下的弯矩。

跨中最大弯矩为

$$M_{1\max} = 0.08 \times q_1 \times l^2 + 0.1 \times q_2 \times l^2$$
$$= 0.08 \times 0.193 \times 1.2^2 + 0.1 \times 1.47 \times 1.2^2 = 0.234 \text{ kN} \cdot \text{m}$$

支座最大弯矩为

$$M_{2\max} = -0.1 \times q_1 \times l^2 - 0.117 \times q_2 \times l^2$$
$$= -0.1 \times 0.193 \times 1.2^2 - 0.117 \times 1.47 \times 1.2^2 = -0.275 \text{ kN} \cdot \text{m}$$

选择 $M_{1\max}$ 和 $M_{2\max}$ 中的较大值进行强度验算：

$$\sigma = \frac{0.275 \times 10^6}{5\,080} = 54.134 \text{ N/mm}^2$$

大横杆的抗弯强度 $\sigma = 54.134 \text{ N/mm}^2 < [f] = 205 \text{ N/mm}^2$，满足要求。

(3)挠度计算

最大挠度考虑为三跨连续梁均布荷载作用下的挠度。

静荷载标准值：

$$q_{1k} = P_{1k} + P_{2k} = 0.038 + 0.123 = 0.161 \text{ kN/m}$$

活荷载标准值：

$$q_{2k} = Q_k = 1.05 \text{ kN/m}$$

最大挠度为

$$v_{\max} = 0.677 \times \frac{q_{1k} \times l^4}{100 \times E \times I} + 0.99 \times \frac{q_{2k} \times l^4}{100 \times E \times I}$$
$$= 0.677 \times \frac{0.161 \times 1\,200^4}{100 \times 2.06 \times 10^5 \times 121\,900} + 0.99 \times \frac{1.05 \times 1\,200^4}{100 \times 2.06 \times 10^5 \times 121\,900}$$
$$= 0.948 \text{ mm}$$

查表 4.13 得，脚手板、纵向受弯构件的容许挠度不大于 $l/150$ 与 10 mm。

大横杆的最大挠度小于 1 200/150 = 8 mm < 10 mm，满足挠度要求。

7. 小横杆的计算

小横杆按照简支梁进行强度和挠度计算，大横杆在小横杆的上面。用大横杆支座的最大反力计算值,在最不利荷载布置下计算小横杆的最大弯矩和变形。计算简图如图4.13所示。

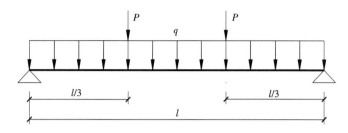

图4.13 小横杆计算简图

(1)荷载值计算

大横杆的自重荷载标准值:

$$P_{1k} = 0.038 \times 1.2 = 0.046 \text{ kN}$$

脚手板的荷载标准值:

$$P_{2k} = 0.35 \times 1.05 \times 1.2/(2+1) = 0.147 \text{ kN}$$

活荷载标准值:

$$Q_k = 3 \times 1.05 \times 1.2/(2+1) = 1.26 \text{ kN}$$

荷载的计算值:

$$P = 1.2 \times (0.046 + 0.147) + 1.4 \times 1.26 = 1.996 \text{ kN}$$

(2)强度计算

最大弯矩考虑为小横杆自重均布荷载与荷载的计算值最不利分配的弯矩和。

均布荷载最大弯矩为:

$$M_{q,\max} = ql^2/8 = 0.038 \times 1.2^2/8 = 6.84 \times 10^{-3} \text{kN} \cdot \text{m}$$

集中荷载最大弯矩为:

$$M_{P,\max} = \frac{P \times l}{3} = \frac{1.996 \times 1.05}{3} = 0.699 \text{ kN} \cdot \text{m}$$

最大弯矩:

$$M = M_{q,\max} + M_{P,\max} = 0.706 \text{ kN} \cdot \text{m}$$

$$\sigma = \frac{M}{W} = \frac{0.706 \times 10^6}{5\,080} = 138.780 \text{ N/mm}^2 < 205 \text{ N/mm}^2$$

所以,强度满足要求。

(3)挠度计算

最大挠度为小横杆自重均布荷载与荷载的计算值最不利分配的挠度和。

小横杆自重均布荷载引起的最大挠度:

$$v_{q,\max} = \frac{5 \times q \times l^4}{384 \times E \times I} = \frac{5 \times 0.038 \times 1\,050^4}{384 \times 2.06 \times 10^5 \times 121\,900} = 0.024 \text{ mm}$$

$$P = P_{1k} + P_{2k} + Q_k = 0.046 + 0.147 + 1.26 = 1.453 \text{ kN}$$

集中荷载标准值最不利分配引起的最大挠度:

$$v_{P,\max} = \frac{P \times l \times (3 \times l^2 - 4 \times l^2/9)}{72 \times E \times I}$$

$$= \frac{1\,453 \times 1\,050 \times (3 \times 1\,050^2 - 4 \times 1\,050^2/9)}{72 \times 2.06 \times 10^5 \times 121\,900}$$

$$= 2.377 \text{ mm}$$

最大挠度之和：

$$v = v_{q,\max} + v_{P,\max} = 0.024 + 2.377 = 2.401 \text{ mm}$$

小横杆的最大挠度小于 $1\,050/150 = 7$ mm 且小于 10 mm，挠度计算满足要求。

8. 扣件抗滑力的计算

查表 4.12 得，直角扣件单扣件承载力取值为 8 kN，按照扣件抗滑承载力系数 0.8，该工程实际的旋转单扣件承载力取值为 6.4 kN。

由式(4.5)计算纵向或横向水平杆与立杆连接时，扣件的抗滑承载力。

横杆的自重荷载标准值：

$$P_{1k} = 0.038 \times 1.05 = 0.04 \text{ kN}$$

脚手板的荷载标准值：

$$P_{2k} = 0.35 \times 1.05 \times 1.2/2 = 0.22 \text{ kN}$$

活荷载标准值：

$$Q_k = 3 \times 1.05 \times 1.2/2 = 1.89 \text{ kN}$$

荷载的计算值：

$$R = 1.2 \times (0.04 + 0.22) + 1.4 \times 1.89 = 2.958 \text{ kN} < 6.4 \text{ kN}$$

所以，单扣件抗滑承载力设计计算满足要求。

9. 脚手架荷载标准值

作用于脚手架的荷载包括静荷载、活荷载和风荷载。

静荷载标准值包括以下。

①每米立杆承受的结构自重荷载标准值：

$$N_{G_1} = 0.116 \times l = 0.116 \times 25 = 2.9 \text{ kN}$$

②脚手板的自重荷载标准值：采用竹串片脚手板，标准值为 0.35 kN/m^2，有

$$N_{G_2} = 0.35 \times 4 \times 1.2 \times (1.05 + 0.3)/2 = 1.134 \text{ kN}$$

③栏杆与挡脚板自重荷载标准值：采用栏杆冲压钢，标准值为 0.11 kN/m，有

$$N_{G_3} = 0.11 \times 4 \times 1.2/2 = 0.264 \text{ kN}$$

④吊挂的安全设施荷载：包括安全网，荷载标准值为 0.005 kN/m^2，有

$$N_{G_4} = 0.005 \times 1.2 \times 25 = 0.15 \text{ kN}$$

经计算，静荷载标准值为

$$N_{G_k} = N_{G_1} + N_{G_2} + N_{G_3} + N_{G_4} = 4.448 \text{ kN}$$

活荷载为施工荷载标准值产生的轴向力总和，内、外立杆按一纵距内施工荷载总和的 1/2 取值。

经计算,活荷载标准值:

$$N_{Q_k} = 3 \times 1.05 \times 1.2 \times 2/2 = 3.78 \text{ kN}$$

风荷载标准值:

$$W_k = 0.7 \times 0.4 \times 0.84 \times 0.649 = 0.153 \text{ kN/m}^2$$

不考虑风荷载时,立杆的轴向压力设计值:

$$N = 1.2 \times N_{G_k} + 1.4 \times N_{Q_k} = 1.2 \times 4.448 + 1.4 \times 3.78 = 10.630 \text{ kN}$$

考虑风荷载时,立杆的轴向力设计值:

$$N = 1.2 \times N_{G_k} + 0.85 \times 1.4 \times N_{Q_k} = 1.2 \times 4.448 + 0.85 \times 1.4 \times 3.78 = 9.836 \text{ kN}$$

风荷载设计值产生的立杆段弯矩:

$$M_W = 0.85 \times 1.4 \times W_k \times L_a \times h^2/10$$
$$= 0.85 \times 1.4 \times 0.153 \times 1.2 \times 1.8^2/10$$
$$= 0.071 \text{ kN} \cdot \text{m}$$

10. 立杆的稳定性计算

(1)不组合风荷载时,立杆的稳定性计算

计算长度附加系数:

$$k = 1.155$$

计算长度系数:

$$\mu = 1.5$$

计算立杆的截面回转半径:

$$i = 1.58 \text{ cm}$$

计算长度:

$$l_0 = k \times \mu \times h = 1.155 \times 1.5 \times 1.8 = 3.119 \text{ m}$$

长细比:

$$\lambda = l_0/i = 3.119 \times 10^2/1.58 = 197$$

由长细比 λ 查《建筑施工扣件式钢管脚手架安全技术规范》附录 A 表 A.0.6 得轴心受压构件的稳定系数 $\varphi = 0.186$。

立杆的轴心力设计值:

$$N = 10.633 \text{ kN}$$

立杆净截面面积:

$$A = 4.89 \text{ cm}^2$$

立杆净截面抵抗矩:

$$W = 5.08 \text{ cm}^2$$

钢管立杆抗压强度设计值:

$$[f] = 205 \text{ N/mm}^2$$

$$\sigma = \frac{N}{\varphi A} = \frac{10.633 \times 10^3}{0.186 \times 4.89 \times 10^2} = 116.91 \text{ N/mm}^2 < 205 \text{ N/mm}^2$$

所以,立杆稳定性满足要求。

(2)考虑风荷载时,立杆的稳定性计算

立杆的轴心压力设计值:

$$N = 9.839 \text{ kN}$$

计算长度 l_0 仍为 3.119 m,长细比 λ 仍为 197,轴心受压构件的稳定系数 φ 仍为 0.186,则

$$\sigma = \frac{N}{\varphi A} + \frac{M_W}{W} = \frac{9.839 \times 10^3}{0.186 \times 4.89 \times 10^2} + \frac{0.071 \times 10^6}{5\,080} = 122.152 \text{ N/mm}^2 < 205 \text{ N/mm}^2$$

所以,立杆稳定性满足要求。

11. 最大搭设高度的计算

①不考虑风荷载时,采用单立管的敞开式、全封闭和半封闭的脚手架可搭设高度计算公式为

$$H_s = \frac{\varphi A \sigma - (1.2 N_{G_{2k}} + 1.4 N_{Q_k})}{1.2 g_k}$$

构配件自重标准值产生的轴向力:

$$N_{G_{2k}} = N_{G_2} + N_{G_3} + N_{G_4} = 1.548 \text{ kN}$$

活荷载标准值:

$$N_{Q_k} = 3.78 \text{ kN}$$

每米立杆承受的结构自重荷载标准值:

$$g_k = 0.116 \text{ kN/m}$$

$$H_s = \frac{0.186 \times 4.89 \times 10^{-4} \times 205 \times 10^3 - (1.2 \times 1.548 + 1.4 \times 3.78)}{1.2 \times 0.116}$$

$$= 82.586 \text{ m}$$

脚手架搭设高度 $H_s \geq 26$ m 时,按照下式调整且不超过 50 m。

$$[H] = \frac{H_s}{1 + 0.001 H_s} = \frac{82.586}{1 + 0.001 \times 82.586} = 76.286 \text{ m} \geq 50 \text{ m}$$

所以,取脚手架搭设高度限值 $[H] = 50$ m。

②考虑风荷载时,采用单立管的敞开式、全封闭和半封闭的脚手架可搭设高度计算公式:

$$H_s = \frac{\varphi A \sigma - [1.2 N_{G_{2k}} + 0.85 \times 1.4 (N_{Q_k} + \varphi A M_{W_k}) / W]}{1.2 g_k}$$

计算立杆段由风荷载标准值产生的弯矩:

$$M_{W_k} = \frac{M_W}{1.4 \times 0.85} = \frac{0.071}{1.4 \times 0.85} = 0.060 \text{ kN} \cdot \text{m}$$

$$H_s = \frac{0.186 \times 4.89 \times 10^{-4} \times 205 \times 10^{-3} - [1.2 \times 1.548 + 0.85 \times 1.4 \times (3.78 + 0.186 \times 4.89 \times 0.059) / 5.08)]}{1.2 \times 0.116}$$

$$= 79.136 \text{ m}$$

脚手架搭设高度 $H_s \geq 26$ m 时,按照下式调整且不超过 50 m。

$$[H] = \frac{H_s}{1 + 0.001 H_s} = \frac{79.136}{1 + 0.001 \times 79.136} = 73.333 \text{ m} > 50 \text{ m}$$

所以，取脚手架搭设高度限值 $[H] = 50\ \mathrm{m}$，满足要求。

12．连墙件的计算

风荷载基本风压值：

$$W_k = 0.153\ \mathrm{kN/m^2}$$

每个连墙件的覆盖面积内脚手架外侧的迎风面积：

$$A_W = 12.96\ \mathrm{m^2}$$

连墙件约束脚手架平面外变形所产生的轴向力：

$$N_0 = 5\ \mathrm{kN}$$

风荷载产生的连墙件轴向力设计值：

$$N_{1W} = 1.4 \times W_k \times A_W = 1.4 \times 0.153 \times 12.96 = 2.78\ \mathrm{kN}$$

连墙件的轴向力计算值：

$$N_1 = N_{1W} + N_0 = 2.78 + 5 = 7.78\ \mathrm{kN}$$

由长细比 $l/i = 300/15.8$ 查得轴心受压构件的稳定系数 $\varphi = 0.949$，连墙件轴向力设计值为

$$N_f = \varphi \times A \times [f] = 0.949 \times 4.89 \times 10^{-4} \times 205 \times 10^3 = 95.133\ \mathrm{kN} > 7.78\ \mathrm{kN}$$

所以，连墙件的设计计算满足要求。

连墙件采用双扣件与墙体连接。经过计算得到 $N_1 = 7.78\ \mathrm{kN}$，小于双扣件的抗滑力 $16\ \mathrm{kN}$，满足要求。

13．立杆地基承载力的计算

地基承载力特征值：

$$f_a = f_{ak} \times k_c = 300 \times 0.5 = 150\ \mathrm{kPa}$$

立杆基础底面的平均压力：

$$p = \frac{N}{A} = \frac{9.839 \times 10^3}{0.09 \times 10^6} = 1.09\ \mathrm{N/mm^2} = 109\ \mathrm{kPa} < f_a = 150\ \mathrm{kPa}$$

所以，地基承载力的计算满足要求。

4.2 模板工程结构构造及计算

模板设计计算在模板施工中十分重要，它不仅是保证施工安全的前提，也是进行合理经济施工的必要措施。

模板的种类非常多，习惯做法或支设的方式各地区、各单位也有所不同。模板工程施工安全问题尤为突出，轻者造成混凝土构件缺陷，严重者模板坍塌，造成较大的安全事故。

4.2.1 模板工程概述

模板是使混凝土结构构件成型的模具。模板系统包括模板和支架系统两大部分，此外还有适量的紧固连接件。模板工程具有工程量大，材料和劳动力消耗多的特点。正确选择模板

形式、材料及合理组织施工对加速现浇钢筋混凝土结构施工、保证施工安全和降低工程造价具有重要作用。

1. 模板及支撑的基本要求

①保证工程结构各部分形状尺寸和相互位置的正确性。

②具有足够的承载能力、刚度和稳定性。

③构造简单,装拆方便,便于施工。

④接缝严密,不得漏浆。

⑤因地制宜,合理选材,用料经济,多次周转。

2. 模板的组成及其分类

(1)模板的组成

模板是混凝土成型的模具,混凝土构件类型不同,模板的组成也有所不同,一般是由模板(又叫板面)、支撑系统和辅助配件三部分组成。

(2)模板的分类

①根据其位置可分为底模板(承重模板)和侧模板(非承重模板)两类。

②根据材料不同可分为木模板、钢木模板、钢模板(组合钢模板)、竹胶板、胶合板及其组合模板、塑料模板、玻璃钢模板、土胎模、水泥砂浆钢板网模板、钢筋混凝土模板等。

③根据施工的构件不同可分为基础模板(独立基础、条形基础),柱模板(各种形状柱),梁模板,现浇板模板,现浇梁板模板,圈梁模板,楼梯模板,挑沿、雨篷、阳台模板。

④根据施工方法不同可分为固定式模板(胎模),如土胎模、砖胎模;装拆式模板,如组合钢模板、模壳、飞模;移动式模板,如滑模、翻模;永久式模板,如钢板网模板、钢筋混凝土模板。

(3)支撑系统

支撑是保证模板稳定及位置的受力杆件,分为竖向支撑(立柱)和斜撑。根据材料不同可分为木支撑、钢管支撑;根据搭设方式可分为工具式支撑和非工具式支撑。

(4)辅助配件

辅助配件是加固模板的工具,主要有柱箍、对拉螺栓、拉条和拉带。

近年来永久模板的应用逐渐增多,如 BDF 现浇空心楼板就是其中的一种,此外还有预应力叠合板、混凝土或砂浆板(壳)等。这类模板既作为模板,也是结构构件的组成部分,是未来模板的发展方向之一。

4.2.2 模板设计概述

模板设计的主要内容有模板选型、选材、配板、荷载计算、结构设计和绘制模板施工图等。各项设计的内容和详尽程度可根据工程具体情况和施工条件确定。

1. 荷载

计算模板及其支架的荷载,分为荷载标准值和荷载设计值,后者应以荷载标准值乘以相应的荷载分项系数得到。

（1）荷载标准值

①模板及支架自重标准值。应根据设计图纸确定,肋形楼板及无梁楼板模板的自重标准值如表4.26所示。

表4.26 模板及支架自重标准值 （kN/m²）

模板构件的名称	木模板	组合钢模板	钢框胶合板模板
平板的模板及小楞	0.30	0.50	0.40
楼板模板（包括梁的模板）	0.50	0.75	0.60
楼板模板及其支架（楼层高度4 m以下）	0.75	1.10	0.95

②新浇混凝土自重标准值。对普通混凝土,可采用24 kN/m³;对其他混凝土,可根据实际重力密度确定。

③钢筋自重标准值。按设计图纸计算确定。一般可按每立方米混凝土含量计算,一般楼板取1.1 kN/m³,框架梁取1.5 kN/m³。

④施工荷载。计算模板及直接支承模板的小楞时,对均布活荷载取2.5 kN/m²,另以集中荷载2.5 kN再进行验算,然后比较两者所得的弯矩值,按其中较大值采用;计算直接支承小楞结构构件时,均布活荷载取1.5 kN/m²;计算支架立柱及其他支承结构构件时,均布活荷载取1.0 kN/m²。

技术提示:对大型浇筑设备,如上料平台、混凝土输送泵等,按实际情况计算;混凝土堆集料高度超过100 mm以上者,按实际高度计算;模板单块宽度小于150 mm时,集中荷载可分布在相邻的两块板上。

⑤混凝土振捣产生的荷载。对水平面模板可采用2.0 kN/m²,对垂直面模板可采用4.0 kN/m²(作用范围在新浇筑混凝土侧压力的有效压头高度以内)。

⑥新浇筑混凝土侧压力计算。如图4.14所示,图中 h 为有效压头高度($h = F/\gamma_c$)。当采用插入式振捣器时,新浇筑混凝土侧压力按式(4.40a)、式(4.40b)计算,取两者的较小值作为新浇筑混凝土侧压力。

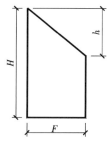

图4.14 侧压力计算

$$F = 0.22\gamma_c t\beta_1\beta_2\sqrt{v} \tag{4.40a}$$

$$F = \gamma_c H \tag{4.40b}$$

式中　γ_c——混凝土的重力密度,取 24.0 kN/m³;

　　　t——新浇混凝土的初凝时间,若无初凝时间资料,取 $200/(T+15)$,T 为混凝土的入模温度;

　　　v——混凝土的浇筑速度(m/h);

　　　H——混凝土侧压力计算位置处至新浇混凝土顶面总高度;

　　　β_1——外加剂影响修正系数,取 1.0,掺具有缓凝作用的外加剂时取 1.2;

　　　β_2——混凝土坍落度影响修正系数,当坍落度小于 30 mm 时,取 0.85,当坍落度为 50 ~ 90 mm 时,取 1.0,当坍落度为 110 ~ 150 mm 时,取 1.15。

⑦倾倒混凝土时产生的荷载。倾倒混凝土时,对垂直面模板产生的水平荷载标准值,应根据实际施工方法而定,作用范围在有效压头高度以内,如表 4.27 所示。

表 4.27　倾倒混凝土时产生的水平荷载标准值

向模板内供料方法	水平荷载(N/m²)	向模板内供料方法	水平荷载(N/m²)
溜槽、串筒或导管	2	泵送混凝土	4
容积为 0.2 ~ 0.8 m³ 的运输器具	4	容积大于 0.8 m³ 的运输器具	6

(2)荷载设计值

模板及其支架的荷载设计值,应为荷载标准值乘以相应的荷载分项系数,如表 4.28 所示。

表 4.28　模板及支架荷载分项系数

编号	荷载名称	类别	荷载分项系数 γ_i
1	模板及支架自重	恒载	1.2
2	新浇混凝土自重标准值	恒载	
3	钢筋自重标准值	恒载	
4	施工荷载	活载	1.4
5	混凝土振捣产生的荷载	活载	
6	新浇混凝土侧压力计算	恒载	1.2
7	倾倒混凝土时产生的荷载	活载	1.4

【例 4.3】混凝土柱高 $H = 4.0$ m,采用坍落度为 30 mm 的普通混凝土,混凝土的重力密度 $\gamma_c = 25$ kN/m³,浇筑速度 $v = 2.5$ m/h,浇筑入模温度 $T = 20$ ℃,试求作用于模板的最大侧压力

和有效压头高度。

解:根据题意取 $\beta_1 = 1.0, \beta_2 = 0.85$,由式(4.40a)得

$$
\begin{aligned}
F &= 0.22\gamma_c t\beta_1\beta_2\sqrt{v} \\
&= 0.22 \times 25 \times [200/(20+15)] \times 1.0 \times 0.85 \times \sqrt{2.5} \\
&= 42.2 \text{ kN/m}^2
\end{aligned}
$$

由式(4.40b)得

$$F = \gamma_c H = 25 \times 4.0 = 100 \text{ kN/m}^2$$

取两者中的最小值,故最大侧压力为 42.2 kN/m²。

有效压头高度由式(4.40b)得

$$H = F/\gamma_c = 42.2/25 = 1.7 \text{ m}$$

因此有效压头高度为 1.7 m。

(3)荷载折减(调整)系数

模板工程属临时性工程。我国目前还没有临时性工程的设计规范,所以只能按正式结构设计规范执行。由于新的设计规范用以概率理论为基础的极限状态设计法代替了容许应力设计法,又考虑到原规范对容许应力值作了提高,因此原《混凝土结构工程施工质量验收规范》(GB 50204—2011)进行了套改。

①对钢模板及其支架的设计,其荷载设计值可乘以系数 0.85 予以折减,但其截面塑性发展系数取 1.0。

②采用冷弯薄壁型钢材,由于原规范对钢材容许应力值不予提高,因此荷载设计值不予折减,系数为 1.0。

③对木模板及其支架的设计,当木材含水率 <25% 时,荷载设计值可乘以系数 0.9 予以折减。

④在风荷载作用下,验算模板及其支架的稳定性时,其基本风压值可乘以系数 0.8 予以折减。

2.荷载组合

①荷载类别及编号,如表 4.28 所示。

②计算模板及支架的荷载组合如表 4.29 所示。

表 4.29　计算模板及支架的荷载组合表

模板组成	荷载类别	
	计算强度	验算刚度
平板、薄壳的模板及支架	1+2+3+4	1+2+3
梁、拱底面模板	1+2+3+5	1+2+3
梁、拱、柱(≤300)、墙(≤100)侧模	5+6	6
厚大结构,柱(>300)、墙(>100)侧模	6+7	6

③模板结构的挠度要求。模板结构除必须保证足够的承载能力外,还应保证有足够的刚度。因此,应验算模板及其支架的挠度,其最大变形值不得超过下列允许值。

a. 对结构表面外露(不做装修)的模板,为模板构件计算跨度的1/400。

b. 对结构表面隐蔽(做装修)的模板,为模板构件计算跨度的1/250。

c. 支架的压缩变形值或弹性挠度,为相应的结构计算中跨度的1/1 000。当梁板跨度≥4 m时,模板应按设计要求起拱;如无设计要求,起拱高度宜为全长跨度的1/1 000~3/1 000,钢模板取小值(1/1 000~2/1 000)。

d. 根据《组合钢模板技术规范》(GB 50214—2013)规定,模板结构允许挠度按表4.30执行,当验算模板及支架在自重和风荷载作用下的抗倾覆稳定性时,其抗倾倒系数不小于1.15。

表4.30　模板结构允许挠度　　　　　　　　　　　　　　　　　　(mm)

名称	钢模板的面板	单块钢模板	钢楞	柱箍	桁架	支承系统累计
允许挠度	1.5	1.5	$L/500$	$B/500$	$L/1\ 000$	4.0

注:L为计算跨度,B为柱宽。

e. 根据《钢框胶合板模板技术规程》(JGJ 96—2011)规定,模板面板各跨的挠度计算值不宜大于面板相应跨度的1/300,且不宜大于1 mm;钢楞各跨的挠度计算值,不宜大于钢楞相应跨度的1/1 000,且不宜大于1 mm。

4.2.3　柱模板的设计计算

柱按其截面分为矩形柱、圆形柱、多边形柱等。柱的截面只有侧模板,柱模板设计计算可以考虑不同的模板搭设方式。

1. 柱模板的搭设方式

(1)中小截面柱的搭设方式

中小截面柱可不设竖楞,柱箍直接与模板接触固定,如图4.15所示。

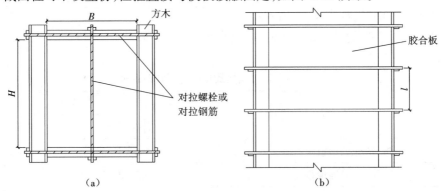

(a)　　　　　　　　　　　　　　(b)

图4.15　中小截面柱的搭设方式

(a)柱模截面示意图　(b)柱模立面示意图

（2）大断面截面柱的搭设方式

大断面截面柱的模板外侧设置竖楞以增加面板的刚度，竖楞外再加柱箍，如图 4.16 所示。

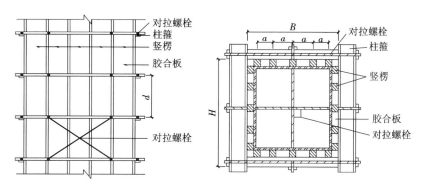

图 4.16　大断面截面柱的搭设方式

（a）柱模截面示意图　（b）柱模立面示意图

2. 计算依据和计算内容

（1）计算依据

①《木结构设计规范》（GB 50005—2017）。

②《钢结构设计规范》（GB 50017—2017）。

（2）计算内容

计算面板的强度、抗剪和挠度；计算木方的强度、抗剪和挠度；计算 B 方向、H 方向柱箍的强度和挠度；计算 B 方向、H 方向的对拉螺栓。

3. 柱模板设计计算

（1）柱模板荷载标准值的计算

柱是竖向结构构件，其模板强度验算要考虑新浇混凝土侧压力和倾倒混凝土时产生的荷载，进行挠度验算时，只考虑新浇混凝土侧压力。

（2）柱模板面板计算

柱模板的面板直接承受新浇混凝土模侧压力以及倾倒混凝土时产生的荷载，应按照均布荷载作用下的三跨连续梁计算，计算简图如图 4.17 所示。注意其跨度 l 取决于竖楞的间距或柱箍间距。

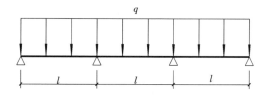

图 4.17　柱模板面板计算简图

1)面板强度计算

支座最大弯矩计算公式:

$$M_1 = -0.1ql^2 \tag{4.41a}$$

跨中最大弯矩计算公式:

$$M_2 = 0.08ql^2 \tag{4.41b}$$

面板抗弯强度计算:

$$\sigma = \frac{M}{W} \leqslant f_m \tag{4.41c}$$

式中 q——强度设计荷载(kN/m);

      l——竖向方木的距离(mm);

      σ——面板实际抗弯强度(N/mm^2);

      W——面板截面抵抗矩(mm^3);

      f_m——面板抗弯强度计算值(N/mm^2)。

2)面板抗剪计算(要求计算的需进行此项计算)

最大剪力的计算公式:

$$Q = 0.6ql \tag{4.42a}$$

截面抗剪强度必须满足:

$$\tau = \frac{3Q}{2bh} < [\tau] \tag{4.42b}$$

式中 Q——最大抗剪(kN);

      b——柱截面宽度(mm);

      h——柱截面高度(mm);

      τ——截面抗剪强度设计值,$[\tau] = 1.40\ N/mm^2$。

3)面板挠度计算

最大挠度计算:

$$v = 0.677 \times \frac{ql^4}{100EI} \leqslant [v] \tag{4.43}$$

式中 q——混凝土侧压力的标准值(N/mm^2);

      l——柱箍或木楞间距(mm);

      E——面板的弹性模量;

      I——面板截面惯性矩;

      $[v]$——面板最大允许挠度。

(3)柱模板木方计算

木方是用于增加面模板刚度的构造措施,木方直接承受模板传递的荷载,受柱箍约束,应该按照均布荷载下的三跨连续梁计算,计算简图如图4.17所示,图中 l 为柱箍间距。

①木方强度计算。木方支座最大弯矩和跨中最大弯矩,按式(4.41a)和式(4.41b)计算;抗弯强度按式(4.41c)计算。

②木方抗剪计算(可以不计算)。最大剪力按式(4.42a)计算;截面抗剪强度按式(4.42b)计算。

③木方挠度计算。木方最大挠度按式(4.43)计算。

(4)柱箍计算

柱箍的种类很多,各地做法也不一样,一般常见的做法有角钢(木方)对拉螺栓式柱箍、钢管扣件式柱箍等,如图4.18所示。

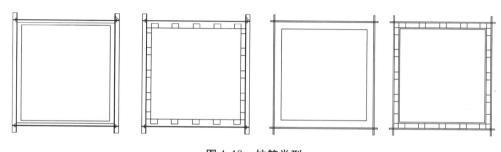

图4.18　柱箍类型

柱箍的受力情况有两种,一是柱箍直接与面模板接触,承受面模板传递的均布荷载;二是柱箍承受由木方传递的集中力,如图4.19所示。

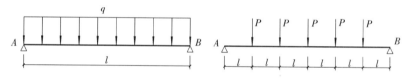

图4.19　柱箍计算简图

柱箍最大弯矩计算:柱箍的对拉螺栓,中小截面柱一般只在柱外设置,较大截面柱除外部设有对拉螺栓外,还设有一定数量的穿柱螺栓,每一个对拉螺栓都可看作柱箍的支座,柱箍的弯矩计算可根据对拉螺栓的实际设置位置进行计算,即根据具体情况按简支梁或连续梁的计算得到最大弯矩和最大支座力。

柱箍截面强度计算:应按式(4.41c)计算,柱箍的强度设计值:木材的$[f] = 13$ N/mm^2,钢材的$[f] = 215$ N/mm^2。

(5)对拉螺栓计算

对拉螺栓按受拉杆计算,所受拉力即为计算柱箍时的支座力,计算公式为

$$N = fA < [N] \qquad (4.44)$$

式中　N——对拉螺栓所受的拉力(kN);

　　　A——对拉螺栓有效面积(mm^2);

　　　f——对拉螺栓的抗拉强度设计值,取170 N/mm^2。

注:对拉螺栓的强度要大于最大支座力。

【例4.4】柱截面尺寸为600 mm×800 mm,采用18 mm厚胶合板面板,60 mm×90 mm木方对拉螺栓柱箍,柱箍间距300 mm,新浇混凝土压力标准值为28.21 kN/m^2,倾倒混凝土产生

的荷载标准值为 4.0 kN/m²。已知胶合板抗弯标准强度为 15.0 N/mm²，抗剪标准强度为 1.4 N/mm²，木方抗弯标准强度为 13.0 N/mm²，抗剪标准强度为 1.3 N/mm²。试验算以下内容：胶合板侧模、柱箍木方。

已知木材的弹性模量为 9 000 N/mm²，胶合板的弹性模量为 6 000 N/mm²。

解：（1）胶合板侧模验算

胶合板面板（取长边 800 mm），按三跨连续梁，跨度即为木方间距（300 mm），计算如下。

1）侧模抗弯强度验算

①最大弯矩计算：

$$M_1 = -0.1ql^2 = -0.1 \times (1.2 \times 28.21 + 1.4 \times 4.0) \times \frac{800}{1\,000} \times (300/1\,000)^2$$

$$= -0.284 \text{ kN} \cdot \text{m}$$

②胶合板的计算强度验算：已知 $M = 0.284$ kN·m，$W = b \times h^2/6 = 800 \times 18^2/6 = 43\,200$ mm³，所以

$$\sigma = \frac{M}{W} = \frac{0.284 \times 10^6}{43\,200} = 6.57 \text{ N/mm}^2 < 15 \text{ N/mm}^2$$

满足要求。

2）侧模抗剪强度验算

①剪力计算：

$$Q = 0.6 \times (1.2 \times 28.21 + 1.4 \times 4) \times 800 \times 300 \times 10^{-6} = 5.68 \text{ kN}$$

②抗剪强度验算：

$$\tau = \frac{3Q}{2bh} = \frac{3 \times 5.68 \times 10^3}{2 \times 800 \times 18} = 0.592 \text{ N/mm}^2 < 1.4 \text{ N/mm}^2$$

所以，侧模抗剪强度满足要求。

3）侧模挠度验算

①计算模板截面惯性矩：

$$I = \frac{bh^3}{12} = \frac{800 \times 18^3}{12} = 388\,800 \text{ mm}^4$$

②挠度验算：

$$v = 0.677 \times \frac{ql^4}{100EI}$$

$$= 0.677 \times \frac{1.2 \times 28.21 \times 300^4}{100 \times 6\,000 \times 388\,800}$$

$$= 0.796 \text{ mm} < \frac{l}{250} = \frac{300}{250} = 1.20 \text{ mm}$$

所以，侧模挠度满足要求。

（2）木方验算

1）木方抗弯强度验算

①计算木方弯矩（按简支梁计算，计算长度 $b = 800$ mm）：

$$M = \frac{qb^2}{8} = \frac{[(1.2 \times 28.21 + 1.4 \times 4.0) \times 300/1\ 000] \times 800^2}{8}$$
$$= 0.947\ \text{kN} \cdot \text{m}$$

②计算木方截面抵抗矩：

$$W = \frac{b \times h^2}{6} = \frac{60 \times 90^2}{6} = 81\ 000\ \text{mm}^3$$

③抗弯强度验算：

$$\sigma = \frac{M}{W} = \frac{0.947 \times 10^6}{81\ 000} = 11.69\ \text{N/mm}^2 < 13\ \text{N/mm}^2$$

所以,木方抗弯强度满足要求。

2) 木方抗剪强度验算

①剪力计算：

$$Q = 0.5 \times q \times B = 0.5 \times (1.2 \times 28.21 + 1.4 \times 4) \times 300 \times 800 \times 10^{-6} = 4.734\ \text{kN}$$

②抗剪强度验算：

$$\tau = \frac{3Q}{2bh} = \frac{3 \times 4.734 \times 10^3}{2 \times 60 \times 90} = 1.315\ (\text{N/mm}^2) > [\tau] = 1.3\ (\text{N/mm}^2)$$

所以,木方抗剪强度不满足要求。

3) 木方挠度验算

计算木方截面惯性矩：

$$I = \frac{b \times h^3}{12} = \frac{60 \times 90^3}{12} = 3\ 645\ 000\ \text{mm}^4$$

挠度验算：

$$v = 0.677 \times \frac{ql^4}{100EI} = 0.677 \times \frac{(1.2 \times 28.21 + 1.4 \times 4.0) \times 800^4}{100 \times 9\ 000 \times 3\ 645\ 000}$$
$$= 3.33\ \text{mm} > \frac{l}{250} = \frac{800}{250} = 3.20\ \text{mm}$$

所以,木方挠度不能满足要求。

4.2.4 梁模板的设计计算

梁模板主要由底模板、侧模板和支撑系统三部分组成。梁模板的设计计算内容主要包括：梁底面板的强度、抗剪和挠度计算;梁底木方的强度、抗剪和挠度计算;梁侧面板的强度、抗剪和挠度计算;大梁侧对拉螺栓的计算以及支撑系统计算等。

1. 梁模板的搭设方式

梁模板的面模板常用木(木板、胶合板)模板和组合式钢模板。其搭设方式与梁的界面大小、支撑材料有关,此外各地的习惯做法也有所不同。

2. 计算依据和计算内容

(1) 计算依据

梁模板的计算依据有《木结构设计规范》和《钢结构设计规范》。

（2）计算内容

①梁底面板的强度、抗剪和挠度计算。

②梁底木方的强度、抗剪和挠度计算。

③梁侧面板的强度、抗剪和挠度计算。

④大梁侧对拉螺栓的计算。

⑤支撑系统的计算。

3. 梁模板设计计算

（1）梁底（梁侧）面板的计算

梁底（梁侧）面板计算的内容因模板材料及支撑方式不同而有所不同，梁模板的底模一般支承在顶撑或楞木上，顶撑间距 1.0 m 左右，梁底模板面板按照三跨连续梁计算，底板上所受荷载按表 4.29 组合，按均布荷载考虑；梁侧模支承在竖向立挡上，其支承条件由立挡的间距决定，一般按 3~4 跨连续梁计算，梁模侧板受到新浇筑混凝土侧压力的作用，同时还受到倾倒混凝土时产生的水平荷载作用，所受荷载按表 4.29 组合。

梁底（梁侧）面板的计算内容有面板的强度、剪切和刚度。

①强度计算：

$$f = M/W < [f]$$
$$M = -0.1ql^2$$

（4.45）

式中　f——梁底模板的强度计算值（N/mm^2）；

　　　M——计算的最大弯矩（$kN \cdot m$）；

　　　q——作用在梁底模板的均布荷载（kN/m）；

　　　l——跨度（m）；

　　　W——截面抵抗矩（mm^3）。

②抗剪计算：

$$Q = 0.6ql$$

（4.46a）

截面抗剪强度必须满足：

$$T = \frac{3Q}{2bh} < [T]$$

（4.46b）

③最大挠度：

$$v_{max} = 0.677 \times \frac{ql^2}{100EI}$$

（4.47）

（2）梁底木方的计算

当梁底模为木模板时，常采用木方加强木模的刚度，若要对木方进行计算，可按照集中荷载作用的简支梁进行计算，如图 4.20 所示。

①强度计算：

$$f = M/W < [f]$$
$$M = Pl/4$$

（4.48）

式中　F——梁底模板的强度计算值（N/mm^3）；

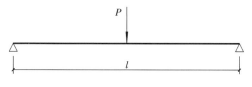

图 4.20　木方计算简图

M——计算的最大弯矩(kN·m)；

P——作用在梁底木方的集中荷载(kN)；

②最大挠度计算：

$$v = \frac{Pl^3}{48EI} \leqslant [v] \tag{4.49}$$

③抗剪计算。

最大剪力：

$$Q = 0.5P \tag{4.50a}$$

截面抗剪强度必须满足：

$$T = \frac{3Q}{2bh} < [T] \tag{4.50b}$$

（3）梁对拉螺栓的计算

对拉螺栓直接承受侧木方(或侧模板)传递的集中荷载,螺栓允许拉力为

$$N = A[f] \tag{4.51}$$

式中　A——对拉螺栓的净截面面积(mm^2)；

　　　$[f]$——对拉螺栓的抗拉强度设计值,取 170 N/mm^2。

（4）支撑计算

梁的支撑计算应根据采用支撑的材料、搭设形式、间距和搭设高度等因素,对支撑杆件进行强度和稳定性计算,计算方法同脚手架立杆的计算。

4.2.5　墙模板的设计计算

墙模板主要是侧模板及其辅助配件,在施工中有专用的大模板(面板及辅助配件一体),也有采用木模(多为胶合板或竹胶板)和小钢模或钢框竹胶板(钢框胶合板)作为面模板的施工方式。

墙模板的设计计算主要是墙侧模板(木模或钢模)、内楞(木或钢)、外楞(木或钢)和对拉螺栓等,在新浇混凝土侧压力以及倾倒混凝土产生的水平力作用下的强度、刚度验算。

1.墙模板的搭设方式

墙模板(组合面模板)的搭设方式根据面模板的布置方向有竖向布置和水平布置,内楞(靠近面板的楞)根据面模板的布置也分为竖向布置和水平布置,外楞布置根据内楞布置方向确定。也就是说,内楞与面模板垂直布置,外楞与内楞垂直布置,当采用组合钢模板作为面模板时,也可设置单层楞,如图 4.21 所示。

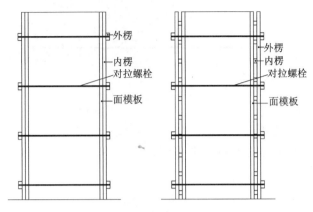

图4.21 墙模板搭设方式示意图

2.墙模板设计计算

(1)荷载及其计算

墙模板所受荷载主要有新浇混凝土侧压力和倾倒混凝土产生的水平力。新浇混凝土侧压力按式(4.40a)和式(4.40b)计算;倾倒混凝土振捣产生的水平力如表4.27所示。

(2)墙模板面板计算

墙模板面板为受弯结构,需要验算其抗弯强度和刚度。计算的原则是按照龙骨的间距和模板面的大小,按支撑在内楞上的三跨连续梁计算,如图4.22所示。

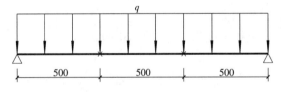

图4.22 面板计算简图

①强度计算。计算方法同式(4.48),其面板的最大弯矩为

$$M_{max} = ql^2/8 \tag{4.52}$$

②挠度计算。最大挠度为

$$v_{max} = 0.677 \times \frac{ql^4}{100EI} < [v]$$

式中 q——作用在模板上的侧压力;

$\quad\quad l$——计算跨度(内楞间距);

$\quad\quad E$——面板的弹性模量,$E = 6\,000\ \text{N/mm}^2$;

$\quad\quad I$——面板的截面惯性矩,$I = \dfrac{bh^3}{12}$;

$\quad\quad [v]$——允许挠度,一般取1/250。

（3）墙模板内外龙骨计算

墙模板的背部支撑由两层龙骨（木楞或钢楞）组成,直接支撑模板的龙骨为次龙骨,即内楞；用以支撑内层龙骨的为主龙骨,即外楞组装成墙体模板时,通过拉杆将墙模板两侧拉结,每个拉杆成为主龙骨的支点。

①内楞（次龙骨）。内楞（木或钢）直接承受模板传递的荷载,通常按照均布荷载的三跨连续梁计算,主要计算其抗弯强度和挠度。计算公式同面模板的计算公式。

②外楞（主龙骨）。外楞（主龙骨）承受内楞（次龙骨）传递的荷载,按照集中荷载作用下的连续梁计算,连续梁的跨数取决于外楞对拉螺栓的数量,计算内容有强度（抗弯和抗剪）计算和挠度。抗弯强度及挠度计算同面模板计算,抗剪强度按式(4.50a)计算。

（4）对拉螺栓计算

同梁模板。

【例4.5】 某都市广场工程为高层综合楼,总建筑面积52 306 m²,地下2层,地上22层,建筑总高度65.3 m,第4层为转换层,层高为4.5 m,转换层大梁最大截面尺寸为 $b \times h = 850$ mm $\times 1\,600$ mm,净跨度7.7m,转换层楼板厚180 mm,框柱为1 000 mm $\times 1\,000$ mm。大梁模板拟用18 mm厚胶合板,支撑模板的纵楞采用50 mm $\times 80$ mm方木,间距300 mm。梁底支撑为 $\phi 48 \times 3.5$ 钢管,纵向立杆间距500 mm。试进行模板及支撑设计。

解:（1）大梁模板设计计算

1）梁底木楞验算

①模板及支架自重:

$$1.2 \times (0.85 \times 0.018 \times 0.04 + 0.05 \times 0.08 \times 5 \times 4) = 0.10 \text{ kN/m}$$

②新浇筑钢筋混凝土自重:

$$25.5 \times 1.2 \times 0.85 \times 1.6 = 41.62 \text{ kN/m}$$

③振捣混凝土时产生荷载:

$$（水平）2.0 \times 1.4 \times 0.85 = 2.38 \text{ kN/m}$$
$$（竖向）4.0 \times 1.4 \times 0.85 = 4.76 \text{ kN/m}$$
$$q_1 = ① + ② + ③（水平） = 0.1 + 41.62 + 2.38 = 44.1 \text{ kN/m}$$

乘以折减系数:

$$44.1 \times 0.9 = 39.69 \text{ kN/m}（验算承载力）$$
$$q_2 = ① + ② = 0.1 + 41.62 = 41.72 \text{ kN/m}（验算刚度）$$

乘以折减系数:

$$41.72 \times 0.9 = 37.55 \text{ kN/m}$$

2）梁底楞抗弯强度验算

底模下的横向钢管支撑间距为0.5 m,底楞按四跨连续梁计算,如图4.23所示。

$$M = K_v q_1 L^2 = 0.107 \times 39.69 \times 0.5^2 = 1.06 \text{ kN} \cdot \text{m} = 1.06 \times 10^6 \text{ N} \cdot \text{mm}$$

$$W = 4 \times \frac{b_2 L_2^2}{6} = (4 \times 50 \times 80^2)/6 = 213\,333 \text{ mm}$$

$$\sigma = M/W = 1.06 \times 10^6/213\,333 = 4.97 \text{ N/mm}^2 < f_m = 13 \text{ N/mm}^2$$

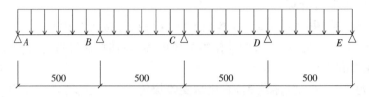

图 4.23　底模下的横向钢管支撑计算简图

强度满足要求。

3)梁底木楞抗剪强度验算:

$$V = K_V \cdot q_1 L = 0.62 \times 39.69 \times 0.5 = 12.3 \text{ kN}$$

剪应力:

$$\tau = 3V/(2bh) = 3 \times 12.3 \times 10^3/(2 \times 50 \times 80 \times 4) = 1.15 < 1.4 \text{ N/mm}^2$$

抗剪强度满足要求。

4)梁底木楞挠度计算:

$$I = bh^3/12 = 50 \times 80^3/12 = 2\,133\,333 \text{ mm}^4$$

$$v_{\max} = K_v \cdot q_2 L^4/(100EI) = (0.632 \times 37.55 \times 500^4)/(100 \times 10 \times 10^3 \times 2\,133\,333)$$
$$= 0.695 \text{ mm} < [v] = L/400 = 500/400 = 1.25 \text{ mm(按梁表面不抹灰考虑)}$$

刚度满足要求。

(2)梁底水平钢楞计算

水平钢楞间距为 500 mm,按简支梁计算,在计算挠度时,梁作用在水平钢楞上的荷载可简化为集中荷载计算,可按简支梁计算,再化为均布荷载,如图 4.24 所示。

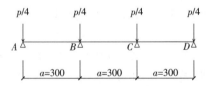

图 4.24　梁底水平钢楞计算简图

1)水平钢楞抗弯强度计算

$$P = q_1 L/2 = 39.69 \times 0.5/2 = 9.92 \text{ kN}$$

$$M = Pa/4 = 9.92 \times 0.3/4 = 0.744 \text{ kN} \cdot \text{m}$$

$$\sigma = M/W = 0.744 \times 10^6/(5.08 \times 10^3) = 146.457 \text{ N/mm}^2 < f_m = 205 \text{ N/mm}^2$$

强度满足要求。

2)水平钢楞挠度计算

$$v = PL^3/(48EI) = (9.92 \times 850^3)/(48 \times 2.06 \times 10^5 \times 12.19 \times 10^4)$$
$$= 0.005 \text{ mm} < [v] = L/250 = 850/250 = 3.4 \text{ mm}$$

所以,刚度满足要求。

（3）梁侧木模计算

侧楞间距 300 mm,对拉螺栓水平间距 600 mm,可按简支梁计算,如图 4.25 所示。

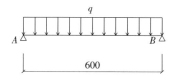

图 4.25 梁侧木模计算简图

1）荷载确定

假设混凝土入模温度 $T = 25$ ℃,则混凝土初凝时间 $t = 200/(25 + 15) = 5$,查施工手册得

$$\beta_1 = 1.0, \beta_2 = 1.15$$

假设混凝土浇筑速度为 16 m^3/h,每层浇筑厚度小于 500 mm,则混凝土浇筑速度换算为

$$v = 16/(0.85 \times 0.5) = 37.65 \text{ m/h}$$

①混凝土侧压力:

$$F_1 = 0.22\gamma_c t\beta_1\beta_2 v^{\frac{1}{2}} = 0.22 \times 24 \times 5 \times 1.0 \times 1.15 \times \sqrt{37.65} = 186.29 \text{ kN/m}^2$$

$$F_2 = \gamma_c H = 24 \times 1.6 = 38.4 \text{ kN/m}^2$$

两者取较小值,即 $F_2 = 38.4$ kN/m²,乘以分项系数得

$$F = 38.4 \times 1.2 = 46.08 \text{ kN/m}^2$$

②振捣混凝土时产生的荷载:

$$4.0 \times 1.4 = 5.6 \text{ kN/m}^2(垂直)$$

合计:

$$46.08 + 5.6 = 51.68 \text{ kN/m}^2(验算承载力)$$

③化为线均布荷载（立挡间距为 0.6 m,折减系数为 0.9）,则线荷载为

$$q_1 = 51.68 \times 0.6 \times 0.9 = 27.91 \text{ kN/m}(验算承载力)$$

$$q_2 = 46.08 \times 0.6 \times 0.9 = 24.88 \text{ kN/m}(验算刚度)$$

2）梁侧木楞抗弯强度计算

$$M = K_M q_1 L^2 = -0.121 \times 27.91 \times 0.5^2 = -0.844 \text{ kN} \cdot \text{m}$$

$$\sigma = M/W = (0.844 \times 10^6)/(50 \times 80^2 \times 6/6) = 2.64 \text{ N/mm}^2 < f_m = 13 \text{ N/mm}^2$$

强度满足要求。

3）梁侧木楞抗剪强度验算

$$V = K_V qL = 0.62 \times 27.91 \times 0.5 = 8.65 \text{ kN}$$

剪应力:

$$\tau = 3V/(2bh) = (3 \times 8.65 \times 10^3)/(2 \times 50 \times 80 \times 6) = 0.54 \text{ N/mm} < 1.4 \text{ N/mm}^2$$

抗剪强度满足要求。

4）梁侧木楞挠度计算:

$$I = bh^3/12 = (50 \times 80^3 \times 6)/12 = 12.8 \times 10^6 \text{ mm}^4$$

$$v_{max} = 0.632 \times q_2 L^4 / (100EI) = (0.632 \times 24.88 \times 500^4) / (100 \times 10 \times 10^3 \times 12.8 \times 10^6)$$
$$= 0.078 \text{ mm} < [v] = L/400 = 500/400 = 1.25 \text{ mm}$$

刚度满足要求。

（4）钢管立柱支撑稳定性验算

因横杆步距 $L = 1.3$ m，则立柱允许荷载值 $[N] = 30.3$ kN，有

$$N = (1.2\sum N_{G_k} + 1.4\sum Q_k)/2 = [1.2 \times (0.15 + 25.5) + 1.4 \times 4.76]/2$$
$$= 18.72 \text{ kN} < [N] = 30.3 \text{ kN}$$

查规范得 $\phi 48$ 钢管截面面积 $A = 4.890$ cm^2，回转半径 $i = 15.8$ mm，钢管用钢为 Q235A，钢材强度设计值为 $f = 205$ N/mm^2，长细比

$$\lambda = L/i = 1\ 300/15.8 = 82.28 < [\lambda] = 230（满足）$$

查表得立杆稳定系数为

$$\psi = 0.704$$

$$\sigma = N/(\psi A) = 18.74 \times 10^3/(0.704 \times 489) = 54.44 \text{ N/mm}^2 < f = 205 \text{ N/mm}^2$$

钢管立柱支撑稳定性满足要求。

（5）对拉螺栓验算

梁中对拉螺栓竖向间距 $b = 0.4$ m，水平间距 $a = 0.6$ m。查施工手册得 $\phi 12$ 对拉螺栓净截面面积 $A = 72$ mm^2，强度设计值 $f = 205$ N/mm^2

对拉螺栓的拉力：

$$N = F'ab = 51.68 \times 0.6 \times 0.4 = 12.40 \text{ kN}$$

对拉螺栓的应力：

$$\sigma = N/A = 12.40 \times 10^3/72 = 172.22 \text{ N/mm}^2 < f = 205 \text{ N/mm}^2$$

故对拉螺栓满足要求。

由于以上计算均满足要求，梁底和梁侧胶合板分隔尺寸分别为 300 mm × 500 mm 和 300 mm × 600 mm，计算面积较小，可不进行验算。

思 考 题

1. 在建筑工程施工中，脚手架的主要作用及基本要求是什么？

2. 试简述脚手架中各构件的构造要求。

3. 试分析脚手架中各构件的受力特点。

4. 脚手架按构架方式划分为哪几类？

5. 脚手架承载可靠性验算包括哪几项内容？

6. 小横杆和大横杆强度计算是如何确定计算单元的？

7. 内、外立杆如何选择计算单元？计算时包括哪些荷载？

8. 如何确定立杆基础的计算底面积？

9. 脚手架和模板及支撑的基本要求有哪些？

10. 脚手架按构架方式划分为哪几类?

11. 脚手架承载可靠性的验算包括哪几项内容?

12. 小横杆和大横杆强度计算是如何确定计算单元的?

13. 内、外立杆如何选择计算单元?计算时包括哪些荷载?

14. 如何确定立杆基础的计算底面积?

15. 模板由哪几部分构成?各部分的主要作用是什么?

16. 模板标准值荷载有哪几种?

17. 模板结构的挠度要求有哪些?

习 题

1. 某高层建筑施工,需搭设 52.4 m 高双排钢管外脚手架,已知立杆横距 $b = 1.05$ m,立杆纵距 $L = 1.5$ m,内立杆距外墙距离 $b_1 = 0.35$ m,脚手架步距 $h = 1.4$ m,铺设钢脚手板 4 层,同时进行施工的层数为 2 层,脚手架与主体结构连接的布置,其竖向间距 $H_1 = 2h = 3.6$ m,水平距离 $L_1 = 3L = 4.5$ m,钢管规格为 $\phi48 \times 3.5$ mm,施工荷载为 3.0 kN/m^2,试计算采用单根钢管立杆的允许搭设高度。

2. 已知条件同题 1,若单根钢管作为立杆只允许搭设 40.7 m 高,现采取不正当手段措施由顶往下算 40.7 ~ 52.4 m 用双钢管作为立杆,试验算脚手架结构的稳定性。

3. 500 mm 的正方形混凝土浇筑柱,采用 18 mm 厚胶合板面板,50 mm × 80 mm 方木对拉螺栓柱箍,柱箍间距 350 mm,新浇筑混凝土压力标准为 28.21 kN/m^2;倾倒混凝土产生的荷载标准值为 4 kN/m^2。已知胶合板抗弯标准强度为 15 N/mm^2,抗剪标准强度为 1.4 N/mm^2,木方抗弯标准强度为 13 N/mm^2,抗剪标准强度为 1.3 N/mm^2。试验算胶合板侧模和柱箍木方的强度。

附　　录

附录 A　常用材料和构件自重表

类别	名称	自重	单位	备注
基本材料	素混凝土	22~24	kN/m³	振捣或不振捣
	钢筋混凝土	24~25	kN/m³	—
	加气混凝土	5.5~7.5	kN/m³	单块
	焦渣混凝土	10~14	kN/m³	填充用
	泡沫混凝土	4~6	kN/m³	—
	石灰砂浆、混合砂浆	17	kN/m³	—
	水泥砂浆	20	kN/m³	—
	沥青蛭石制品	3.4~4.5	kN/m³	—
	膨胀蛭石	0.8~2.0	kN/m³	—
	膨胀珍珠岩粉料	0.8~2.5	kN/m³	—
	水泥膨胀制品	3.5~4.0	kN/m³	—
隔墙及墙面	双面抹灰板条隔墙	0.90	kN/m²	灰厚16~24 mm,龙骨在内
	单面抹灰板条隔墙	0.50	kN/m²	灰厚16~24 mm,龙骨在内
	水泥粉刷墙面	0.36	kN/m²	20 mm厚,水泥粗砂
	水磨石墙面	0.55	kN/m²	25 mm厚,包括打底
	水刷石墙面	0.50	kN/m²	包括水泥砂浆打底,共厚25 mm
	贴瓷砖墙面	0.50	kN/m²	20 mm厚,水泥粗砂

类别	名称	自重	单位	备注
屋面	小青瓦屋面	0.9 ~ 1.1	kN/m²	—
	冷摊瓦屋面	0.50	kN/m²	—
	黏土平瓦屋面	0.55	kN/m²	—
	波形石棉瓦	0.20	kN/m²	1 820 mm × 725 mm × 8 mm
	油毡防水层	0.05	kN/m²	一毡两油
		0.25 ~ 0.30	kN/m²	一毡两油,上铺小石子
		0.30 ~ 0.35	kN/m²	两毡三油,上铺小石子
		0.35 ~ 0.40	kN/m²	三毡四油,上铺小石子
屋架	木屋架	0.07 + 0.007 × 跨度	kN/m²	按屋面水平投影面积计算,跨度以 m 计
	钢屋架	0.12 + 0.011 × 跨度	kN/m²	无天窗,包括支撑,按屋面水平投影面积计算,跨度以 m 计
门窗	木框玻璃窗	0.20 ~ 0.30	kN/m²	—
	钢框玻璃窗	0.40 ~ 0.45	kN/m²	—
	铝合金窗	0.17 ~ 0.24	kN/m²	—
	木门	0.10 ~ 0.20	kN/m²	—
	钢铁门	0.40 ~ 0.45	kN/m²	—
	铝合金门	0.27 ~ 0.30	kN/m²	—
预制板	预制空心板	1.73	kN/m²	板厚 120 mm,包括填缝
		2.58	kN/m²	板厚 180 mm,包括填缝
地面	水磨石地面	0.65	kN/m²	面层厚 10 mm,20 mm 厚水泥砂浆打底
	小瓷砖地面	0.55	kN/m²	包括水泥粗砂打底
顶棚	V 形轻钢龙骨吊顶	0.12	kN/m²	一层 9 mm 纸面石膏板,无保温层
	钢丝网抹灰吊顶	0.45	kN/m²	—
	麻刀灰板条吊棚	0.45	kN/m²	吊木在内,平均灰厚 20 mm
砌体	浆砌毛方石	24	kN/m³	—
	浆砌普通砖	18	kN/m³	—
	浆砌机制砖	19	kN/m³	—

附录 B.01　钢筋的计算截面面积及公称质量

公称直径	不同根数钢筋的计算截面面积（mm²）									单根钢筋公称
（mm）	1	2	3	4	5	6	7	8	9	质量（kg/m）
3	7.1	14.1	21.2	28.3	35.3	42.2	49.5	56.5	63.6	0.055
4	12.6	25.1	37.7	50.2	62.8	75.4	87.9	100.5	113	0.099
5	19.6	39	59	79	98	118	138	157	177	0.154
6	28.3	57	85	113	142	170	198	226	255	0.222
6.5	33.2	66	100	133	166	199	232	265	299	0.260
7	38.5	77	115	154	192	231	269	308	346	0.302
8	50.3	101	151	201	252	302	352	402	453	0.395
8.2	52.8	106	158	211	264	317	370	423	475	0.432
9	63.6	127	191	254	318	382	445	509	572	0.499
10	78.5	157	236	314	393	471	550	628	707	0.617
12	113.1	226	339	452	565	678	791	904	1 017	0.888
14	153.9	308	461	615	769	923	1 077	1 230	1 387	1.210
16	201.1	402	603	804	1 005	1 206	1 407	1 608	1 809	1.580
18	254.5	509	763	1 017	1 272	1 526	1 780	2 036	2 290	2.000
20	314.2	628	942	1 256	1 570	1 884	2 200	2 513	2 827	2.470
22	380.1	760	1 140	1 520	1 900	2 281	2 661	3 041	3 421	2.980
25	490.9	982	1 473	1 964	2 454	2 945	3 436	3 927	4 418	3.850
28	615.3	1 232	1 847	2 463	3 079	3 695	4 310	4 926	5 542	4.830
32	804.3	1 609	2 418	3 217	4 021	4 826	5 630	6 434	7 238	6.310
36	1 017.9	2 036	3 054	4 072	5 089	6 017	7 125	8 143	9 161	7.990
40	1 256.1	2 513	3 770	5 027	6 283	7 540	8 796	10 053	11 310	9.870

注：表中直径 $d = 8.2$ mm 的计算截面面积及公称质量仅用于有纵肋的热处理钢筋。

附表 B.02　钢绞线的计算截面面积及公称质量

种类	公称直径(mm)	计算截面面积(mm²)	公称质量(kg/m)
1×3	8.6	37.7	0.296
	10.8	58.9	0.462
	12.9	84.8	0.666
1×7 标准型	9.5	54.8	0.430
	12.7	98.7	0.775
	15.2	140	1.101
	17.8	191	1.500
	21.6	285	2.237

附录 C　每米板宽内的钢筋截面面积

钢筋间距(mm)	当钢筋直径(mm)为下列数值时的钢筋截面面积(mm²)													
	3	4	5	6	6/8	8	8/10	10	10/12	12	12/14	14	14/16	16
70	101	179	281	404	561	719	920	1 121	1 369	1 616	1 908	2 199	2 536	2 872
75	94.3	167	262	377	524	671	859	1 047	1 277	1 508	1 780	2 053	2 367	2 681
80	88.4	157	245	354	491	629	805	981	1 198	1 414	1 669	1 924	2 218	2 513
85	83.2	148	231	333	462	592	758	924	1 127	1 331	1 571	1 811	2 088	2 365
90	78.5	140	218	314	437	559	716	872	1 064	1 257	1 484	1 710	1 972	2 234
95	74.5	132	207	298	414	529	678	826	1 008	1 190	1 405	1 620	1 868	2 116
100	70.6	126	196	283	393	503	644	785	958	1 131	1 335	1 539	1 775	2 011
110	64.2	114	178	257	357	457	585	714	871	1 208	1 214	1 399	1 614	1 828
120	58.9	105	163	236	327	419	537	654	798	942	1 112	1 283	1 480	1 676
125	56.5	100	157	226	314	402	515	628	766	905	1 068	1 232	1 420	1 608
130	54.4	96.6	151	218	302	387	495	604	737	870	1 027	1 184	1 366	1 547
140	50.5	89.7	140	202	281	359	460	561	684	808	954	1 100	1 268	1 436
150	47.1	83.8	131	189	262	335	429	523	639	754	890	1 026	1 183	1 340
160	44.1	78.5	123	177	246	314	403	491	599	707	834	962	1 110	1 257
170	41.5	73.9	115	166	231	296	379	462	564	665	786	906	1 044	1 183
180	39.2	69.8	109	157	218	279	358	436	532	628	742	855	985	1 117
190	37.2	66.1	103	149	207	265	339	413	504	595	702	810	934	1 058
200	35.8	62.8	89.2	141	196	251	322	393	479	565	607	770	888	1 005

钢筋间距	当钢筋直径(mm)为下列数值时的钢筋截面面积(mm²)													
(mm)	3	4	5	6	6/8	8	8/10	10	10/12	12	12/14	14	14/16	16
220	32.1	57.1	89.3	129	178	228	392	357	436	514	607	700	807	914
240	29.4	52.4	81.9	118	164	209	268	327	399	471	556	641	740	838
250	28.3	50.2	78.5	113	157	201	258	314	383	452	534	616	710	804
260	27.2	48.3	75.5	109	151	193	248	302	368	435	514	592	682	773
280	25.2	44.9	70.1	101	140	180	230	281	342	404	477	550	634	718
300	23.6	41.9	66.5	94	131	168	215	262	320	377	445	513	592	670
320	22.1	39.2	61.4	88	123	157	201	245	299	353	417	481	554	628

注:表中钢筋直径中的 6/8、8/10……系指两种直径的钢筋间隔放置。

附录 D 按弹性理论分析矩形双向板在均布荷载作用下的弯矩系数表

1. 符号说明

M_x,$M_{x,max}$——平行于 l_x 方向板中心点弯矩和板跨内的最大弯矩。

M_y,$M_{y,max}$——平行于 l_y 方向板中心点弯矩和板跨内的最大弯矩。

M'_x——固定边中点沿 l_x 方向的弯矩。

M'_y——固定边中点沿 l_y 方向的弯矩。

2. 计算公式

$$挠度 = 表中系数 \times ql^4/B_c$$

$$\nu = 0,弯矩 = 表中系数 \times ql^2$$

式中　q——作用在双向板上的均布荷载；

　　　l——取 l_x 和 l_y 中的较小值，如下表中插图所示。

边界条件	①四边简支			②三边简支、一边固定					
计算简图									
l_x/l_y	l_y/l_x	k_{max}	M_x	M_y	k_{max}	M_x	$M_{x,max}$	M_y	$M_{y,max}$	M'_x
0.50		0.010 13	0.096 5	0.017 4	0.005 05	0.058 3	0.064 6	0.006 0	0.006 3	−0.121 2
0.55		0.009 40	0.089 2	0.021 0	0.004 92	0.056 3	0.061 8	0.008 1	0.008 7	−0.118 7
0.60		0.008 67	0.082 0	0.024 2	0.004 72	0.053 9	0.058 9	0.010 4	0.011 1	−0.115 8
0.65		0.007 96	0.075 0	0.027 1	0.004 48	0.051 3	0.055 9	0.012 6	0.013 3	−0.112 4
0.70		0.007 27	0.068 3	0.029 6	0.004 22	0.048 5	0.052 9	0.014 8	0.015 4	−0.108 7
0.75		0.006 63	0.062 0	0.031 7	0.003 99	0.045 7	0.049 6	0.016 8	0.017 4	−0.104 8
0.80		0.006 03	0.056 1	0.033 4	0.003 76	0.042 8	0.046 3	0.018 7	0.019 3	−0.100 7

边界条件		① 四边简支			② 三边简支、一边固定					
计算简图		M_y $+M_x$　l_y　q　l_x			M'_x　M_y $+M_x$　l_y　q　l_x					
l_x/l_y	l_y/l_x	k_{max}	M_x	M_y	k_{max}	M_x	$M_{x,max}$	M_y	$M_{y,max}$	M'_x
0.85		0.005 47	0.050 6	0.034 8	0.003 52	0.040 0	0.043 1	0.020 4	0.021 1	−0.096 5
0.90		0.004 96	0.045 6	0.035 8	0.003 29	0.037 2	0.040 0	0.021 9	0.022 6	−0.092 2
0.95		0.004 49	0.041 0	0.036 4	0.003 06	0.034 5	0.036 9	0.023 2	0.023 9	−0.088 0
1.00	1.00	0.004 06	0.036 8	0.036 8	0.002 85	0.031 9	0.034 0	0.024 3	0.024 9	−0.083 9
	1.00	0.004 06	0.036 8	0.036 8	0.002 85	0.031 9	0.034 0	0.024 3	0.024 9	−0.083 9
	0.95				0.003 25	0.032 4	0.034 5	0.028 0	0.028 7	−0.088 2
	0.90				0.003 65	0.032 8	0.034 7	0.032 2	0.033 0	−0.092 6
	0.85				0.004 17	0.032 9	0.034 7	0.037 0	0.037 8	−0.097 0
	0.80				0.004 72	0.032 6	0.034 3	0.042 4	0.043 3	−0.101 4
	0.75				0.005 36	0.031 9	0.033 5	0.048 5	0.049 4	0.105 6
	0.70				0.006 05	0.030 8	0.032 3	0.055 3	0.056 2	−0.109 6
	0.65				0.006 80	0.029 1	0.030 6	0.062 7	0.063 7	0.113 3
	0.60				0.007 62	0.026 8	0.028 9	0.070 7	0.071 7	−0.116 6
	0.55				0.008 48	0.023 9	0.027 1	0.079 2	0.080 1	−0.119 3
	0.50				0.009 35	0.020 5	0.024 9	0.088 0	0.088 8	−0.121 5

边界条件		③ 两对边简支、两对边固定				④ 四边固定				
计算简图		M'_x　M_y $+M_x$　l_y　q　l_x				M'_x　M_y $+M_x$　l_y　q　l_x				
l_x/l_y	l_y/l_x	k	M_x	M_y	M'_x	k	M_x	M_y	M'_x	M'_y
0.50		0.002 61	0.041 6	0.001 7	−0.084 3	0.002 53	0.040 0	0.003 8	−0.082 9	−0.057 0
0.55		0.002 59	0.041 0	0.002 8	−0.084 0	0.002 46	0.038 5	0.005 6	−0.081 4	−0.057 1
0.60		0.002 55	0.040 2	0.004 2	−0.083 4	0.002 36	0.036 7	0.007 6	−0.079 3	−0.057 1
0.65		0.002 50	0.039 2	0.005 7	−0.082 6	0.002 24	0.034 5	0.009 5	−0.076 6	−0.057 1
0.70		0.002 43	0.037 9	0.007 2	−0.081 4	0.002 11	0.032 1	0.011 3	−0.073 5	−0.056 9
0.75		0.002 36	0.036 6	0.008 8	−0.079 9	0.001 97	0.029 6	0.013 0	−0.070 1	−0.056 5
0.80		0.002 28	0.035 1	0.010 3	−0.078 2	0.001 82	0.027 1	0.014 4	−0.066 4	−0.055 9
0.85		0.002 20	0.033 5	0.011 8	−0.076 3	0.001 68	0.024 6	0.015 6	−0.062 6	−0.055 1
0.90		0.002 11	0.031 9	0.013 3	−0.074 3	0.001 53	0.022 1	0.016 5	−0.058 8	−0.054 1

续表

边界条件	③两对边简支、两对边固定				④四边固定				
计算简图									
l_x/l_y	l_y/l_x	k	M_x	M_y	M'_x	k	M_x	M_y	M'_x	M'_y

l_x/l_y	l_y/l_x	k	M_x	M_y	M'_x	k	M_x	M_y	M'_x	M'_y
0.95		0.002 01	0.030 2	0.014 6	-0.072 1	0.001 40	0.019 8	0.017 2	-0.055 0	-0.052 8
1.00	1.00	0.001 92	0.028 5	0.015 8	-0.069 8	0.001 27	0.017 6	0.017 6	-0.051 3	-0.051 3
	0.95	0.002 23	0.029 6	0.018 9	-0.074 6					
	0.90	0.002 60	0.030 6	0.022 4	-0.079 7					
	0.85	0.003 03	0.031 4	0.026 6	-0.085 0					
	0.80	0.003 54	0.031 9	0.031 6	-0.090 4					
	0.75	0.004 13	0.032 1	0.037 4	-0.095 9					
	0.70	0.004 82	0.041 8	0.044 1	-0.101 3					
	0.65	0.005 60	0.030 8	0.051 8	-0.106 6					
	0.60	0.006 47	0.029 2	0.060 4	-0.111 4					
	0.55	0.007 43	0.026 7	0.069 8	-0.115 6					
	0.50	0.008 44	0.023 4	0.079 8	-0.119 1					

边界条件	⑤两邻边简支,两邻边固定						
计算简图							
l_x/l_y	k_{max}	M_x	$M_{x,max}$	M_y	$M_{y,max}$	M'_x	M'_y
0.50	0.004 71	0.055 9	0.056 2	0.007 9	0.013 5	-0.117 9	-0.078 6
0.55	0.004 54	0.052 9	0.053 0	0.010 4	0.015 3	-0.114 0	-0.078 5
0.60	0.004 29	0.049 6	0.049 8	0.012 9	0.016 9	-0.109 5	-0.078 2
0.65	0.003 99	0.046 1	0.046 5	0.015 1	0.018 3	-0.104 5	-0.077 7
0.70	0.003 68	0.042 6	0.043 2	0.017 2	0.019 5	-0.099 2	-0.077 0
0.75	0.003 40	0.039 0	0.039 6	0.018 9	0.020 6	-0.093 8	-0.076 0
0.80	0.003 13	0.035 6	0.036 1	0.020 4	0.021 8	-0.088 3	-0.074 8
0.85	0.002 86	0.032 2	0.032 8	0.021 5	0.022 9	-0.082 9	-0.073 3
0.90	0.002 61	0.029 1	0.029 7	0.022 4	0.023 8	-0.077 6	-0.071 6
0.95	0.002 37	0.026 1	0.026 7	0.023 0	0.024 4	-0.072 6	-0.069 8
1.00	0.002 15	0.023 4	0.024 0	0.023 4	0.024 9	-0.067 7	-0.067 7

续表

边界条件	⑥一边简支,三边固定						
计算简图							

l_x/l_y	l_y/l_x	$k_{\max}$	M_x	$M_{x,\max}$	M_y	$M_{y,\max}$	M'_x	M'_y
0.50		0.002 58	0.040 8	0.040 9	0.002 8	0.008 9	− 0.083 6	− 0.056 9
0.55		0.002 55	0.039 8	0.039 9	0.004 2	0.009 3	− 0.082 7	− 0.057 0
0.60		0.002 49	0.038 4	0.038 6	0.005 9	0.010 5	− 0.081 4	− 0.057 1
0.65		0.002 40	0.036 8	0.037 1	0.007 6	0.011 6	− 0.079 6	− 0.057 2
0.70		0.002 29	0.035 0	0.035 4	0.009 3	0.012 7	− 0.077 4	− 0.057 2
0.75		0.002 19	0.033 1	0.033 5	0.010 9	0.013 7	− 0.075 0	− 0.057 2
0.80		0.002 08	0.031 0	0.031 4	0.012 4	0.014 7	− 0.072 2	− 0.057 0
0.85		0.001 96	0.028 9	0.029 3	0.013 8	0.015 5	− 0.069 3	− 0.056 7
0.90		0.001 84	0.026 8	0.027 3	0.015 9	0.016 3	− 0.066 3	− 0.056 3
0.95		0.001 72	0.024 7	0.025 2	0.016 0	0.017 2	− 0.063 1	− 0.055 8
1.00	1.00	0.001 60	0.022 7	0.023 1	0.016 8	0.018 0	− 0.060 0	− 0.055 0
	0.95	0.001 82	0.022 9	0.023 4	0.019 4	0.020 7	− 0.062 9	− 0.059 9
	0.90	0.002 06	0.022 8	0.023 4	0.022 3	0.023 8	− 0.065 6	− 0.065 3
	0.85	0.002 33	0.022 5	0.023 1	0.025 5	0.027 3	− 0.068 3	− 0.071 1
	0.80	0.002 62	0.021 9	0.022 4	0.029 0	0.031 1	− 0.070 7	− 0.077 2
	0.75	0.002 94	0.020 8	0.021 4	0.032 9	0.035 4	− 0.072 9	− 0.083 7
	0.70	0.003 27	0.019 4	0.020 0	0.037 0	0.040 0	− 0.074 8	− 0.090 3
	0.65	0.003 65	0.017 5	0.018 2	0.041 2	0.044 6	− 0.076 2	− 0.097 0
	0.60	0.004 03	0.015 3	0.016 0	0.045 4	0.049 3	− 0.077 3	− 0.103 3
	0.55	0.004 37	0.012 7	0.013 3	0.049 6	0.054 1	− 0.078 0	− 0.109 3
	0.50	0.004 53	0.009 9	0.010 3	0.053 4	0.058 8	− 0.078 4	− 0.114 6

附录 E 均布荷载和集中荷载作用下等跨连续梁的内力系数表

均布荷载

$$M = K_1 gl^2 + K_2 ql^2 \qquad V = K_3 gl + K_4 gl$$

集中荷载

$$M = K_1 Cl^2 + K_2 Ql^2 \qquad V = K_3 G + K_4 Q$$

式中 g、q——单位长度上的均布恒荷载、活荷载；

  G、Q——集中恒荷载、活荷载；

  K_1、K_2、K_3、K_4——内力系数表，由下表中相应栏内查得。

(1)两跨梁

序号	荷载简图	跨内最大弯矩		支座弯矩	横向剪力			
		M_1	M_2	M_B	V_A	$V_{B左}$	$V_{B右}$	V_C
1		0.070	0.070	−0.125	0.375	−0.625	0.625	−0.375
2		0.096	−0.025	−0.063	0.437	−0.563	0.063	0.063
3		0.156	0.156	−0.188	0.312	−0.688	0.688	−0.312
4		0.203	−0.047	−0.094	0.406	−0.594	0.094	0.094
5		0.222	0.222	−0.333	0.667	−1.334	1.334	−0.667
6		0.278	−0.056	−0.167	0.833	−1.167	0.167	0.167

(2)三跨梁

序号	荷载简图	跨内最大弯矩		支座弯矩		横向剪力					
		M_1	M_2	M_B	M_C	V_A	$V_{B左}$	$V_{B右}$	$V_{C左}$	$V_{C右}$	V_D
1		0.080	0.025	−0.100	−0.100	0.400	−0.600	0.500	−0.500	−0.600	−0.400
2		0.101	−0.050	−0.050	−0.050	0.450	−0.550	0.000	0.000	0.550	−0.450
3		−0.025	0.075	−0.050	−0.050	−0.050	−0.050	0.050	0.050	0.050	0.050

续表

序号	荷载简图	跨内最大弯矩		支座弯矩		横向剪力					
		M_1	M_2	M_B	M_C	V_A	$V_{B左}$	$V_{B右}$	$V_{C左}$	$V_{C右}$	V_D
4		0.073	0.054	−0.117	−0.033	0.383	−0.617	0.583	−0.417	0.033	0.033
5		0.094	—	−0.067	−0.017	0.433	−0.567	0.083	0.083	−0.017	−0.017
6		0.175	0.100	−0.150	−0.150	0.350	−0.650	0.500	−0.500	0.650	−0.350
7		0.213	−0.075	−0.075	−0.075	0.425	−0.575	0.000	0.000	0.575	−0.425
8		−0.038	0.175	−0.075	−0.075	−0.075	−0.075	0.500	−0.500	0.075	0.075
9		0.162	0.137	−0.175	0.050	0.325	−0.675	0.625	−0.375	0.050	0.050
10		0.200	—	−0.100	0.025	0.400	−0.600	0.125	0.125	−0.025	−0.025
11		0.244	0.067	−0.267	−0.267	0.733	−1.267	1.000	−1.000	1.267	−0.733
12		0.289	−0.133	−0.013 3	−0.133	0.866	−1.134	0.000	0.000	1.134	−0.866
13		−0.044	0.200	−0.133	−0.133	−0.133	−0.133	1.000	−1.000	0.133	0.133
14		0.229	0.170	−0.311	0.089	0.689	−1.311	1.222	−0.778	0.089	0.089
15		0.274	—	−0.178	0.044	0.822	−1.178	0.222	0.222	−0.044	−0.044

（3）四跨梁

序号	荷载简图	跨内最大弯矩				支座弯矩			横向剪力							
		M_1	M_2	M_3	M_4	M_B	M_C	M_D	V_A	$V_{B左}$	$V_{B右}$	$V_{C左}$	$V_{C右}$	$V_{D左}$	$V_{D右}$	V_E
1		—	0.142	0.142	—	−0.054	−0.161	−0.054	−0.054	−0.054	0.393	−0.607	0.607	−0.393	0.054	0.054
2		0.202	—	—	—	−0.100	0.027	−0.007	0.400	−0.600	0.127	0.127	−0.033	−0.033	0.007	0.007
3		—	0.173	—	—	−0.074	−0.080	0.020	−0.074	−0.074	0.493	−0.507	0.100	0.100	−0.020	−0.020
4		0.238	0.111	0.111	0.238	−0.286	−0.191	−0.286	0.714	−1.286	1.095	−0.905	0.905	−0.095	1.286	−0.714
5		0.286	−0.111	0.222	−0.048	−0.143	−0.095	−0.143	0.875	−1.143	0.048	0.048	0.952	1.048	0.143	0.143
6		0.226	0.194	—	0.282	−0.321	−0.048	−0.155	0.679	−1.321	1.274	−0.726	−0.107	−0.107	1.155	−0.845
7		—	0.175	0.175	—	−0.095	−0.286	−0.095	−0.095	−0.095	0.810	−1.190	0.190	−0.810	0.095	0.095
8		0.274	—	—	—	−0.178	0.048	−0.012	0.822	−1.178	0.226	0.226	−0.060	−0.060	0.012	0.012
9		—	0.198	—	—	−0.131	−0.143	−0.036	−0.131	−0.131	0.998	−1.012	0.178	0.178	−0.036	−0.036

序号	荷载简图	跨内最大弯矩				支座弯矩			横向剪力							
		M_1	M_2	M_3	M_4	M_B	M_C	M_D	V_A	$V_{B左}$	$V_{B右}$	$V_{C左}$	$V_{C右}$	$V_{D左}$	$V_{D右}$	V_E
10	（荷载简图）	0.077	−0.036	0.036	0.077	−0.107	−0.071	−0.107	0.393	−0.607	0.536	−0.464	0.464	−0.536	0.607	−0.393
11	（荷载简图）	0.100	0.045	0.081	−0.023	−0.054	−0.036	−0.054	0.446	−0.554	0.018	0.018	0.482	−0.518	0.054	0.054
12	（荷载简图）	0.072	0.061	—	0.098	−0.121	−0.018	−0.058	0.380	−0.020	0.603	−0.397	−0.040	−0.040	0.558	−0.442
13	（荷载简图）	—	0.056	0.056	—	−0.036	−0.107	−0.036	−0.036	−0.036	0.429	−0.571	0.571	−0.429	0.036	0.036
14	（荷载简图）	0.094	—	—	—	−0.067	0.018	−0.004	0.433	−0.567	0.085	0.085	−0.022	−0.022	0.004	0.004
15	（荷载简图）	—	0.071	—	—	−0.049	−0.054	0.013	−0.049	−0.049	0.496	−0.504	0.067	0.067	−0.013	−0.013
16	（荷载简图）	0.169	0.116	0.116	−0.169	−0.161	−0.107	−0.161	0.339	−0.661	0.553	−0.446	0.446	−0.554	0.661	−0.339
17	（荷载简图）	0.210	0.067	0.183	−0.040	−0.080	−0.054	−0.080	0.420	−0.580	0.027	0.027	0.473	0.527	0.080	0.080
18	（荷载简图）	0.159	0.146	—	0.206	−0.181	−0.027	−0.087	0.319	−0.681	0.654	−0.346	−0.060	−0.060	0.587	−0.413

（4）五跨梁

序号	荷载简图	跨内最大弯矩			支座弯矩				横向剪力									
		M_1	M_2	M_3	M_B	M_C	M_D	M_E	V_A	$V_{B左}$	$V_{B右}$	$V_{C左}$	$V_{C右}$	$V_{D左}$	$V_{D右}$	$V_{E左}$	$V_{E右}$	V_F
1		0.078 1	0.033 1	0.046 2	-0.105	-0.079	-0.079	-0.105	0.394	-0.606	0.526	-0.474	0.500	-0.500	0.474	-0.526	0.606	-0.394
2		0.100 0	-0.046 1	0.085 5	-0.053	-0.040	-0.040	-0.053	0.447	-0.553	0.013	0.013	0.500	-0.500	-0.013	-0.013	0.553	-0.447
3		-0.026 3	0.078 7	-0.039 5	-0.053	-0.040	-0.040	-0.053	-0.053	-0.053	0.513	-0.487	0.000	0.000	0.487	-0.513	0.053	0.053
4		0.073	0.059	—	-0.119	-0.022	-0.044	-0.051	0.380	-0.620	0.598	-0.402	-0.023	-0.023	0.493	-0.507	0.052	0.052
5		—	0.055	0.064	-0.035	-0.111	-0.022	-0.057	-0.035	-0.035	0.424	-0.576	-0.591	-0.049	-0.037	-0.037	0.557	-0.443
6		0.094	—	—	-0.067	0.018	-0.005	0.001	0.433	-0.567	0.085	0.085	-0.023	-0.023	0.006	0.006	-0.001	-0.001
7		—	0.074	—	-0.049	-0.054	-0.014	-0.004	-0.049	-0.049	0.495	-0.505	0.068	-0.068	-0.018	0.018	0.004	0.004
8		—	—	0.072	0.013	-0.053	-0.053	0.013	0.013	0.013	-0.066	-0.066	0.500	-0.500	0.066	0.066	-0.013	-0.013
9		0.171	0.112	0.132	-0.158	-0.118	-0.118	-0.158	0.342	-0.658	0.540	-0.460	0.500	-0.500	0.460	-0.540	0.658	-0.342
10		0.211	-0.069	0.191	-0.079	-0.059	-0.059	-0.079	0.421	-0.579	0.020	0.020	0.500	-0.500	-0.020	-0.020	0.579	-0.421
11		0.039	0.181	-0.059	-0.079	-0.059	-0.059	-0.079	-0.079	-0.079	0.520	-0.480	0.000	0.000	0.480	-0.520	0.079	0.079
12		0.160	0.144	—	-0.179	-0.032	-0.066	-0.077	0.321	-0.679	0.647	-0.353	-0.034	-0.034	0.489	-0.511	0.077	0.077

续表

序号	荷载简图	跨内最大弯矩			支座弯矩				横向剪力									
		M_1	M_2	M_3	M_B	M_C	M_D	M_E	V_A	$V_{B左}$	$V_{B右}$	$V_{C左}$	$V_{C右}$	$V_{D左}$	$V_{D右}$	$V_{E左}$	$V_{E右}$	V_F
13		—	0.140	0.151	−0.052	−0.167	−0.031	−0.086	−0.052	−0.052	0.385	−0.615	0.637	−0.363	−0.056	−0.056	0.586	−0.414
14		0.200	—	—	−0.100	0.027	−0.007	0.002	0.400	−0.600	0.127	0.127	−0.034	−0.034	0.009	0.009	−0.002	−0.002
15		—	0.173	—	−0.073	−0.081	0.022	−0.005	−0.073	−0.073	0.493	−0.507	0.102	0.102	−0.027	−0.027	0.005	0.005
16		—	—	0.171	0.020	0.079	−0.079	0.020	0.020	0.020	−0.099	−0.099	0.500	−0.500	0.099	0.099	−0.020	−0.020
17		0.240	0.100	0.122	−0.281	−0.211	−0.211	−0.281	0.719	−1.281	1.070	−0.930	1.000	−1.000	0.930	−1.070	1.281	−0.719
18		0.287	−0.117	0.228	−0.140	−0.211	−0.105	−0.140	0.860	−1.140	0.035	0.035	1.000	−1.000	−0.035	−0.035	1.140	−0.860
19		−0.047	−0.216	−0.105	−0.140	−0.105	−0.105	−0.140	−0.140	−0.140	1.035	−0.965	1.000	0.000	0.965	−1.035	0.140	0.140
20		0.227	0.189	—	−0.319	−0.057	−0.118	−0.137	0.681	−1.319	1.262	−0.738	0.000	−0.061	0.981	−1.019	0.137	0.137
21		—	0.172	0.198	−0.093	−0.297	−0.054	−0.153	−0.093	−0.093	0.796	−1.204	1.243	−0.757	−0.099	−0.099	1.153	−0.847
22		0.274	—	—	−0.179	0.048	−0.013	0.003	0.821	−1.179	0.227	0.227	−0.061	−0.061	0.016	0.016	−0.003	−0.003
23		—	0.198	—	0.131	−0.144	−0.038	−0.010	−0.131	−0.131	0.987	−1.013	0.182	0.182	−0.048	−0.048	0.010	0.010
24		—	—	0.193	0.035	−0.140	−0.140	0.035	0.035	0.035	0.175	−0.175	1.000	−1.000	0.175	0.175	−0.035	−0.035

附表 F　钢筋组合截面面积表

1 根				2 根		3 根		4 根	
直径	面积 （mm²）	周长 （mm）	每米质量 （kg/m）	根数及直径	面积 （mm²）	根数及直径	面积 （mm²）	根数及直径	面积 （mm²）
φ3	7.1	9.4	0.055	2φ10	157	3φ12	339	4φ12	452
φ4	12.6	12.6	0.099	1φ10＋φ12	192	2φ12＋1φ14	380	3φ12＋1φ14	493
φ5	19.6	15.7	0.154	2φ12	226	1φ12＋2φ14	421	2φ12＋2φ14	534
φ5.5	23.8	17.3	0.197	1φ12＋1φ14	267	3φ14	461	1φ12＋3φ14	575
φ6	28.3	18.9	0.222	2φ14	308	2φ14＋1φ16	509	4φ14	615
φ6.5	33.2	20.4	0.26	1φ14＋1φ16	355	1φ14＋2φ16	556	3φ14＋1φ16	663
φ7	38.5	22	0.302	2φ16	402	3φ16	603	2φ14＋2φ16	710
φ8	50.3	25.1	0.395	1φ16＋1φ18	456	2φ16＋1φ18	657	1φ14＋3φ16	757
φ9	63.6	28.3	0.499	2φ18	509	1φ16＋2φ18	710	4φ16	804
φ10	78.5	31.4	0.617	1φ18＋1φ20	569	3φ18	763	3φ16＋1φ18	858
φ12	113	37.7	0.888	2φ20	628	2φ18＋1φ20	823	2φ16＋2φ18	911
φ14	154	44	1.21	1φ20＋1φ22	694	1φ18＋2φ20	883	1φ16＋3φ18	965
φ16	201	50.3	1.58	2φ22	760	3φ20	941	4φ18	1 017
φ18	255	56.5	2	1φ22＋1φ25	871	2φ20＋1φ22	1 009	3φ18＋1φ20	1 078
φ19	284	59.7	2.23	2φ25	982	1φ20＋2φ22	1 074	2φ18＋2φ20	1 137
φ20	321.4	62.8	2.47			3φ22	1 140	1φ18＋3φ20	1 197
φ22	380	69.1	2.98			2φ22＋1φ25	1 251	4φ20	1 256
φ25	491	78.5	3.85			1φ22＋2φ25	1 362	3φ20＋1φ22	1 323
φ28	615	88	4.83			3φ25	1 473	2φ20＋2φ22	1 389
φ30	707	94.2	5.55					1φ20＋3φ22	1 455
φ32	804	101	6.31					4φ22	1 520
φ36	1 020	113	7.99					3φ22＋1φ25	1 631
φ40	1 260	126	9.87					2φ22＋2φ25	1 742
								1φ22＋3φ25	1 853
								4φ25	1 964

5 根		6 根		7 根		8 根	
直径	面积(mm²)	直径	面积(mm²)	直径	面积(mm²)	直径	面积(mm²)
5φ12	565	6φ12	678	7φ12	791	8φ12	904
4φ12+1φ14	606	4φ12+2φ14	760	5φ12+2φ14	873	6φ12+2φ14	986
3φ12+2φ14	647	3φ12+3φ14	801	4φ12+3φ14	914	5φ12+3φ14	1 027
2φ12+3φ14	688	2φ12+4φ14	842	3φ12+4φ14	955	4φ12+4φ14	1 068
1φ12+4φ14	729	1φ12+5φ14	883	2φ12+5φ14	996	3φ12+5φ14	1 109
5φ14	769	6φ14	923	7φ14	1 077	2φ12+6φ14	1 150
4φ14+1φ16	817	4φ14+2φ16	1 018	5φ14+2φ16	1 172	8φ14	1 231
3φ14+2φ16	864	3φ14+3φ16	1 065	4φ14+3φ16	1 219	6φ14+2φ16	1 326
2φ14+3φ16	911	2φ14+4φ16	1 112	3φ14+4φ16	1 266	5φ14+3φ16	1 373
1φ14+4φ16	958	1φ14+5φ16	1 159	2φ14+5φ16	1 313	4φ14+4φ16	1 420
5φ16	1 005	6φ16	1 206	7φ16	1 407	3φ14+5φ16	1 467
4φ16+1φ18	1 059	4φ16+2φ18	1 313	5φ16+2φ18	1 514	2φ14+6φ16	1 514
3φ16+2φ18	1 112	3φ16+3φ18	1 367	4φ16+3φ18	1 568	8φ16	1 608
2φ16+3φ18	1 166	2φ16+4φ18	1 420	3φ16+4φ18	1 621	6φ16+2φ18	1 716
1φ16+4φ18	1 219	1φ16+5φ18	1 474	2φ16+5φ18	1 675	5φ16+3φ18	1 769
5φ18	1 272	6φ18	1 526	7φ18	1 780	4φ16+4φ18	1 822
4φ18+1φ20	1 332	4φ18+2φ20	1 646	5φ18+2φ20	1 901	3φ16+5φ18	1 876
3φ18+2φ20	1 392	3φ18+3φ20	1 706	4φ18+3φ20	1 961	2φ16+6φ18	1 929
2φ18+3φ20	1 452	2φ18+4φ20	1 766	3φ18+4φ20	2 020	8φ18	2 036
1φ18+4φ20	1 511	1φ18+5φ20	1 823	2φ18+5φ20	2 080	6φ18+2φ20	2 155
5φ20	1 570	6φ20	1 884	7φ20	2 200	5φ18+3φ20	2 215
4φ20+1φ22	1 637	4φ20+2φ22	2 017	5φ20+2φ22	2 331	4φ18+4φ20	2 275
3φ20+2φ22	1 703	3φ20+3φ22	2 083	4φ20+3φ22	2 397	3φ18+5φ20	2 335
2φ20+3φ22	1 769	2φ20+4φ22	2 149	3φ20+4φ22	2 463	2φ18+6φ20	2 394
1φ20+4φ22	1 835	1φ20+5φ22	2 215	3φ20+4φ22	2 529	8φ20	2 513
5φ22	1 900	6φ22	2 281	7φ22	2 661	6φ20+2φ22	2 646
4φ22+1φ25	2 011	4φ22+2φ25	2 502	5φ22+3φ22	2 882	5φ20+3φ22	2 711
3φ22+2φ25	2 122	3φ22+3φ25	2 613	4φ22+3φ25	2 993	4φ20+4φ22	2 777

5 根		6 根		7 根		8 根	
$2\phi22+3\phi25$	2 233	$2\phi22+4\phi25$	2 724	$3\phi22+4\phi25$	3 102	$3\phi20+5\phi22$	2 843
$1\phi22+4\phi25$	2 344	$1\phi22+5\phi25$	2 835	$2\phi22+5\phi25$	3 215	$2\phi20+6\phi22$	2 909
$5\phi25$	2 454	$6\phi25$	2 945	$7\phi25$	3 436	$8\phi22$	3 041
						$6\phi22+2\phi25$	3 263
						$5\phi22+3\phi25$	3 373
						$4\phi22+4\phi25$	3 484
						$3\phi22+5\phi25$	3 595
						$2\phi22+6\phi25$	3 706
						$8\phi25$	3 927

参考文献

［1］ 张流芳.材料力学［M］.武汉:武汉理工大学出版社,2011.

［2］ 张流芳,胡兴国.建筑力学［M］.武汉:武汉理工大学出版社,2012.

［3］ 胡兴国,吴莹.结构力学［M］.4版.武汉:武汉理工大学出版社,2012.

［4］ 胡兴福.建筑力学与结构［M］.3版.武汉:武汉理工大学出版社,2012.

［5］ 胡兴福.建筑结构［M］.北京:高等教育出版社,2012.

［6］ 孙元桃.结构设计原理［M］.北京:人民交通出版社,2011.

［7］ 汪菁.工程力学［M］.北京:化学工业出版社,2011.

［8］ 吴大炜.结构力学［M］.北京:化学工业出版社,2011.

［9］ 游普元.建筑结构及受力分析［M］.北京:高等教育出版社,2014.

［10］ 杜绍堂,赵萍.工程力学与建筑结构［M］.北京:科学出版社,2011.

［11］ 胡兴福.结构设计原理［M］.北京:机械工业出版社,2012.

［12］ 尹维新.混凝土结构与砌体结构［M］.北京:中国电力出版社,2011.

［13］ 中华人民共和国住房和城乡建设部.GB 50007—2011 建筑地基基础设计规范［S］.北京:中国建筑工业出版社,2011.

［14］ 中华人民共和国住房和城乡建设部.GB 50009—2012 建筑结构荷载规范［S］.北京:中国建筑工业出版社,2012.

［15］ 中华人民共和国住房和城乡建设部.GB 50010—2010 混凝土结构设计规范［S］.北京:中国建筑工业出版社,2010.

［16］ 中华人民共和国住房和城乡建设部.GB 50003—2011 砌体结构设计规范［S］.北京:中国建筑工业出版社,2011.

［17］ 中华人民共和国住房和城乡建设部.JGJ 3—2010 高层建筑混凝土结构技术规程［S］.北京:中国建筑工业出版社,2010.

［18］ 中华人民共和国住房和城乡建设部.GB/T 50083—2014 工程结构设计基本术语标准［S］.北京:中国建筑工业出版社,2015.

［19］ 魏明钟.钢结构［M］.武汉:武汉理工大学出版社,2009.

［20］ 陈骥.钢结构稳定理论与设计［M］.北京:科学出版社,2015.

［21］《钢结构设计规范》编制组.《钢结构设计规范》应用讲解［M］.北京:中国计划出版社,2012.

［22］ 童根树.钢结构设计方法［M］.北京:中国建筑工业出版社,2014.

［23］ 北京土木建筑学会.钢结构工程施工技术·质量控制·实例手册［M］.北京:中国电力

出版社,2008.

［24］江正荣.建筑施工计算手册［M］.北京:中国建筑工业出版社,2003.

［25］杜荣军.扣件式钢管模板高支撑架的设计和使用安全［J］.施工技术,2002,31(3):3-8.

［26］欧卫华.扣件式钢管模板高支撑架设计计算与施工实践［J］.山西建筑,2006,32(12):110-111.

［27］卢永梅.克拉玛依都市广场转换层大梁模板及支撑设计［J］.山西建筑,2007,33(11):94-96.